“互联网+”新形态立体化教材

走近BIM和参数化设计系列丛书

主编　王帅　赵建

BIM技术与建模技巧（中级篇）

天津大学出版社
TIANJIN UNIVERSITY PRESS

图书在版编目(CIP)数据

BIM技术与建模技巧. 中级篇 / 王帅, 赵建主编. —
天津 : 天津大学出版社, 2021.5
（走近BIM和参数化设计系列丛书）
“互联网+”新形态立体化教材
ISBN 978-7-5618-6859-1

Ⅰ. ①B… Ⅱ. ①王… ②赵… Ⅲ. ①建筑设计－计算
机辅助设计－应用软件－教材 Ⅳ. ①TU201.4

中国版本图书馆CIP数据核字(2021)第000817号

BIM JISHU YU JIANMO JIQIAO(ZHONGJIPIAN)

出版发行　天津大学出版社
地　　址　天津市卫津路92号天津大学内(邮编:300072)
电　　话　发行部:022-27403647
网　　址　www.tjupress.com.cn
印　　刷　北京盛通印刷股份有限公司
经　　销　全国各地新华书店
开　　本　185mm×260mm
印　　张　17.25
字　　数　412千
版　　次　2021年5月第1版
印　　次　2021年5月第1次
定　　价　78.00元

丛书编委会

四川水利职业技术学院　顾晓燕

成都农业科技职业学院　陈立东

成都纺织高等专科学校　肖　航

成都纺织高等专科学校　何继坤

重庆商务职业学院　侯建峰

陕西国防工业职业技术学院　聂　瑞

前　言

当前，BIM(Building Information Modeling，建筑信息模型)技术已经成为国家信息技术产业、建筑产业发展的强有力支撑和重要条件，它能够给各产业带来显著的社会效益、经济效益和环境效益。BIM 的广泛应用需要大量的人才，但我国的现状是，BIM 人才严重短缺，不能满足当前的社会需求。究其原因，可能是国内一些高校没有及时调整人才培养方案，制订符合社会需求的人才培养计划。因此，作者以自身工作实践为依托，将 BIM 相关知识与实际项目相结合，有针对性地编写了本书，重点对 BIM 全过程应用进行讲解，旨在为 BIM 人才培养做出一定的贡献。

《BIM 技术与建模技巧(中级篇)》主要分为两大部分。第一部分是工具参数深化篇，针对有一定 Revit 建模基础的学员，系统介绍 Revit Architecture 软件各工具的参数含义和运作原理，并在初步模型的基础上进行施工图深化，帮助学员熟悉 Revit 工具、参数原理，解决初级学员建模效率低、实际项目动手困难的问题。这部分内容主要包括 Revit 基础知识，标高与轴网，柱、梁和结构构件，墙体和幕墙，门窗，楼板，房间和面积，屋顶与天花板，洞口，扶手、楼梯和坡道，场地。第二部分是建模能力提升篇，主要介绍 BIM 标准化应用体系，总结实际项目信息化实践过程中 Revit Architecture 软件的常用操作技巧，力求实现 BIM 材质库、族库、出图规则、建模命名规则、国标清单项目编码和施工、运维等各项信息管理的有机统一。这部分内容主要包括详图大样，渲染与漫游，成果输出，体量的创建与编辑，明细表，设计选项、阶段，工作集和链接文件。

本书的编写分工如下：四川大学锦城学院的王帅编写第 1 章、第 18 章及录制本书的配套视频，重庆商务职业学院的侯建峰编写第 2~5 章，陕西国防工业职业技术学院的聂瑞编写第 6~11 章，黑龙江科技大学的赵建编写第 12、13 章，四川水利职业技术学院的顾晓燕编写第 14 章，重庆商务职业学院的张曦木、孙克勤、姚珩分别编写第 15、16、17 章。

为了满足任课教师的教学需要，本书还配有大量素材源文件，欢迎发邮件至邮箱 ccshan2008@sina.com 获取。

扫描右侧的二维码，可下载本书的配套模型。

配套模型

由于编者水平有限，本书中难免有错误和不妥之处，衷心希望各位读者批评、指正。

作者

2021 年 2 月

目　　录

第1部分　工具参数深化篇

第 2 部分 建模能力提升篇

第 1 部分

工具参数深化篇

第 1 章　Revit 基础知识

目前,国际范围内 BIM(Building Information Modeling,建筑信息模型)设计建模阶段的软件有 Autodesk 公司的 Revit、Graphsoft 公司的 ArchiCAD、达索公司的 CATIA 等。其中 Revit 系列软件最早是 Revit Technology 公司于 1997 年开发的三维参数化设计软件, 2002 年被 Autodesk 公司收购。虽然 Revit 不是最早的具有 BIM 理念的软件,但其由于依托 Autodesk 公司强大的市场影响力,从 2004 年进入中国以来,已经成为工程设计阶段最主流的三维设计和建筑信息模型创建工具。

1.1　Revit 的特点与架构理念

1.1.1　Revit 的特点

本节以 Revit Architecture 为例,介绍该软件的特点。因为只有认识到它的不可替代性与优越性之后,才能做到主动学习甚至对其进行更为深入的研发。在介绍软件的具体操作之前,系统、概括地了解这一软件是较为科学和有效的学习方法。

首先需要建立三维设计的概念。采用 BIM 技术创建的模型具有实际意义,如创建的墙体这种实例三维模型,不仅具有高度(即 Z 轴方向的尺寸),更重要的是具有内外墙甚至更复杂的构造层等差异,同时具有材料特性、时间和阶段信息等。所以在创建模型时,需要根据项目实际情况对其属性进行一一设置。不难发现,在设计阶段, BIM 技术的效率优势并未显现,与传统的二维绘图模式相比,同样的出图深度 BIM 需要的时间甚至更多。在讲求效率的建设行业中,这一特点成为制约 BIM 在各设计院推广开来的最大阻力,但由于从整个建筑生命周期来看,其优势极为明显,所以通过政府强制推行加上政策鼓励引导,这一问题势必得到妥善解决。

Revit 的第二个特点是关联性。由于项目的所有平立剖面、明细表等施工图组成要素都是基于建筑信息模型得到的,所以模型与所有相关图纸实时关联,一处修改,处处修改,而且模型中的各组成部分也具有关联性,如门窗与墙的关联性、墙与屋顶和楼板的附着性、栏杆与楼梯的路径一致性等。

Revit 的第三个特点是支持协同化的工作模式。所谓协同化,就是能将同一文件模型通过网络共享,从而进行共同建模,在 Revit 中协同化是以工作集的模式实现的。如果不同的文件模型中用到了同样的单元,则可通过将共同的单元链接至不同项目中,实现不同项目之间的协同。

Revit 的第四个特点是战略性地考虑了设计阶段之后建筑信息模型的应用方案。阶段的应用引入了时间的概念,实现了与 4D 设计、施工建造管理的关联,并且能按照工程进度的不同阶段分期统计工程量。这一特点使同一个建筑信息模型能在整个项目生命周期内得到有针对性的专业化应用,这也是 BIM 技术的核心所在。

1.1.2 Revit 的架构理念

要掌握 Revit 的操作,先理解软件的架构和组成十分必要。Revit 是针对工程建设行业推出的 BIM 工具,虽然 Revit 中大多数元素与工程项目相关,例如结构墙、门、窗、楼板、楼梯等,但这些元素都进行了从属关系上的整理,并有各自的专用术语,读者务必在理解的基础上掌握 Revit 的架构和相关专用术语。

在 Revit 中,可对项目进行下列划分和分级。可简单地将项目理解为 Revit 的默认存档格式文件。该文件包含项目工程中所有的模型信息和其他工程信息,如材质、造价、数量等,还包括设计中生成的各种图纸和视图。项目以“.rvt”的数据格式保存,需要注意的是,“.rvt”格式的项目文件无法在低版本的 Revit 中打开,但可以被更高版本的 Revit 打开。例如,使用 Revit 2015 创建的项目文件,无法在 Revit 2014 或更低版本的 Revit 中打开,但可以使用 Revit 2016 或更高版本的 Revit 打开或编辑。一旦将低版本项目文件用高版本软件打开后,在数据保存时, Revit 将升级项目文件为新版本格式,升级后的文件将无法使用低版本软件打开。

所有项目中的信息都能分为模型图元、基准图元和视图专有图元(图 1-1)。图元是 Revit 用于构成项目的基础,也就是点、线、面、体和文字符号等各种图形元素。

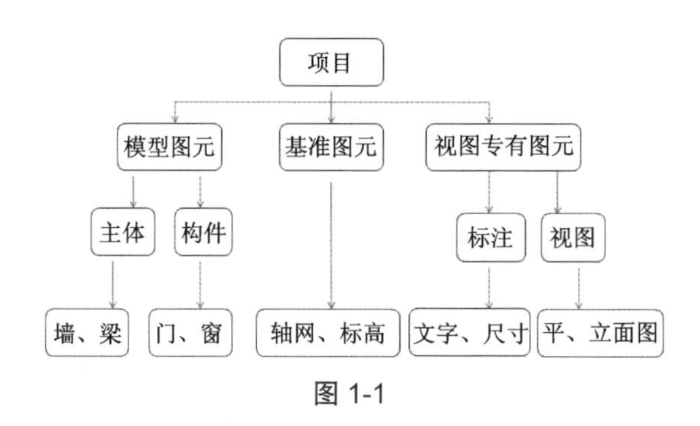

图 1-1

其中模型图元表示建筑的实际三维几何图形,它们显示在模型的相关视图中。例如,墙、窗、门和屋顶是模型图元。模型图元又分为主体图元和构件图元两种类型。主体图元通常在构造场地在位构建,例如墙和楼板;构件图元是建筑模型中其他所有类型的图元,例如窗、门和橱柜。

基准图元可定义项目的定位信息,例如轴网、标高和参照平面都是基准图元。对于三维建模过程来说,由于空间具有纵深性,所以设置工作平面是其中非常重要的环节,基准图元能提供三维设计的基准面。此外,还需要定位辅助线,传统二维的辅助线在三维设计中进阶为辅助平面,其专用术语为“参照平面”,用于绘制辅助标高或设定辅助线。

视图专有图元只特定显示在视图中,它们可对模型进行描述或归档,例如尺寸标注、标记和构件详图都是视图专有图元,它又可分为标注图元和视图图元两类。

标注是对模型信息进行提取并在图纸上以标记文字的方式显示其名称、特性,例如尺寸标注、标记和注释记号都是标注图元,其样式可以由用户自行设定,以满足各种本地化设计应用的需要。Revit 中的标注图元与其标记的对象之间具有特定关联,如门窗的尺寸标注会随着修改门窗大小而变化;修改墙体材料,那么材质标记也会自动变化。当模型发生变更时,标注图元将随模型的变化而自动更新。

视图是在特定视图中提供有关建筑模型详细信息的二维项,它是 Revit 中的一个重要的专用术语。视图包括楼层平面图、天花板平面图、三维视图、立面图、剖面图和明细表等。因为视图都是基于模型生成的平面化表达,所以它们既相互关联又能相互独立地进行显示上的设置。每一个视图都在显示上具有相对的独立性,如每一个视图都可以设置构件在其中的特别的可见性、详细程度、出图比例、视图范围等,这些在视图属性中都能调整。

1.1.3 Revit 的图元管理模式

Revit 中的项目由无数个不同类型的实例(图元)堆砌而成,而 Revit 通过类别和族来管理这些实例,以控制和区分不同的实例。在这一过程中,又具体地通过类别来管理族(图 1-2)。因此,当某一类别在项目中设置为不可见时,隶属于该类别的所有图元均不可见。

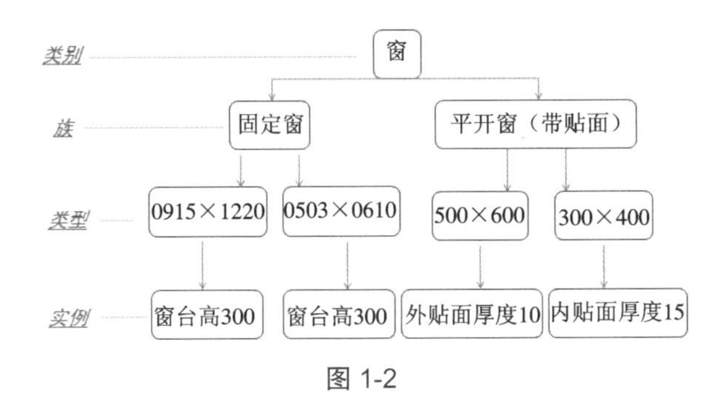

图 1-2

1.1.3.1 类别

与 AutoCAD 不同, Revit 不提供图层的概念。 Revit 中的轴网、墙、尺寸标注、文字注释等对象,均以类别的方式自动归类和管理。在创建各类对象时, Revit 会自动根据对象所使用的族将该图元归类到正确的类别中。例如,放置门时, Revit 会自动将该图元归类于"门",而不必像 AutoCAD 那样预先指定图层。

Revit 通过类别进行细分管理。例如,模型图元类别包括墙、楼梯、楼板等,标注类别包括门窗标记、尺寸标注、轴网、文字等。在项目的任意视图中按默认快捷键 VV,将打开"可见性图形替换"对话框,在该对话框中可以查看 Revit 包含的详细的类别名称。

值得注意的是,在 Revit 的各类别中,还包含子类别,例如楼梯类别中还包含踢面线、轮廓等子类别。 Revit 可以通过各子类别的可见性、线型、线宽等设置控制三维模型对象在视图中的显示,以满足建筑出图的要求(图 1-3)。

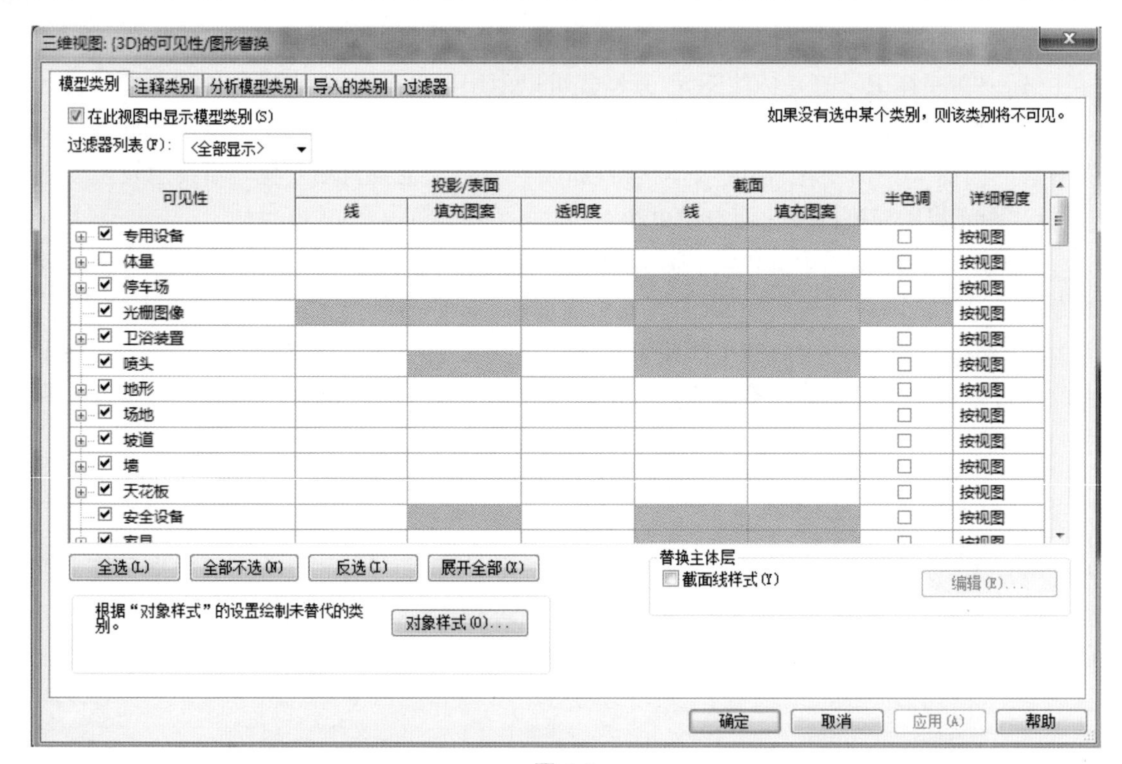

图 1-3

项目样板是创建项目的基础。事实上,在 Revit 中创建任何项目时,均会采用默认的项目样板文件。项目样板文件以“.rte”格式保存。与项目文件类似,无法在低版本的 Revit 中使用高版本的 Revit 创建的项目样板文件。

1.1.3.2 族

族的概念是 Revit 区别于其他软件的重要图元管理模式,其功能与参数(属性)集类似,族根据参数(属性)集的共用、使用上的相同和图形表示的相似性来对图元进行分组。不同类别的模型图元其实就是由于所属族不同而产生了区别,一个族中不同图元的部分或全部属性可能有不同的值,但是属性的设置(名称与含义)是相同的。所以族是 Revit 项目的基础, Revit 的任何单一图元都由某一个特定族产生,例如一扇门、一面墙、一个尺寸标注、一个图框。由一个族产生的各图元均具有相似的属性或参数,例如,对于一个平开门族,由该族产生的图元都具有高度、宽度等参数,但每扇门的高度、宽度值可以不同,这取决于该族的类型或实例参数定义。

在 Revit 中,族又可以细分为可载入族、系统族和内建族三种。

(1)可载入族是单独保存为“.rfa”格式的独立族文件,是可以随时载入项目中的族。Revit 提供了族样板文件,便于人们更快捷地自行制作某一特定类别下的自定义形式的族。在 Revit 中,门、窗、结构柱、卫浴装置等均为可载入族。

(2)系统族包括墙、尺寸标注、天花板、屋顶、楼板等,其仅能利用系统提供的默认参数进行定义,不能作为单个族文件载入或创建。系统族中定义的族类型可以使用“项目传递”

功能在不同的项目之间传递。

（3）由用户在项目中直接创建的族称为内建族，例如某一项目中有特殊的窗台线脚，这一形式的线脚不会在其他项目中应用，那么就可使用内建族来建模。内建族仅能在本项目中使用，既不能保存为单独的“.rfa”格式的族文件，也不能通过“项目传递”功能传递给其他项目。与普通的族能够基于不同的类别创建不同，内建族属于同一种类别。

1.1.3.3　类型

除内建族外，每一个族都包含一个或多个不同的类型，用于定义不同的对象特性。例如，对于墙来说，可以通过创建不同的族类型，定义不同的墙厚和墙构造。

1.1.3.4　实例

每个放置在项目中的实际墙图元，都称为该类型的一个实例。

Revit 通过类型属性参数或实例属性参数控制图元的类型或实例参数特征。在图元管理模式中类型比实例高一个等级，即同一类型的所有实例均具备相同的类型属性参数设置，而同一类型的不同实例可以具备完全不同的实例参数设置。

例如，同一类型的不同墙实例均具备相同的墙厚度和墙构造定义，但可以具备不同的高度、底部标高、标高等信息。修改类型属性的值会影响该族类型的所有实例，而修改实例属性时，仅影响所有被选择的实例。要修改某个实例使其具有不同的类型定义，必须为族创建新的族类型。例如，要将一个厚度为 240 mm 的墙图元修改为 300 mm 厚的墙，必须为墙创建新的类型，以在类型属性中定义墙的厚度。

1.1.4　Revit 的文件格式

1.1.4.1　rte（项目样板文件）格式

为规范设计和避免重复设置，Revit 自带的项目样板文件能够根据用户自身需要、内部标准设置，在保存成项目样板文件之后，便可以在新建项目文件时选用（图 1-4）。

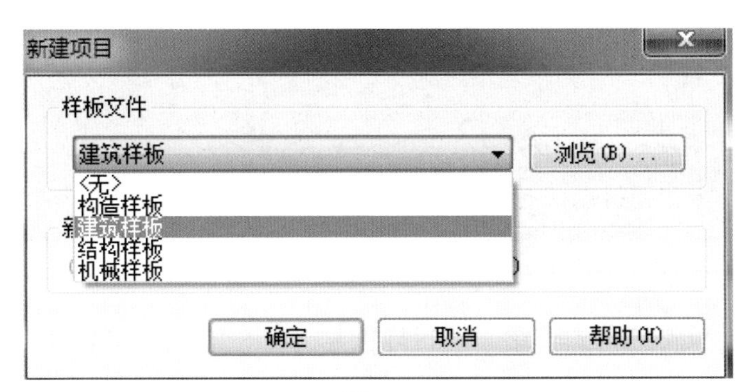

图 1-4

1.1.4.2　rvt（项目文件）格式

项目文件包含项目所有的建筑模型、注释、视图、图纸等内容。通常我们会基于项目样板文件创建项目文件，编辑完成后保存为“.rvt”文件，作为设计使用的项目文件。

1.1.4.3 rft(可载入族的样板文件)格式

创建不同类别的族要选择不同的样板文件(“.rft”文件),不同的样板设置是基于不同类别的族的特性进行的有针对性的处理。

1.1.4.4 rfa(可载入族的文件)格式

用户可以根据项目需要创建自己的常用族文件(“.rfa”文件),以随时在项目中调用,也可以在共享图库中找到该格式的文件,在项目中只需要浏览其文件保存位置即可进行载入。

1.2 Revit 的界面介绍

启动 Revit(图 1-5),可以看到 Revit 的主界面主要由“项目”和“族”两个板块构成,在“项目”板块中可以“打开”“新建”各种类型的文件,如果是第一次运行 Revit,那么“项目”板块右侧将显示样例项目供查看。在 Revit 2016 中,整合了建筑、结构、机电等专业功能。因此在“项目”板块中,提供了建筑、结构、机械、构造等项目的快捷创建方式。单击不同项目的快捷创建方式,系统将采用各项目默认的项目样板进入新项目创建模式。如果用 Revit 进行过建模操作,那么右侧将显示最近打开过的项目。

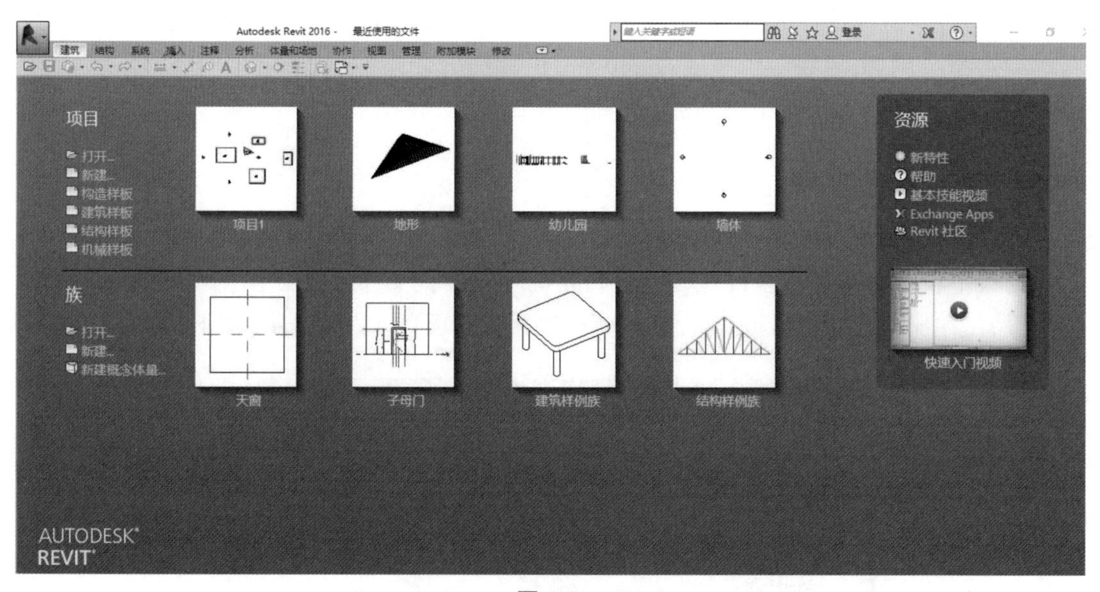

图 1-5

这里对项目样板文件稍做介绍。项目样板是 Revit 工作的基础,在项目样板中预设了新建项目的所有默认设置,包括长度单位、轴网标高样式、墙体类型等。项目样板仅为项目提供默认预设工作环境,在项目创建过程中,Revit 允许用户自定义和修改默认设置。

“选项”对话框可为 Revit 的安装配置提供全局设置。用户可以点击“应用程序”菜单中的“选项”按钮打开对话框(图 1-6)。在 Revit 处于打开状态时,可以在打开 Revit 文件之前或之后随时设置。

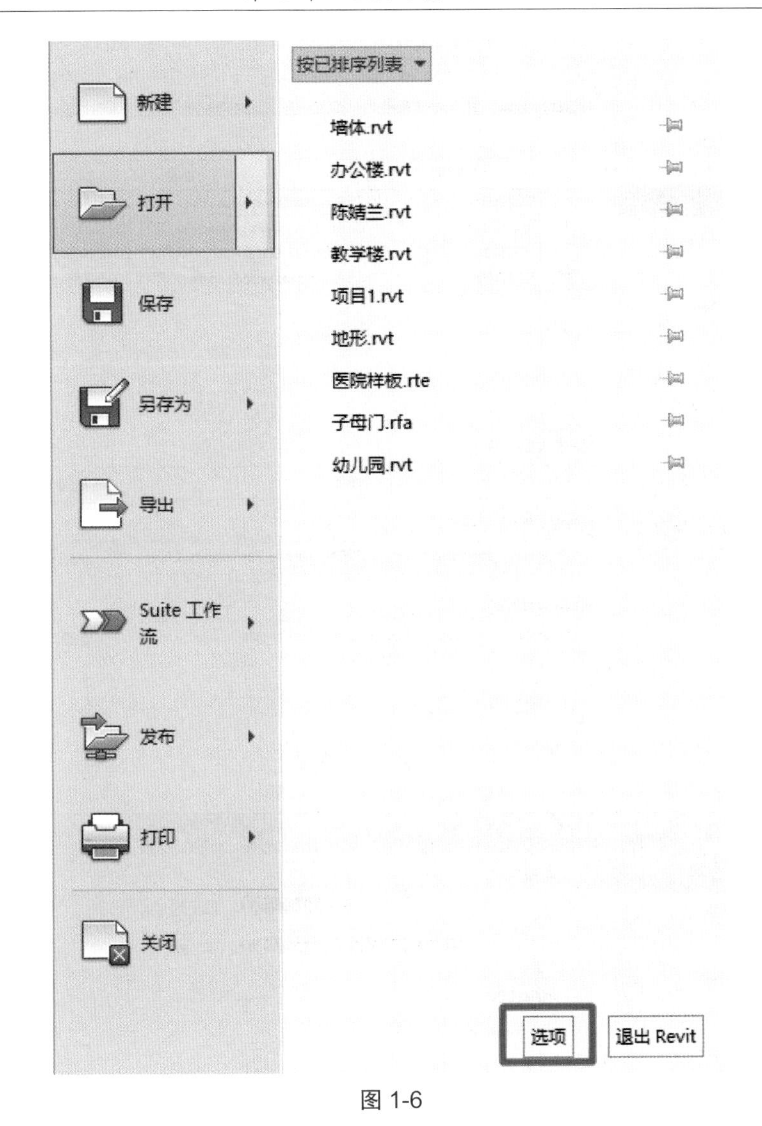

图 1-6

在“选项”对话框中，切换至“文件位置”选项卡（图 1-7），可以查看 Revit 中各类项目所采用的样板设置，还允许用户添加新的样板快捷方式，浏览指定采用的项目样板。

切换至“常规”选项卡（图 1-8），其中有保存提醒和相关后台运作的设置选项，“视图选项”中有“默认视图规程”选择，规程不同则指定图元在视图中的显示方式也不同。视图规程可选项有“建筑”“结构”“机械”“电气”“卫浴”“协调”，其中在“建筑”规程下，只要不是可见性没开或被隐藏的构件，都会在视图中显示；“结构”规程隐藏视图中的非承重墙，显示已启用“结构参数”的图元；“机械”规程以半色调显示建筑和结构图元，并浮于视图平面上方显示机械图元，以便于选择；“电气”规程同样以半色调灰化建筑和结构图元，并相似地浮于视图平面上方显示电气图元；“卫浴”规程与前两者基本相似，着重显示卫浴图元；“协调”规程显示所有规程中所有模型的几何图形。

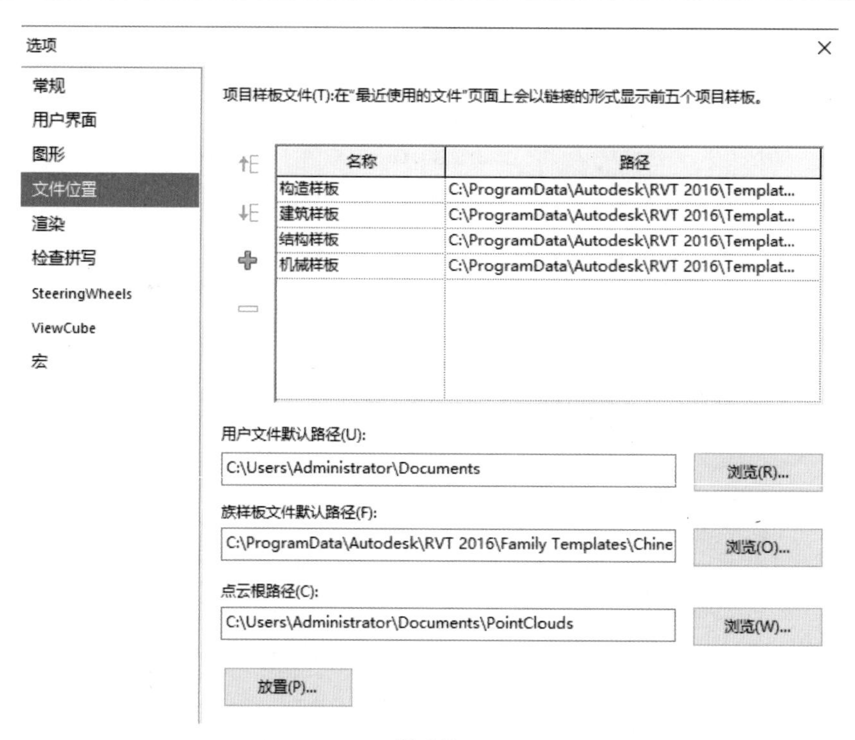
选项
常规
用户界面
图形
文件位置
渲染
检查拼写
SteeringWheels
ViewCube
宏
项目样板文件(T):在"最近使用的文件"页面上会以链接的形式显示前五个项目样板。
名称
路径
构造样板
C:\ProgramData\Autodesk\RVT 2016\Templat...
建筑样板
C:\ProgramData\Autodesk\RVT 2016\Templat...
结构样板
C:\ProgramData\Autodesk\RVT 2016\Templat...
机械样板
C:\ProgramData\Autodesk\RVT 2016\Templat...
用户文件默认路径(U):
C:\Users\Administrator\Documents
浏览(R)...
族样板文件默认路径(F):
C:\ProgramData\Autodesk\RVT 2016\Family Templates\Chine
浏览(O)...
点云根路径(C):
C:\Users\Administrator\Documents\PointClouds
浏览(W)...
放置(P)...

图 1-7

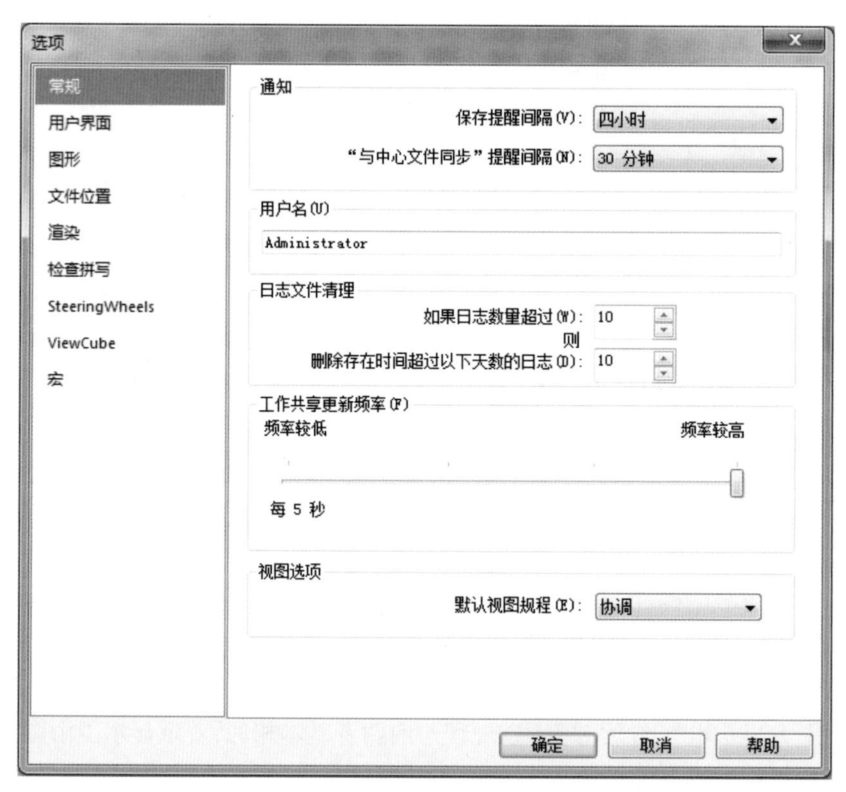
选项
常规
用户界面
图形
文件位置
渲染
检查拼写
SteeringWheels
ViewCube
宏
通知
保存提醒间隔(V):
四小时
"与中心文件同步"提醒间隔(N):
30 分钟
用户名(U)
Administrator
日志文件清理
如果日志数量超过(W):
10
则
删除存在时间超过以下天数的日志(D):
10
工作共享更新频率(F)
频率较低
频率较高
每 5 秒
视图选项
默认视图规程(E):
协调
确定
取消
帮助

图 1-8

切换至"图形"选项卡(图 1-9),可对界面中显示的模型色彩和透明度进行设置,也可对操作界面的颜色方案进行修改。

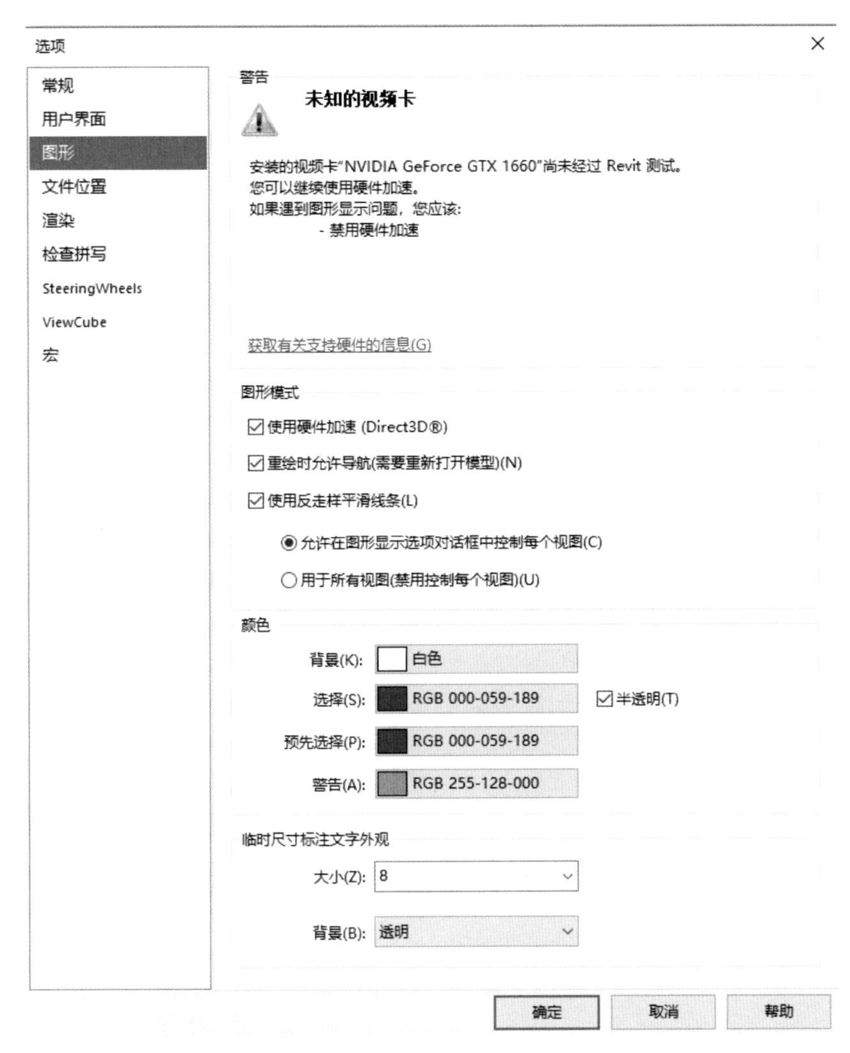

图 1-9

切换至"用户界面"选项卡,点击"快捷键"后的"自定义"按钮,可以查看常用命令的快捷键,用户可以按照使自己方便的原则,自行指定命令所对应的快捷键。

第 2 章　标高与轴网

标高用来定义楼层层高和生成平面视图，标高不一定作为楼层层高；轴网用于构件定位，在 Revit 中轴网确定了一个不可见的工作平面。轴网编号和标高符号样式均可以修改。Revit 软件目前可以绘制弧形和直线轴网，不支持绘制折线轴网。

在本章中，读者需重点掌握轴网和标高 2D、3D 显示模式的不同作用，影响范围命令的应用，轴网和标高标头的显示控制，生成对应标高的平面视图等功能的应用。

2.1　标高

2.1.1　修改原有标高名称和高度

进入任意立面视图，通常样板中会有预设标高，如需修改现有标高高度，单击标高符号上方或下方表示高度的数值，如“室外标高”高度数值为“-0.450”，单击后该数字变为可输入状态，将原有数值修改为“-0.300”。

标高高度单位通常设置为“m”，标高名称按楼层名称最后的 1、2、3……自动排序（图 2-1）。

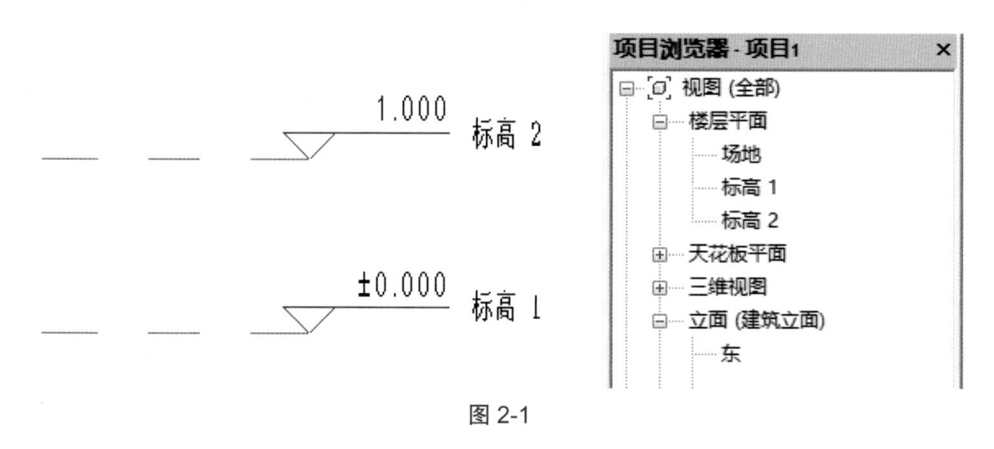

图 2-1

标高名称和符号样式可以通过修改标高标头族文件来设定。

绘制添加新标高，同时在“项目浏览器”中自动添加一个“楼层平面”视图、一个“天花板平面”视图和一个“结构平面”视图（图 2-2）。

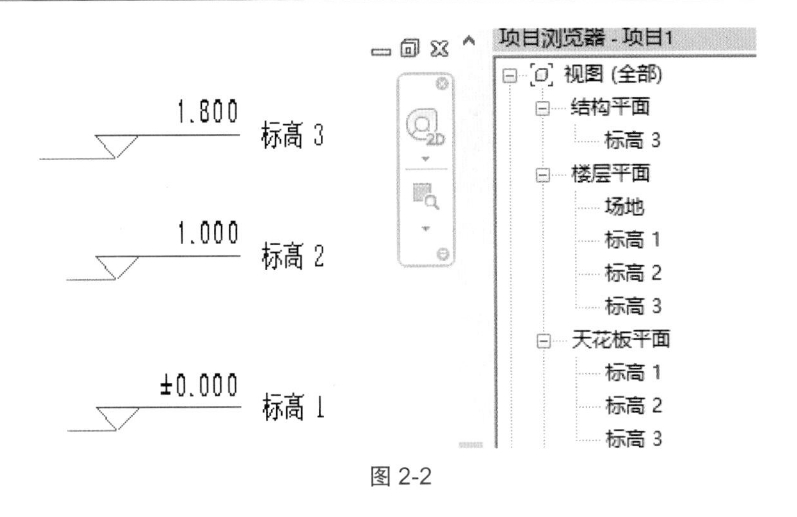

图 2-2

标高名称是按照其最后一个字排序的。

如需修改标高高度，则执行如下操作：单击需要修改的标高，如标高 3，在标高 2 与标高 3 之间会显示一条蓝色的临时尺寸标注线，单击临时尺寸标注线上的数字，输入新的数值并按【Enter】键，即可完成标高高度的调整（图 2-3），标高高度的单位为 mm。

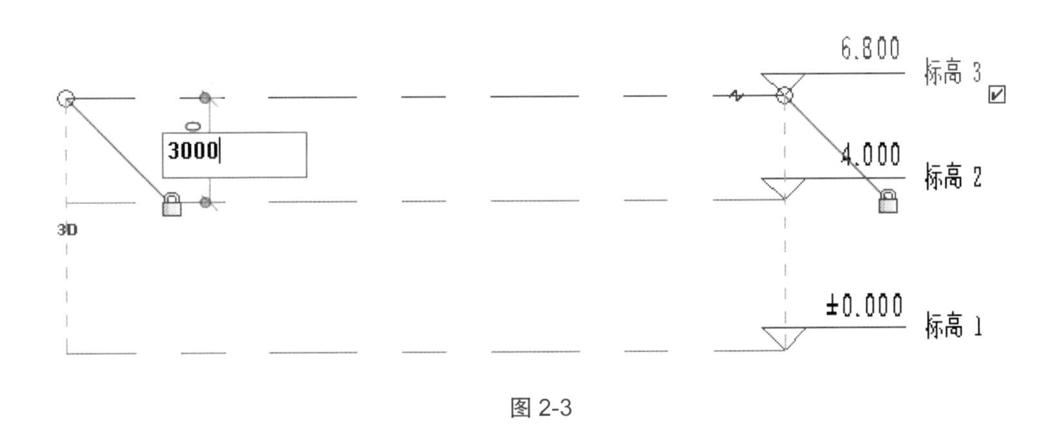

图 2-3

2.1.2　绘制添加新标高

选择一个标高，点击“修改标高”选项卡，然后在“修改”面板中选择“复制”或“阵列”命令（图 2-4），可以快速生成所需标高。选择标高 3，点击功能区的“复制”按钮，在选项栏中勾选“约束”和“多个”复选框，光标回到绘图区域，单击标高 3 并向上移动，此时可直接输入新标高与被复制标高的间距，如“3000”，单位为 mm，输入后按【Enter】键，即完成一个标高的复制，由于勾选了选项栏中的“多个”复选框，所以可继续输入下一个标高间距而无须再次选择标高并激活“复制”工具，如图 2-5 所示。

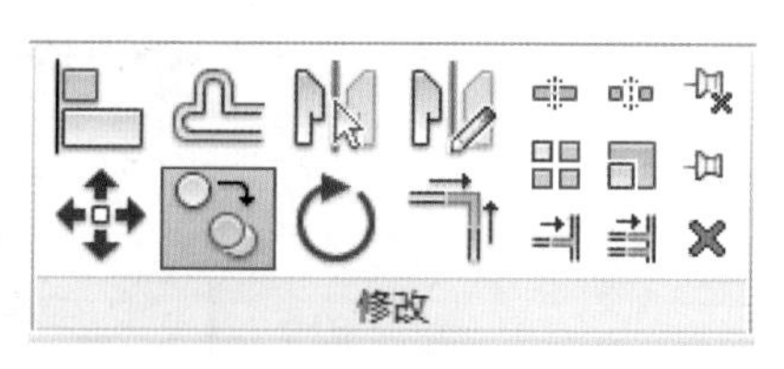

图 2-4

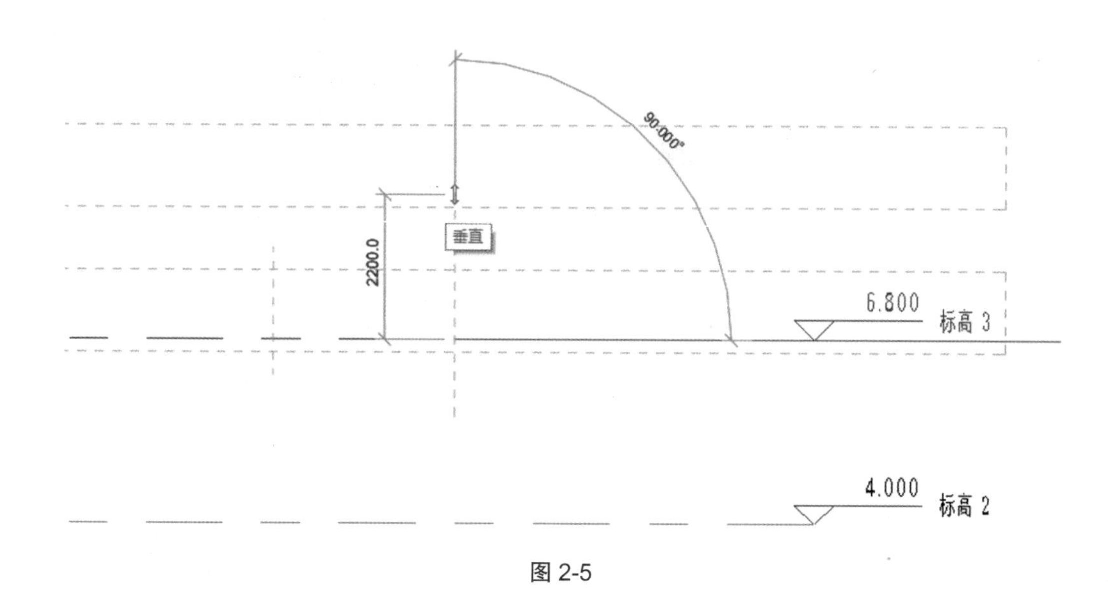

图 2-5

选项栏中的“约束”选项可以保证正交,如果不选择“复制”命令将执行移动的操作,选择“多个”选项,可以在一次复制完成后无须激活“复制”命令而继续执行操作,从而实现多次复制。

通过上述复制的方式完成所需标高的绘制后,单击鼠标右键,在弹出的快捷菜单中选择“取消”命令,或按【Esc】键结束“复制”命令。

通过复制的方式生成标高,可在复制时输入准确的标高间距,但“项目浏览器”中并未生成相应的楼层平面。

用阵列的方式绘制标高,可一次绘制多个间距相等的标高,此种方法适用于多层或高层建筑。选择一个现有标高,将鼠标移动至“功能区”,选择“阵列”工具中的“设置选项栏”,取消勾选“成组并关联”复选框,在“项目数”中输入“6”,即生成包含被阵列对象在内的共 6 个标高,为保证正交,也可以勾选“约束”复选框(图 2-6)。

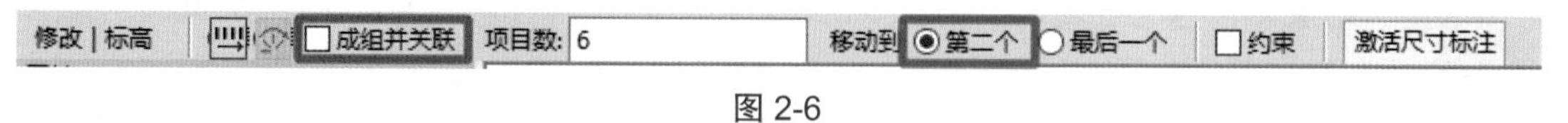

图 2-6

设置完选项栏后,单击新阵列的标高,向上移动,输入标高间距“3000”后按【Enter】键,将自动生成包含原有标高在内的 6 个标高(如勾选“成组并关联”复选框,阵列后的标高将自动成组,需要编辑该组才能调整标高的标头位置、高度等属性)。

为复制和阵列的标高添加楼层平面:观察“项目浏览器”中“楼层平面”下的视图(图

2-7)，通过复制和阵列的方式创建的标高均未生成相应的平面视图；同时观察立面图，有对应楼层平面的标高标头为蓝色，没有对应楼层平面的标高标头为黑色，双击蓝色标头，视图将跳转至相应的平面视图，而黑色标头不能引导跳转视图。

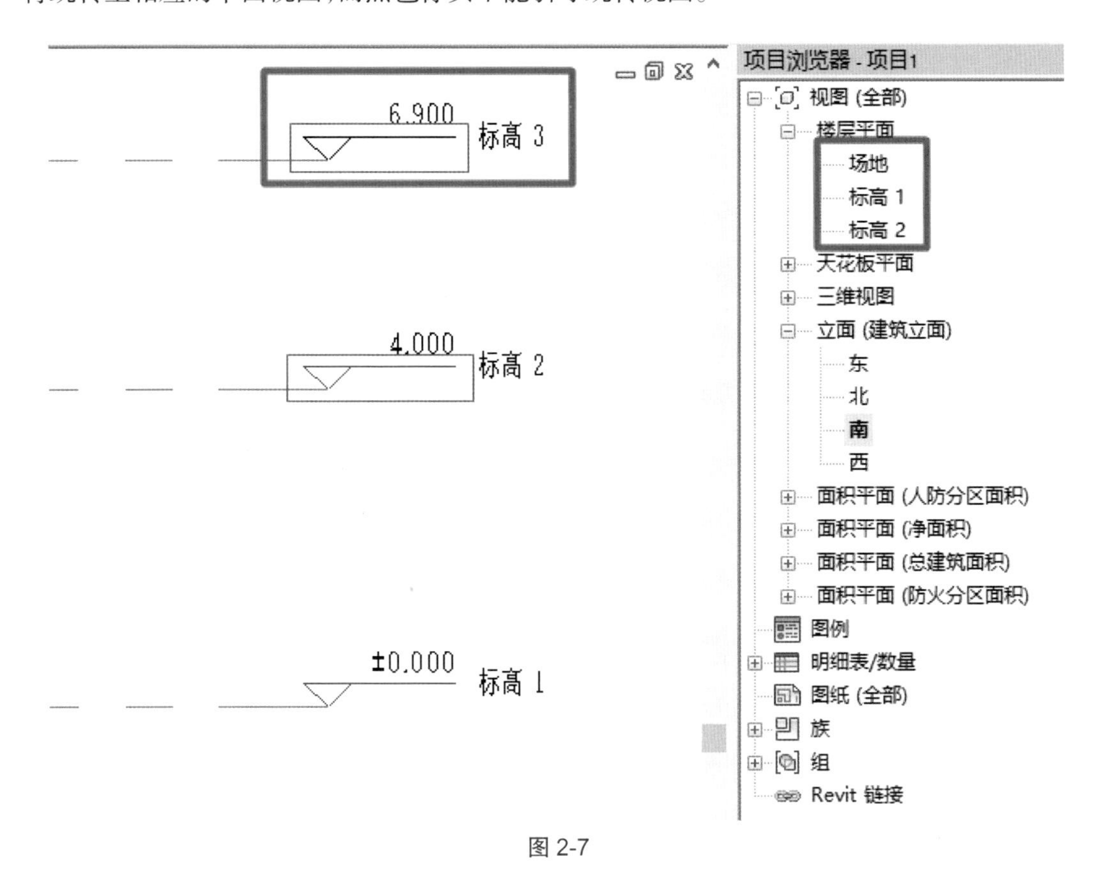

图 2-7

如图 2-8 所示，选择“视图”选项卡，然后在“平面视图”面板中选择“楼层平面”命令。

在弹出的“新建楼层平面”对话框中单击第一个标高，再按住【 Shift 】键单击最后一个标高，将选中所有标高，然后点击“确定”按钮(图 2-9)。再次观察“项目浏览器”，所有复制和阵列生成的标高都创建了相应的平面视图。

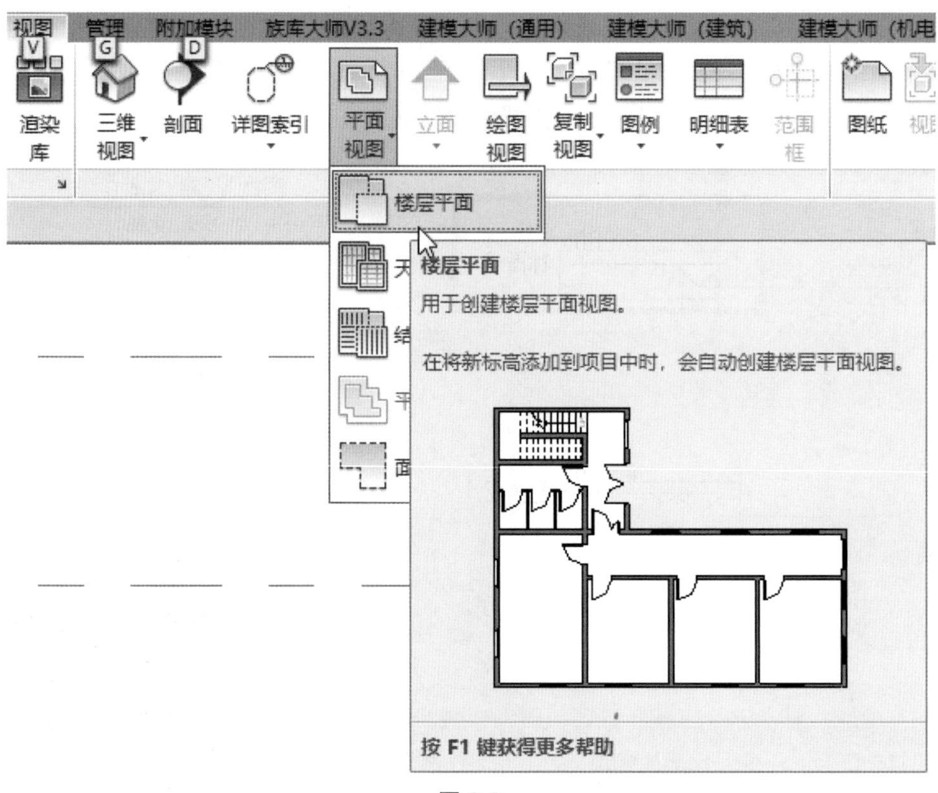
视图
管理
附加模块
族库大师V3.3
建模大师（通用）
建模大师（建筑）
渲染库
三维视图
剖面
详图索引
平面视图
立面
绘图视图
复制视图
图例
明细表
范围框
图纸
楼层平面
用于创建楼层平面视图。
在将新标高添加到项目中时，会自动创建楼层平面视图。
按 F1 键获得更多帮助

图 2-8

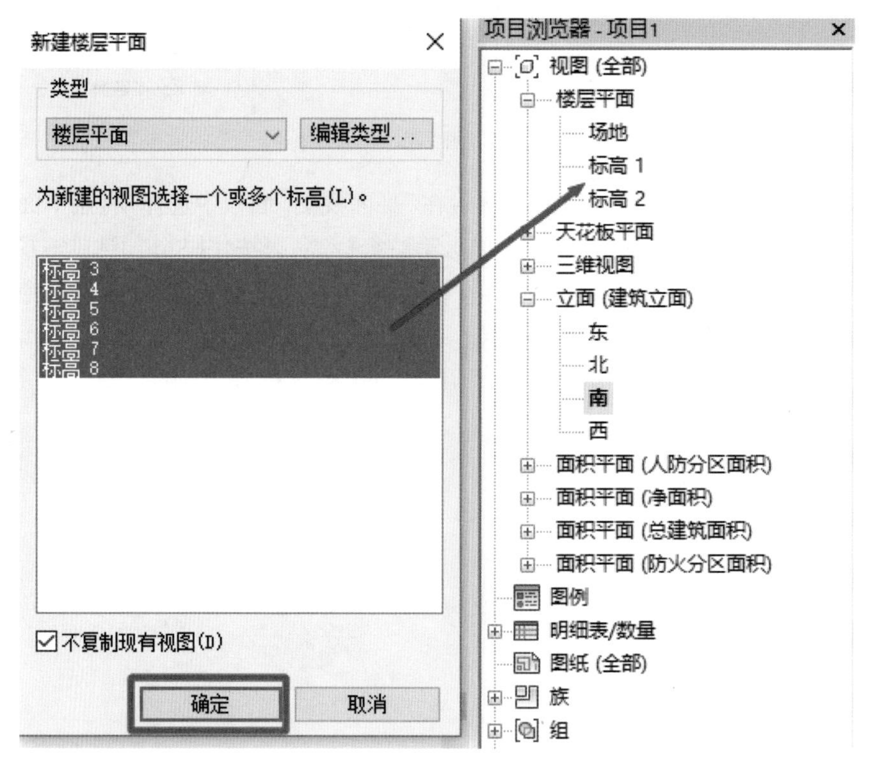
新建楼层平面
类型
楼层平面
编辑类型...
为新建的视图选择一个或多个标高(L)。
标高 3
标高 4
标高 5
标高 6
标高 7
标高 8
不复制现有视图(D)
确定
取消
项目浏览器 - 项目1
视图 (全部)
楼层平面
场地
标高 1
标高 2
天花板平面
三维视图
立面 (建筑立面)
东
北
南
西
面积平面 (人防分区面积)
面积平面 (净面积)
面积平面 (总建筑面积)
面积平面 (防火分区面积)
图例
明细表/数量
图纸 (全部)
族
组

图 2-9

2.1.3　编辑标高

选择任意一条标高线，会显示一些临时尺寸、控制符号和复选框（图 2-10），这时可以编辑尺寸值、单击并拖曳控制符号，还可整体或单独调整标高标头位置、控制标头隐藏或显示、使标头偏移等（2D 和 3D 显示模式的不同作用详见 2.2 节轴网部分的相关内容）。

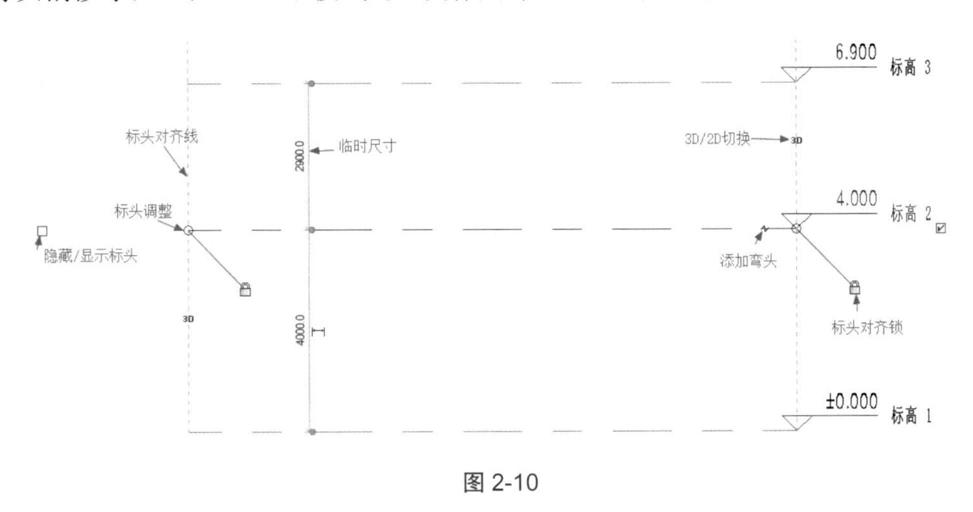

图 2-10

选择标高线，单击标头外侧的方框，即可关闭或打开轴号显示；单击标头附近的折线符号，可偏移标头；单击蓝色拖曳点，按住鼠标不放，可调整标头位置。

2.2　轴网

2.2.1　绘制轴网

选择“建筑”选项卡，然后在“基准”面板中选择“轴网”命令，单击起点、终点位置即可绘制一条轴线。第一条纵轴的编号为 1，后续纵轴编号按 1、2、3……自动排序；绘制完第一条横轴后单击轴网编号，把它改为“A”，后续编号将按照 A、B、C……自动排序（图 2-11）。软件不能自动排除字母“I”和“O”作为轴网编号，需手动排除。

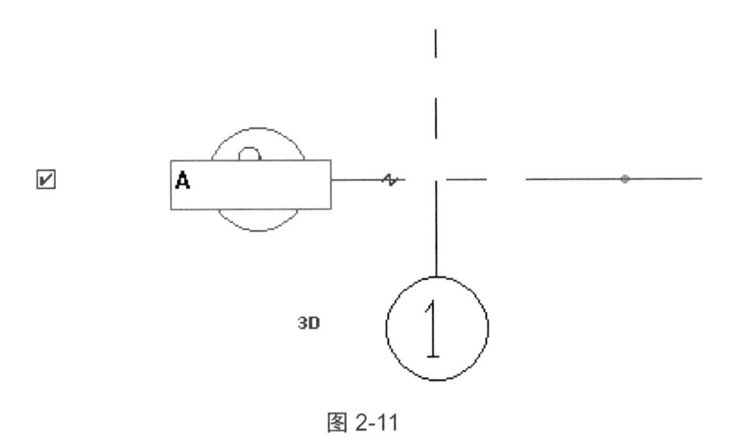

图 2-11

2.2.2 用拾取命令生成轴网

可调用 Auto CAD 图纸作为底图进行拾取。注意,轴网只需在任意平面视图中绘制,其他标高视图中均可见。

2.2.3 复制、阵列、镜像轴网

选择一条轴线,点击工具栏中的“复制”“阵列”或“镜像”按钮,可以快速生成所需的轴线,轴号自动排序。

以轴线④右侧的某一条参考线为中心镜像①~④ 轴线可以生成 ⑤~⑧轴线,但镜像后 ⑤~⑧ 轴线的顺序将发生颠倒,即轴线 ⑧ 将在最左侧, 轴线⑤将在最右侧。在对多条轴线进行复制或镜像时, Revit 默认以原对象的绘制顺序进行排序,因此,绘制轴网时不建议使用镜像的方式(图 2-12)。

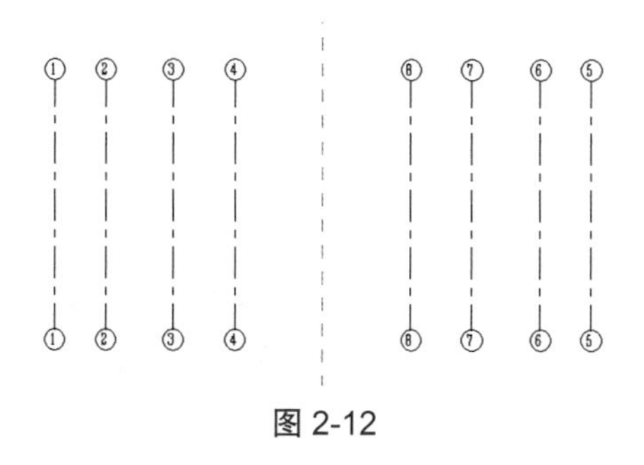

图 2-12

选择不同命令时选项栏中会出现不同选项,如“复制”“多个”和“约束”等。

阵列时要注意取消勾选“成组并关联”复选框,因为轴网成组后修改会相互关联,影响其他轴网的控制。

轴网绘制完毕后,选择所有的轴线,自动激活“修改 | 轴网”选项卡。在“修改”面板中选择“锁定”命令锁定轴网,以避免在以后的工作中因错误操作而移动轴网的位置。

2.2.4 尺寸驱动调整轴线位置

选择任意一条轴线,会出现蓝色的临时尺寸标注线,单击尺寸即可修改其值,调整轴线位置(图 2-13)。

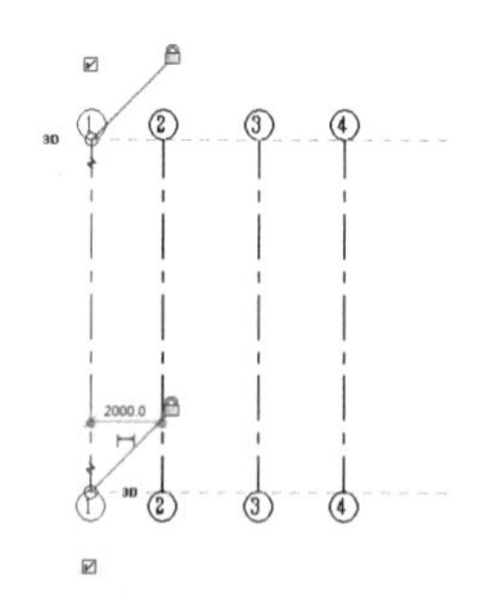

图 2-13

2.2.5　轴网标头位置调整

选择任意一条轴线，所有对齐的轴线的端点位置会出现一条对齐虚线，用鼠标拖曳轴线的端点，所有轴线的端点同步移动。

如果只移动单条轴线的端点，则应先打开对齐锁定，再拖曳轴线的端点。

如果轴线状态为“3D”，则所有平面视图中的轴线端点同步联动，如图 2-14(a)所示；单击此处切换为“2D”，则只改变当前视图的轴线端点位置，如图 2-14(b)所示。

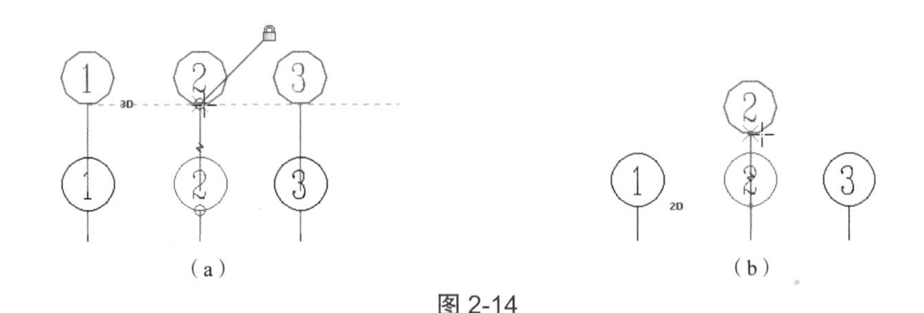

(a)　　(b)

图 2-14

2.2.6　轴号显示控制

选择任意一条轴线，单击标头外侧的方框，即可关闭或打开轴号显示。

如需控制所有轴号的显示，可选择所有轴线，将自动激活“修改 | 轴网”选项卡。在“属性”面板中选择“类型属性”命令，弹出“类型属性”对话框，在其中修改类型属性，然后勾选平面视图轴号端点的复选框(图 2-15)。

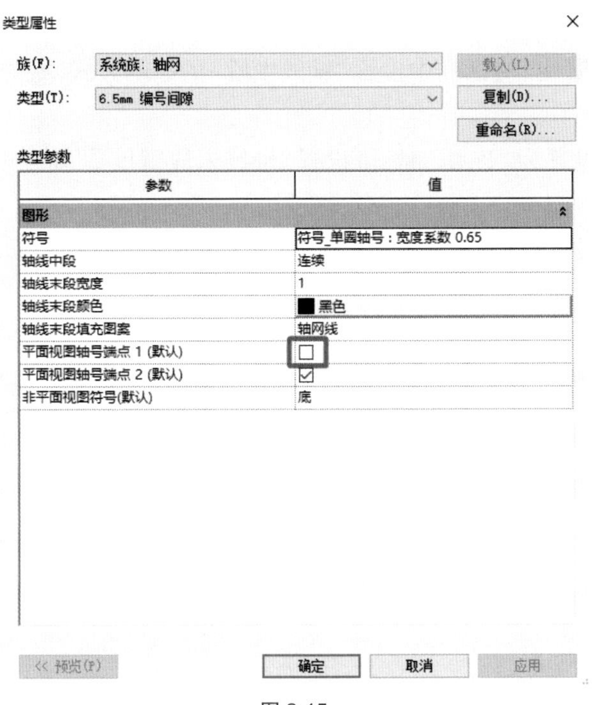

图 2-15

除可控制平面视图轴号端点的显示,在“非平面视图符号(默认)”中还可以设置轴号的显示方式,控制除平面视图外的其他视图(如立面、剖面等视图)的轴号,显示状态为“顶”“底”“两者”或“无”,如图 2-16 所示。

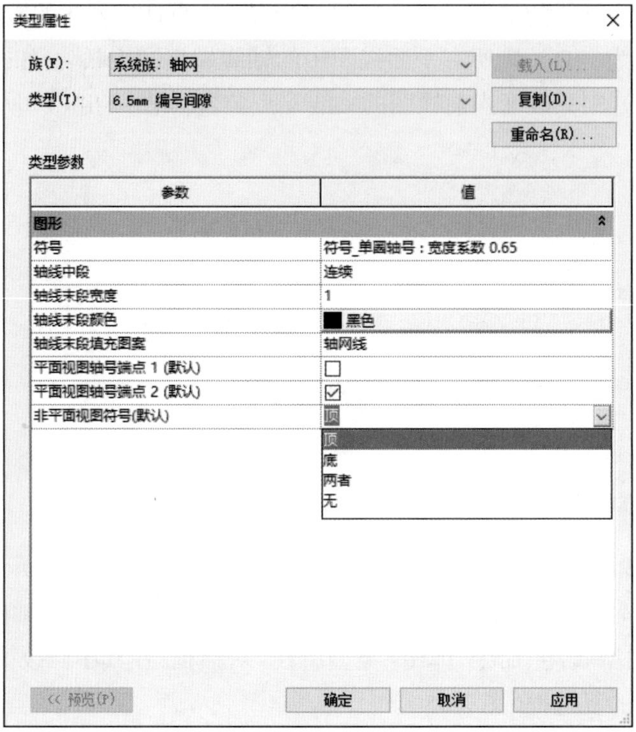

图 2-16

在轴网的“类型属性”对话框中设置“轴线中段”的显示方式,有“连续”“无”“自定义”几种(图 2-17)。

将“轴线中段”设置为“连续”时,可设置“轴线末段宽度”“轴线末段颜色”和“轴线末段填充图案”(图 2-18)。

将“轴线中段”设置为“无”时,可设置“轴线末段宽度”“轴线末段颜色”和“轴线末段长度”(图 2-19)。

将“轴线中段”设置为“自定义”时,可设置“轴线中段宽度”“轴线中段颜色”“轴线中段填充图案”“轴线末段宽度”“轴线末段颜色”“轴线末段填充图案”和“轴线末段长度”(图 2-20)。

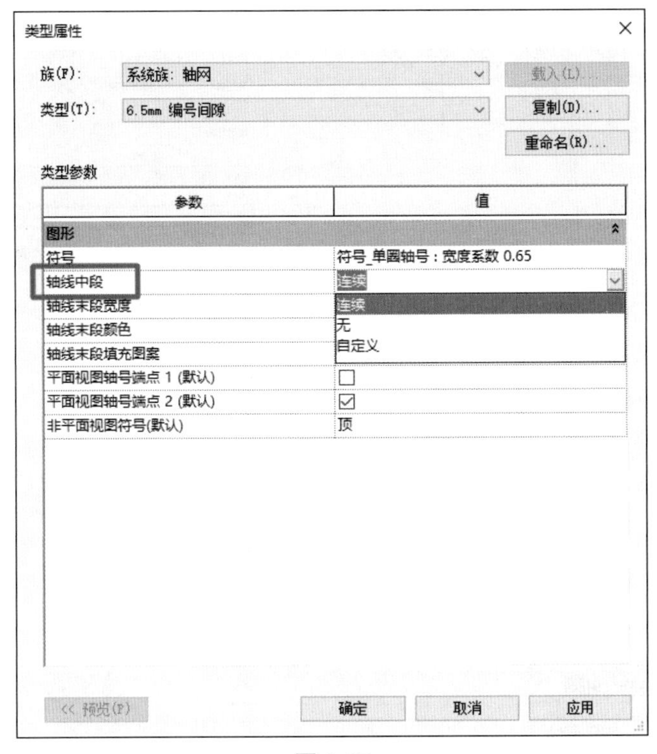
类型属性
族(F): 系统族: 轴网
载入(L)...
类型(T): 6.5mm 编号间隙
复制(D)...
重命名(R)...
类型参数
参数
值
图形
符号
符号_单圆轴号：宽度系数 0.65
轴线中段
连续
轴线末段宽度
无
轴线末段颜色
自定义
轴线末段填充图案
平面视图轴号端点 1 (默认)
平面视图轴号端点 2 (默认)
非平面视图符号(默认)
顶
<< 预览(P)
确定
取消
应用

图 2-17

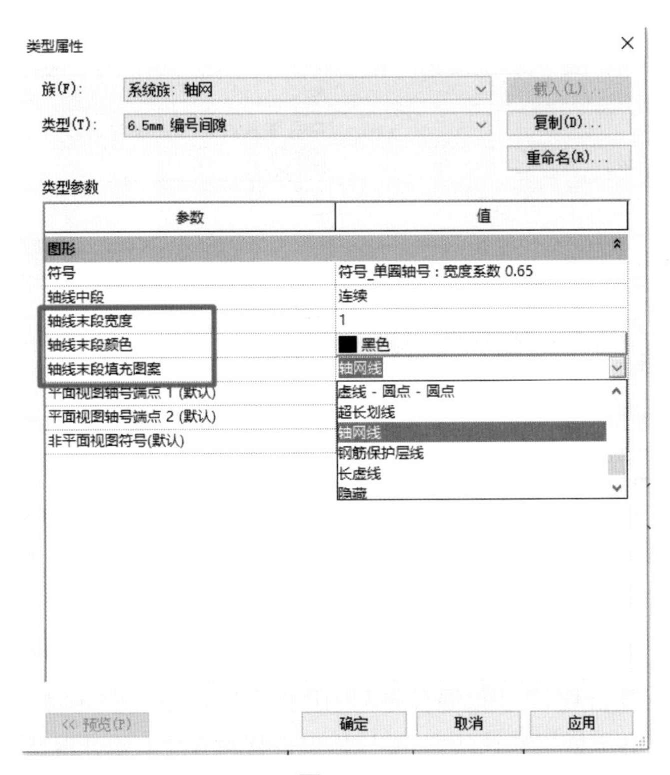
类型属性
族(F): 系统族: 轴网
载入(L)...
类型(T): 6.5mm 编号间隙
复制(D)...
重命名(R)...
类型参数
参数
值
图形
符号
符号_单圆轴号：宽度系数 0.65
轴线中段
连续
轴线末段宽度
1
轴线末段颜色
黑色
轴线末段填充图案
轴网线
平面视图轴号端点 1 (默认)
虚线 - 圆点 - 圆点
平面视图轴号端点 2 (默认)
超长划线
非平面视图符号(默认)
钢筋保护层线
长虚线
隐藏
<< 预览(P)
确定
取消
应用

图 2-18

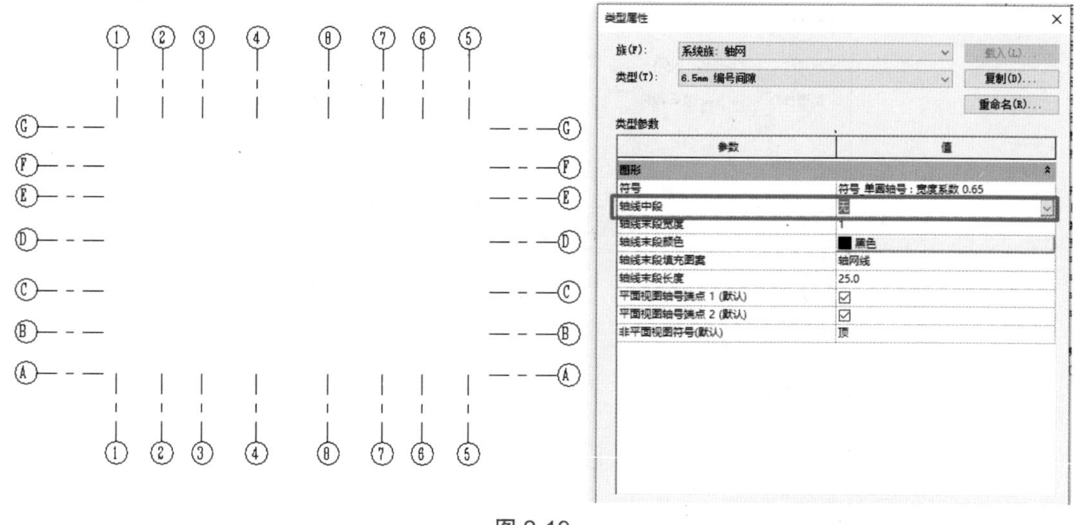

图 2-19

类型属性

族(F): 系统族: 轴网

类型(T): 6.5mm 编号间隙

载入(L)... 复制(D)... 重命名(R)...

类型参数

参数	值
图形	
符号	符号_单圆轴号：宽度系数 0.65
轴线中段	自定义
轴线中段宽度	连续
轴线中段颜色	无
轴线中段填充图案	自定义
轴线末段宽度	1
轴线末段颜色	黑色
轴线末段填充图案	轴网线
轴线末段长度	25.0
平面视图轴号端点 1 (默认)	☑
平面视图轴号端点 2 (默认)	☑
非平面视图符号(默认)	底

图 2-20

2.2.7 轴号偏移

单击标头附近的折线符号和偏移轴号,用鼠标按住拖曳点不放,调整轴号位置(图 2-21)。轴号偏移后若要恢复直线状态,按住拖曳点移到直线上松开鼠标即可。

锁定轴网时要取消偏移,需要选择轴线并取消锁定后,才能移动拖曳点。

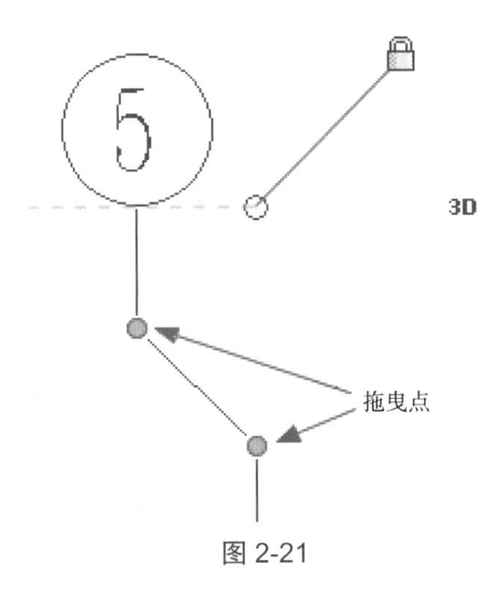

图 2-21

2.2.8　影响范围

在视图中按上述方法完成轴线标头位置、轴号显示和轴号偏移等设置后，选择“轴线”，再在选项栏中选择“影响范围”命令，在弹出的“影响基准范围”对话框中选择需要的平面或立面视图（图 2-22），可以将这些设置应用到其他视图。例如，一层做了轴号的修改，而没有使用“影响范围”功能，其他层就不会有任何变化。

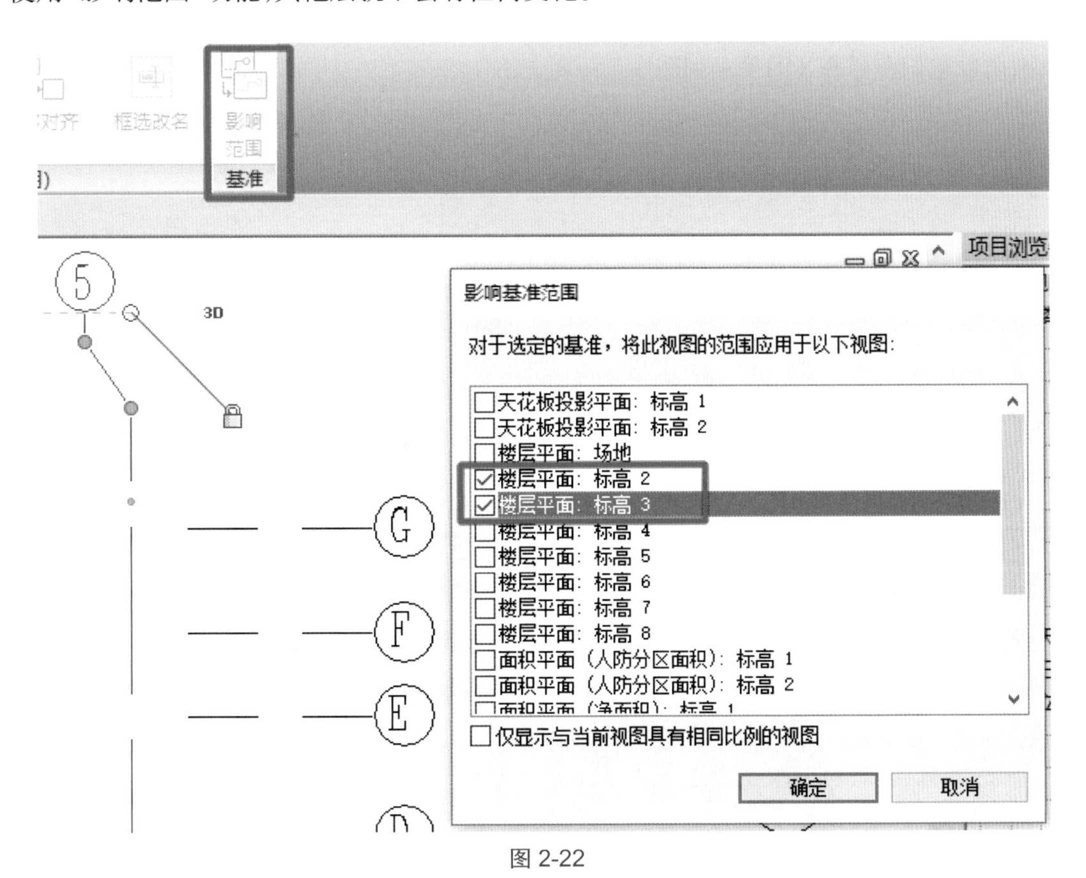

图 2-22

要使轴网的变化影响到所有标高层,应先选中一个要修改的轴网,此时将自动激活"修改|轴网"选项卡。在"基准"面板中选择"影响范围"命令,弹出"影响基准范围"对话框,选需要影响的视图,点击"确定"按钮,所选视图的轴网都会做相同的调整(图 2-23)。

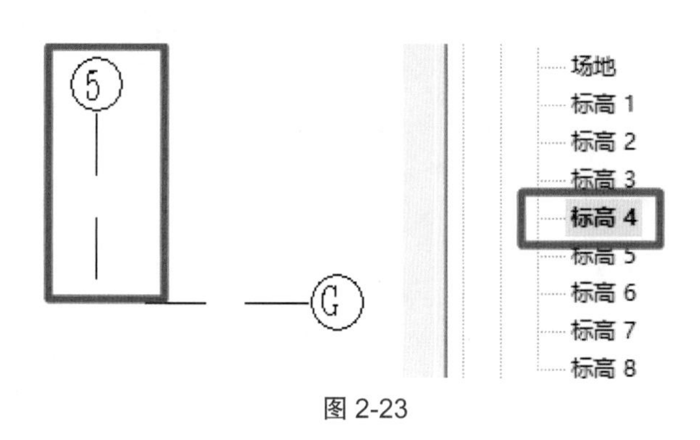

图 2-23

这里推荐的制图流程为先绘制标高,再绘制轴网。这样在立面图中,轴号将显示于最上层的标高上方,这也就决定了轴网在每一个标高的平面视图中都可见。

如果先绘制轴网再添加标高,或者在项目创建过程中新添加了标高,则有可能导致轴网在新添加标高的平面视图中不可见。

其原理是:在立面上,轴网在 3D 显示模式下需和标高视图相交,即轴网的基准面与视图平面相交,这时轴网在此标高的平面视图中可见。如图 2-24 所示,②、④轴线与标高 8 未相交,所以它们在标高 8 的平面视图中不可见。

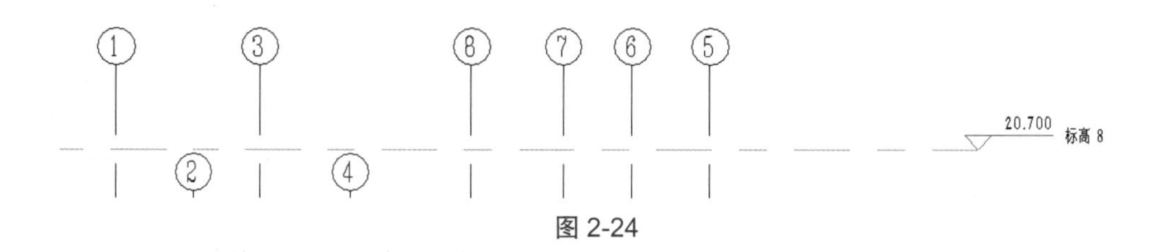

图 2-24

2.3 技术总结

技术总结

绘制标高时希望它以 1F、2F、3F……的方式自动排序,但在实际中将样板文件中的标高设置为 1F 后,在新建的项目中绘制标高时却变成了 1F、1G、1H……(图 2-25),这是为什么呢?

这个问题涉及 Revit 软件的自动命名方式,在 Revit 中,软件自动以最后一个字符作为编号递增依据,如在生成轴线时按照字母顺序和自然数顺序进行轴号的排列,在样板文件中设置初始标高为 1F,则进入项目后将以 1F、1G、1H……的方式递增。如果希望以 1F、2F、3F……的方式递增,可以改变表达方式,将 1F 改为 F1 即可,则在新建的项目中将以 F1、F2、F3……的方式递增,由此实现希望得到的效果(图 2-26)。

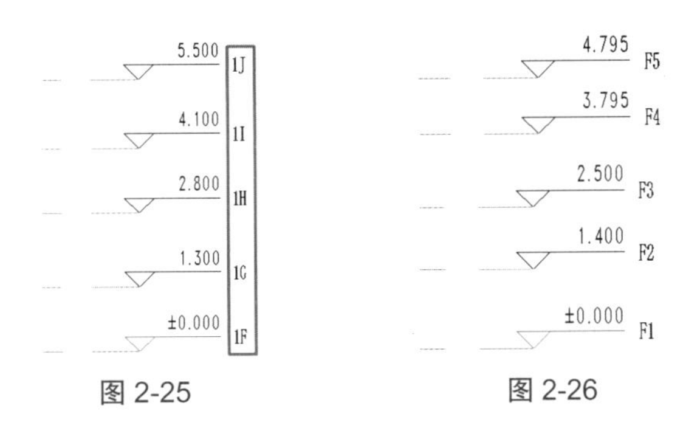

图 2-25　　　　图 2-26

绘制施工图时经常按照 1F、2F、3F……的顺序，那么怎样才能实现这个效果呢？答案是修改标头族。首先在“项目浏览器”中找到需要修改的标头族（图 2-27），点击“族编辑”，选择名称，然后在“修改 | 标签”选项卡中点击“编辑”标签，在弹出的“编辑标签”对话框中的“后缀”一栏中输入“F”（图 2-28），点击“确定”按钮。

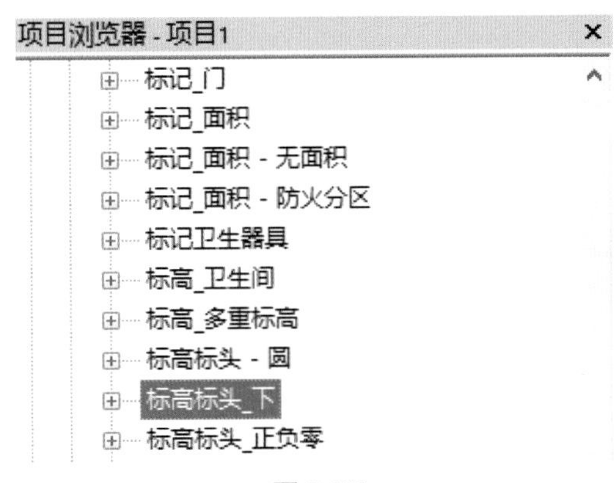

图 2-27

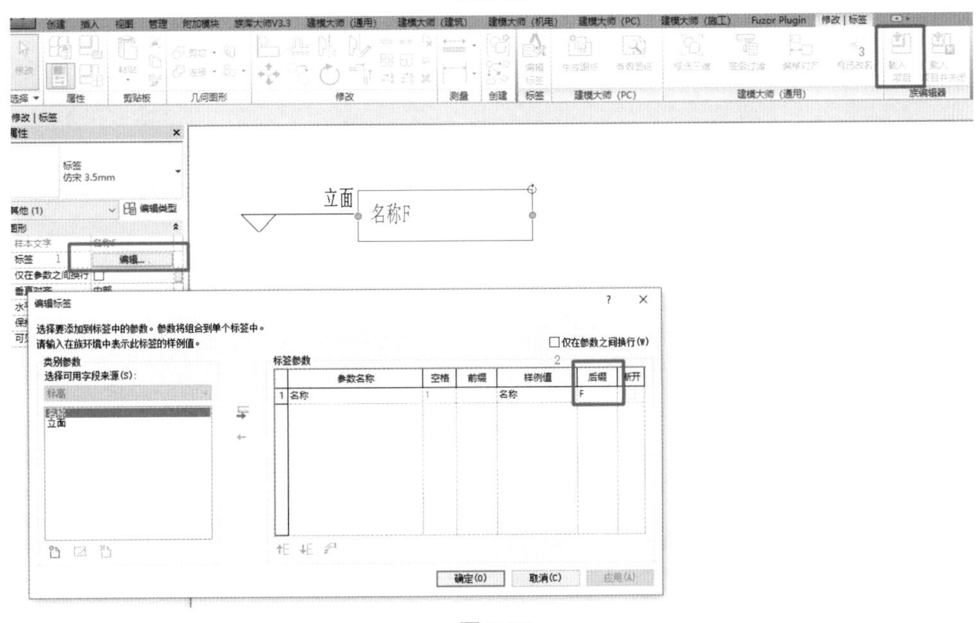

图 2-28

然后载入项目中,此时再对标高进行复制或阵列,标高的名称将按照 1F、2F、3F……的方式复制或阵列(图 2-29)。

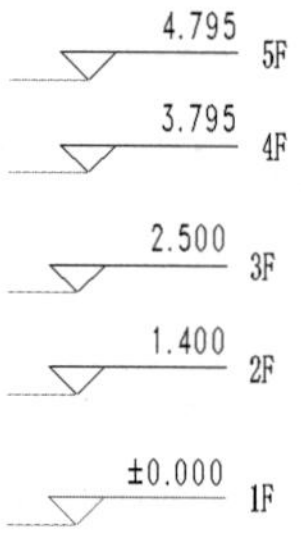

4.795 5F
3.795 4F
2.500 3F
1.400 2F
±0.000 1F

图 2-29

当想用汉字一层、二层来表示层高时,可以在"后缀"一栏中输入"层"这个字。

第 3 章　柱、梁和结构构件

本章主要讲述如何创建和编辑结构柱、建筑柱、梁、梁系统、结构支架等，以使读者了解结构柱和建筑柱的应用方法和区别。根据项目需要，有时需要创建结构梁系统和结构支架，比如会对楼层净高产生影响的大梁等，这时可以在剖面上通过二维填充命令来绘制梁剖面，仅仅示意即可。

3.1　柱的创建

3.1.1　结构柱

1. 添加结构柱

点击“建筑”选项卡“构建”面板中的“柱”下拉按钮，在弹出的下拉列表中选择“结构柱”，从类型选择器中选择合适尺寸、规格的柱子类型，如没有则点击“类型属性”按钮，弹出“类型属性”对话框，编辑柱子属性，选择“编辑类型”— “复制”命令，创建新的尺寸、规格，修改长度、宽度参数。

如没有需要的柱子类型，则选择“插入”选项卡，从“从库中载入”面板的“载入族”工具中打开相应的族库载入族文件。

在结构柱的“类型属性”对话框上方，设置柱子高度参数。

单击结构柱，使用轴网交点命令（点击“放置”— “垂直柱”— “在轴网处”）（图 3-1），从右下向左上交叉框选轴网的交点，点击“完成”按钮。

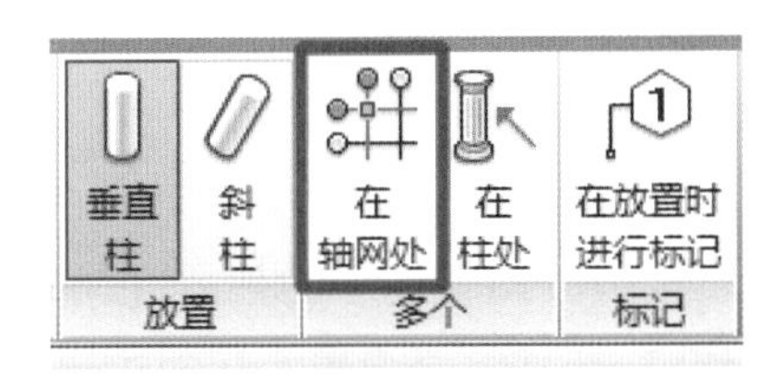

图 3-1

2. 编辑结构柱

通过编辑柱子属性可以调整柱子的基准、顶部标高、底部标高、顶部偏移、底部偏移，柱顶（底）是否随轴网移动，此柱是否设置为房间边界和柱子的材质，点击“编辑类型”按钮，在弹出的“类型属性”对话框中设置长度、宽度参数（图 3-2）。

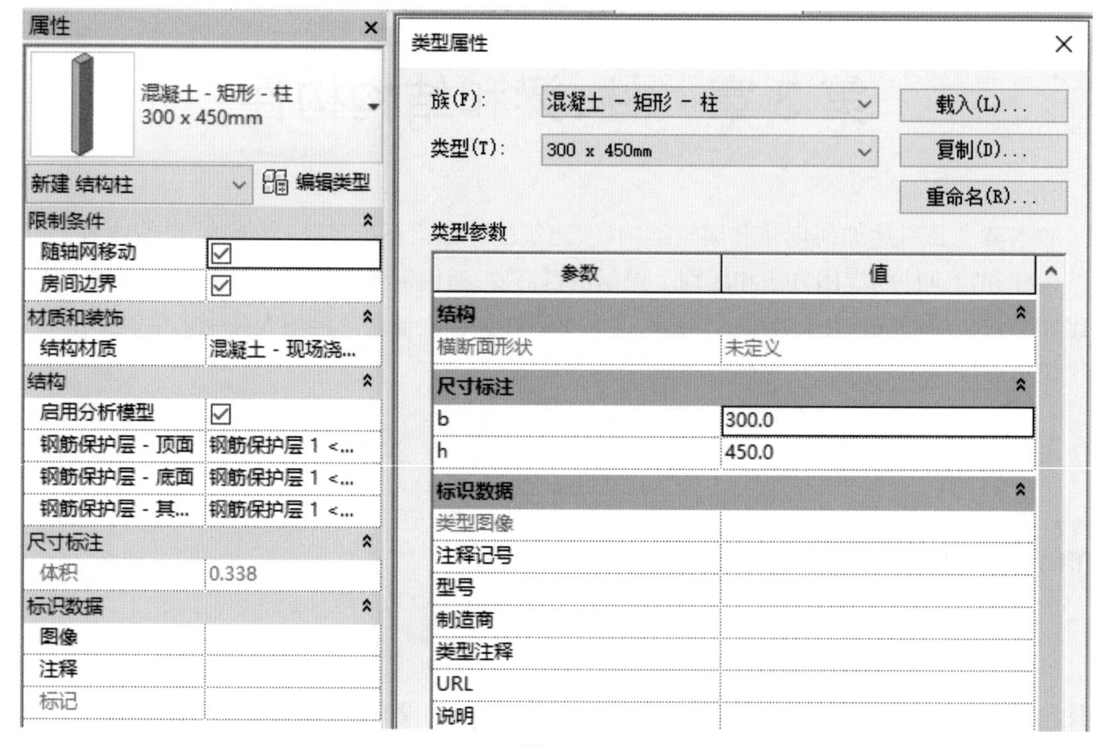

图 3-2

3.1.2 建筑柱

1. 添加建筑柱

从类型选择器中选择合适尺寸、规格的柱子类型,如没有则点击“类型属性”按钮,弹出“类型属性”对话框,编辑柱子属性,选择“编辑类型”— “复制”命令,创建新的尺寸、规格,修改长度、宽度参数。

如没有需要的柱子类型,则选择“插入”选项卡,从“从库中载入”面板的“载入族”工具中打开相应的族库载入族文件,单击插入点插入柱子。

2. 编辑建筑柱

同结构柱,通过编辑柱子属性可以调整柱子的基准、顶部标高、底部标高、顶部偏移、底部偏移,柱顶(底)是否随轴网移动,此柱是否设置为房间边界。点击“编辑类型”按钮,在弹出的“类型属性”对话框中设置柱子的图形、材质和装饰、尺寸标注(图 3-3)。

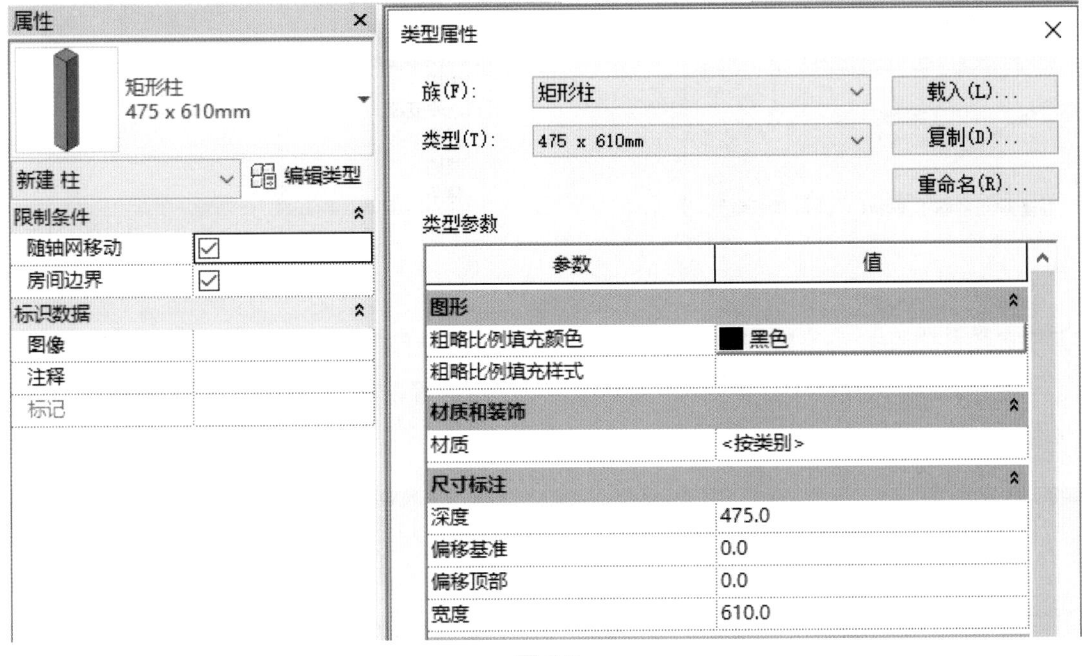

图 3-3

建筑柱的属性与墙体相同，修改“粗略比例填充样式”只能影响没有与墙相交的建筑柱。建筑柱适用于砖混结构中的墙垛、墙上的突出结构等。

3.2　梁的创建

3.2.1　常规梁

梁的创建

选择“结构”选项卡，点击“结构”面板中的“梁”按钮，从“属性”栏的下拉列表中选择需要的梁类型，如没有，可从库中载入。

在选项栏中选择梁的放置平面，从“结构用途”下拉列表中选择梁的结构用途或让其处于自动状态，结构用途参数可以包括在结构框架明细表中，这样用户便可以计算大梁、托梁、檩条和水平支撑的数量。

勾选“三维捕捉”复选框，通过捕捉任何视图中的其他结构图元，可以创建新梁，这表示用户可以在当前工作平面之外绘制梁和支撑。例如，在启用了“三维捕捉”后，不论高程如何，屋顶梁都将捕捉到柱的顶部。

要绘制多段连接的梁，可勾选选项栏中的“链”复选框（图 3-4）。

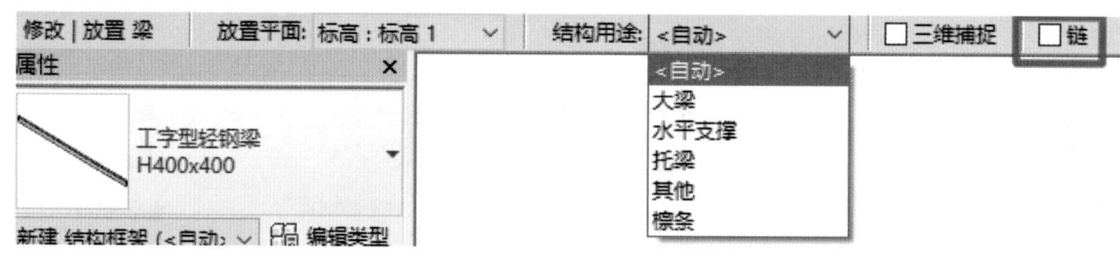

图 3-4

3.2.2 梁系统

通过“结构”面板中的“梁系统”可创建多个平行的等距梁,这些梁可以根据设计中的修改进行参数化调整,如图 3-5 所示。

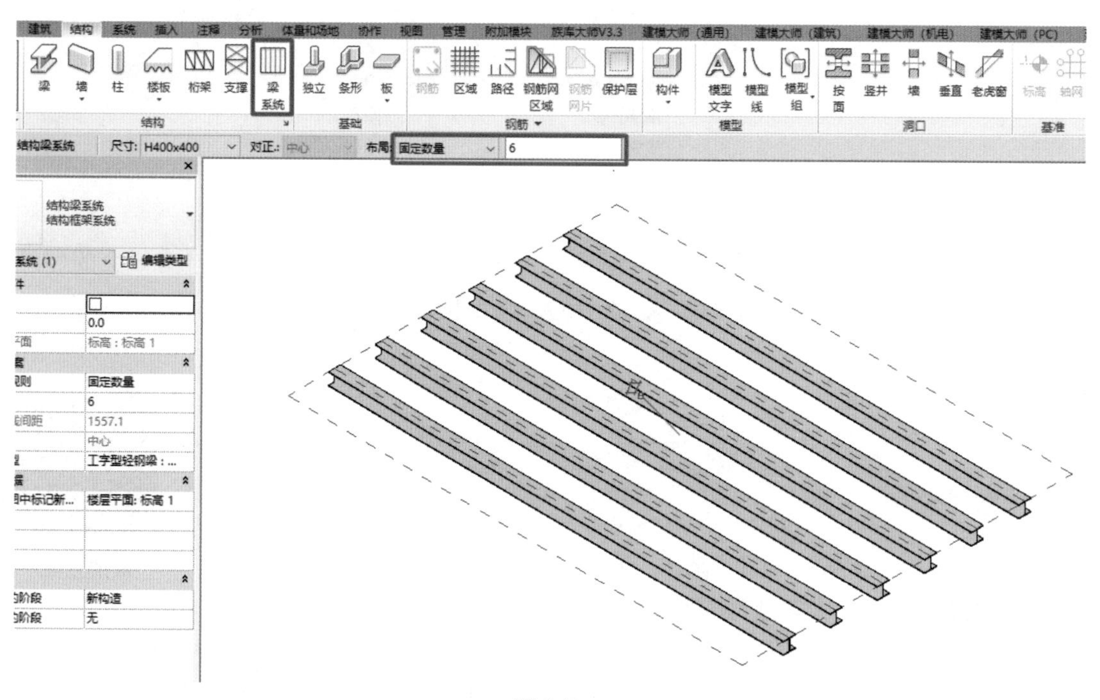

图 3-5

打开一个平面视图,选择“结构”选项卡,在“结构”面板中点击“梁系统”按钮,进入定义梁系统边界草图模式。

选择“绘制”工具栏中的“边界线”“拾取线”或“拾取支座”命令,拾取结构梁或结构墙,并锁定其位置,形成一个封闭的轮廓,作为结构梁系统的边界,如图 3-6 所示。

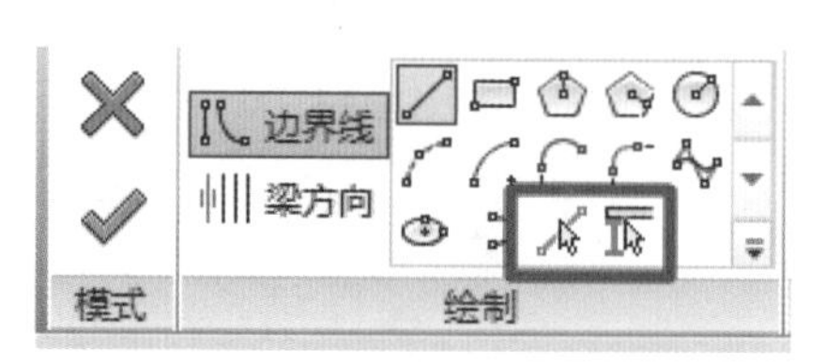

图 3-6

也可以用“线”绘制工具，绘制或拾取线条作为结构梁系统的边界。

如要在梁系统中剪切一个洞口，可用“线”绘制工具在边界内绘制封闭的洞口轮廓。绘制完边界后，可以用“梁方向边缘”命令选择某条边界线作为新的梁方向。在默认情况下，拾取的第一个支撑或绘制的第一条边界线为梁方向，如图 3-7 所示。

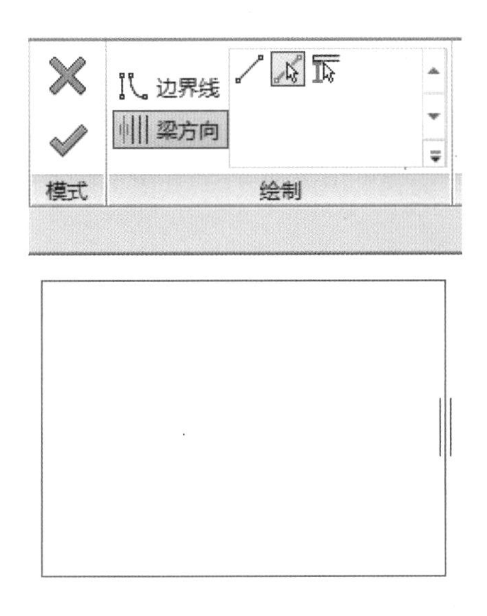

图 3-7

在“属性”对话框上方设置此梁系统在立面上的偏移值，在三维视图中显示该构件，设置其布局规则，按设置的布局规则确定相应的数值、梁的对齐方式和梁的类型，如图 3-8 所示。

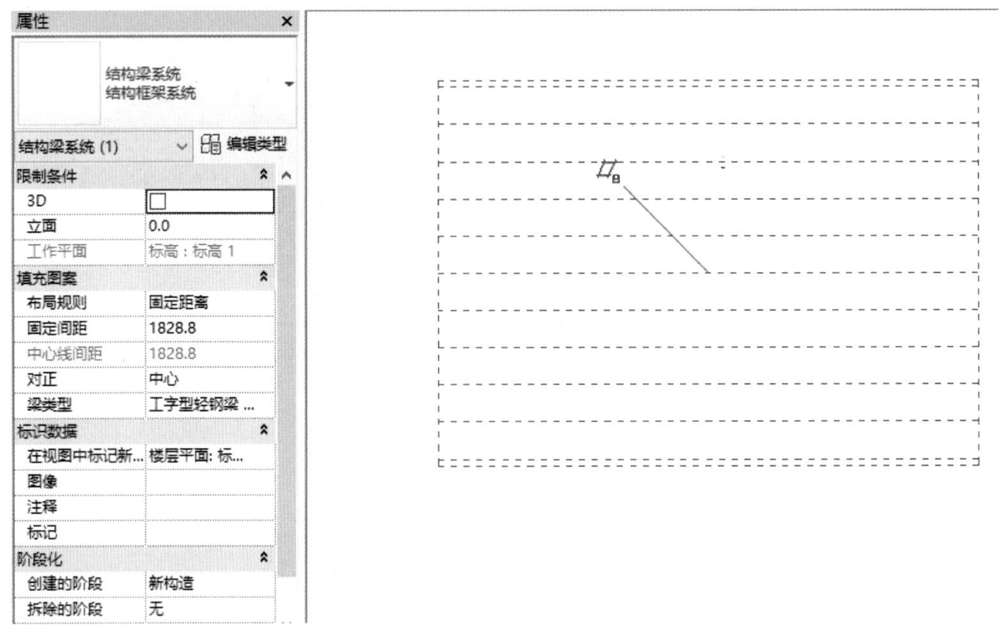

图 3-8

3.2.3　编辑梁

（1）操纵柄控制：选择梁，端点位置会出现操纵柄，用鼠标拖曳调整其端点位置。

（2）属性编辑：选择梁，自动激活上下文选项卡“修改 | 结构框架”，在“属性”面板中修改其实例、类型参数，可改变梁的类型与显示。

3.3　添加结构支撑

可以在平面视图或框架立面视图中添加支撑，支撑会附着到梁和柱上，并根据建筑设计中的修改进行参数化调整。

打开一个框架立面视图或平面视图，选择“结构”选项卡，然后选择“结构”面板中的“支撑”命令。

从类型选择器的下拉列表中选择需要的支撑类型，如没有可从库中载入。拾取起点、终点位置，放置支撑（图 3-9）。

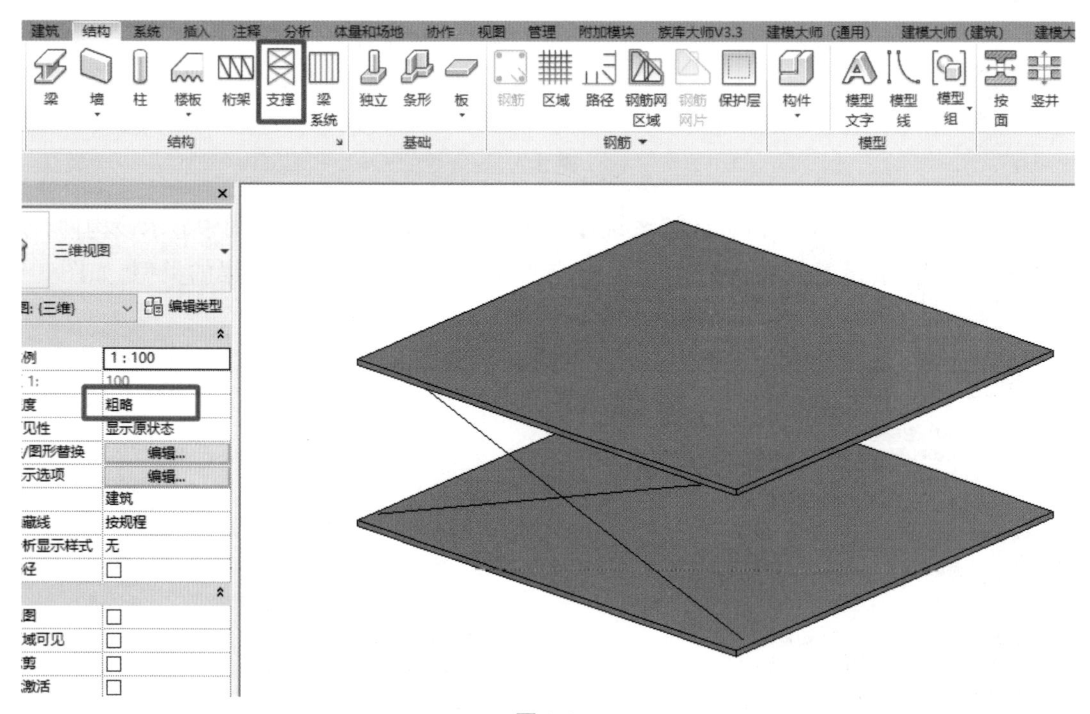

图 3-9

由于软件默认的“详细程度”为“粗略”，绘制的支撑显示为单线，将“详细程度”改为“精确”就会显示有厚度的支撑。

选择支撑，自动激活上下文选项卡“修改 | 结构框架”，然后点击“图元”面板中的“类型属性”按钮，弹出“类型属性”对话框，修改其实例、类型参数。

3.4　技术总结

技术总结

问题：在绘制时会出现如图 3-10 所示的小问题，不是连不上就是露出来的梁形状不规则，这种情况应该如何处理呢？

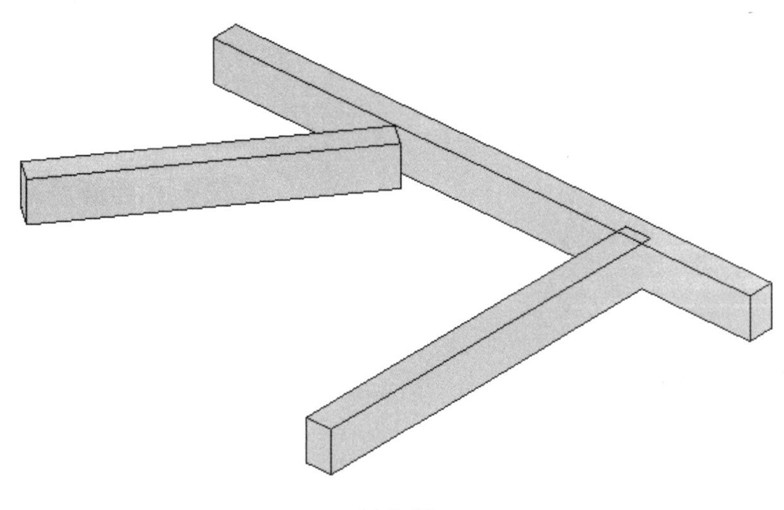

图 3-10

可以用基于线的梁来解决这个问题。点击“新建”— “族”，选择图 3-11 中的“基于线的公制常规模型.rft”族样板文件，打开模型后，使用“放样”命令绘制出梁的路径，如图 3-12 所示。

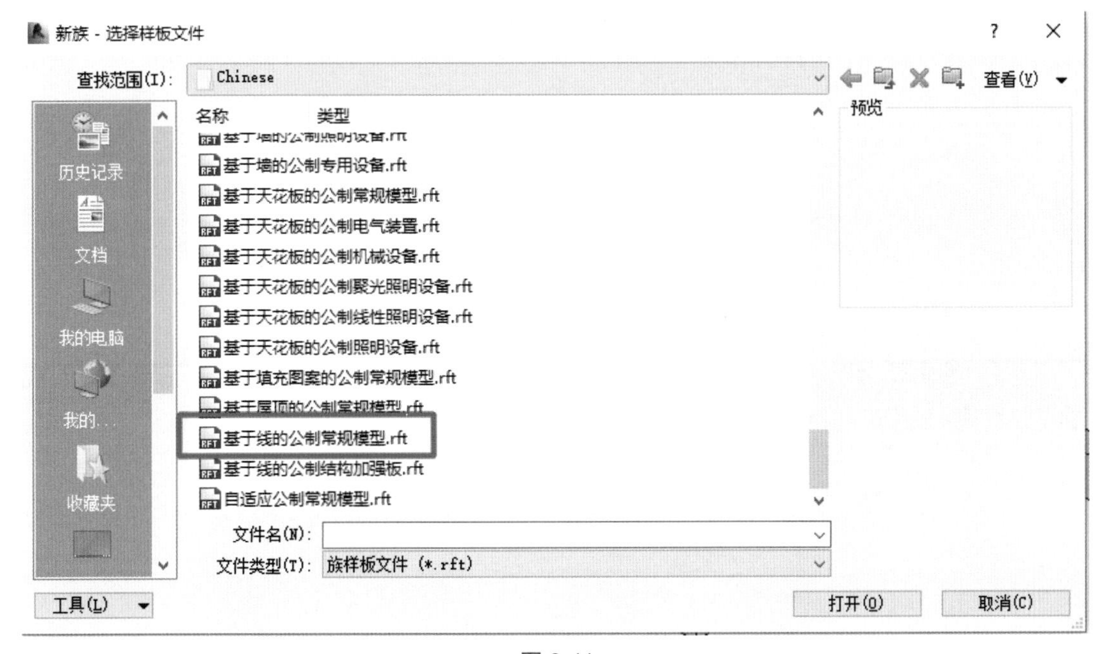

图 3-11

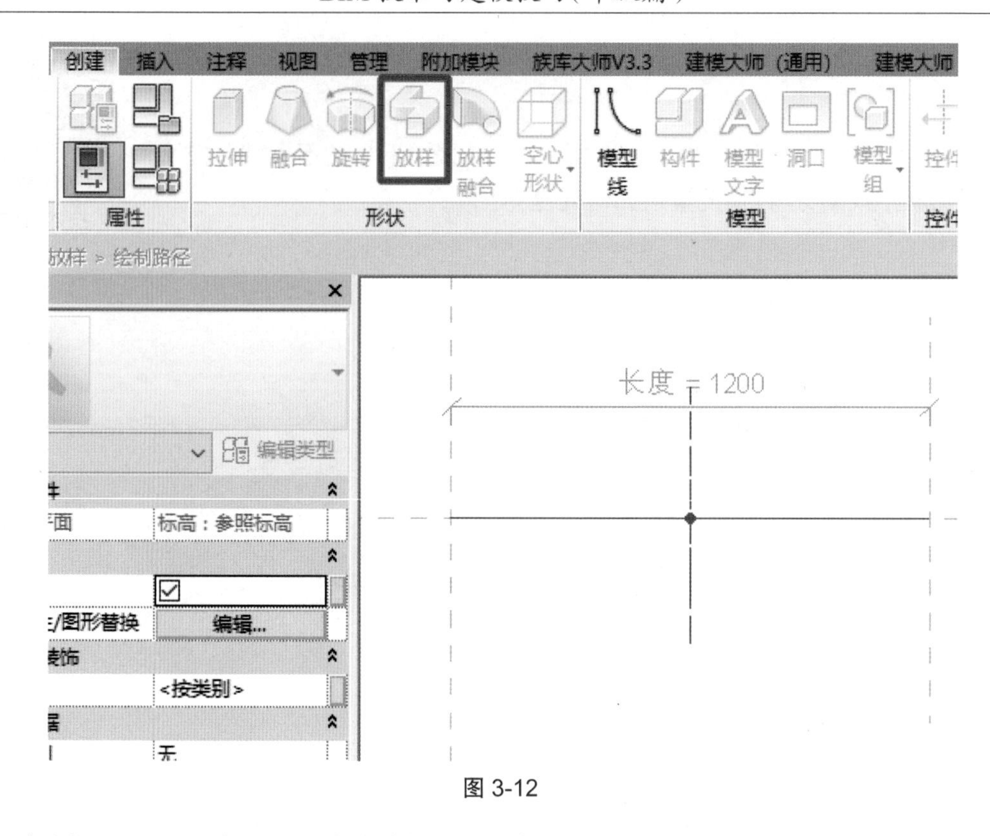

图 3-12

如图 3-13 所示,路径的两端分别与两边的参照平面锁定,即完成路径的绘制。

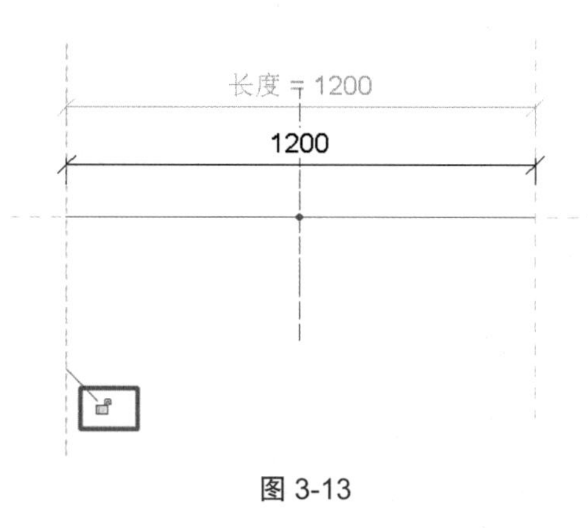

图 3-13

点击“编辑轮廓”,会弹出“转到视图”对话框(图 3-14),可以根据个人的习惯选择左视图或者右视图,这里选择左视图。

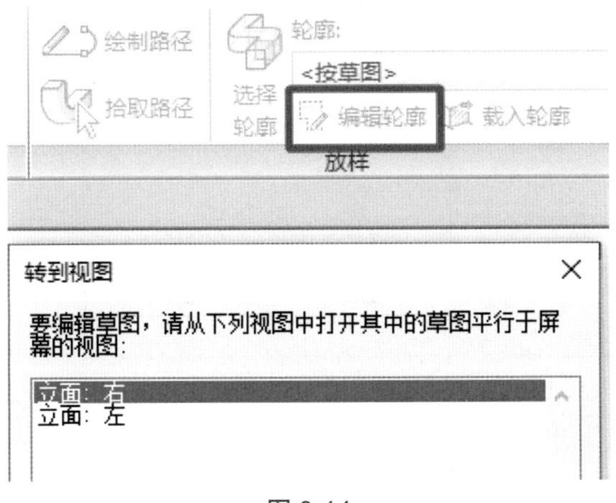

图 3-14

如图 3-15 所示，在左视图中绘制一个矩形线框，并在两边绘制参照平面，之后使用“标注”“EQ 平分”“对齐”等命令完成图中的内容。

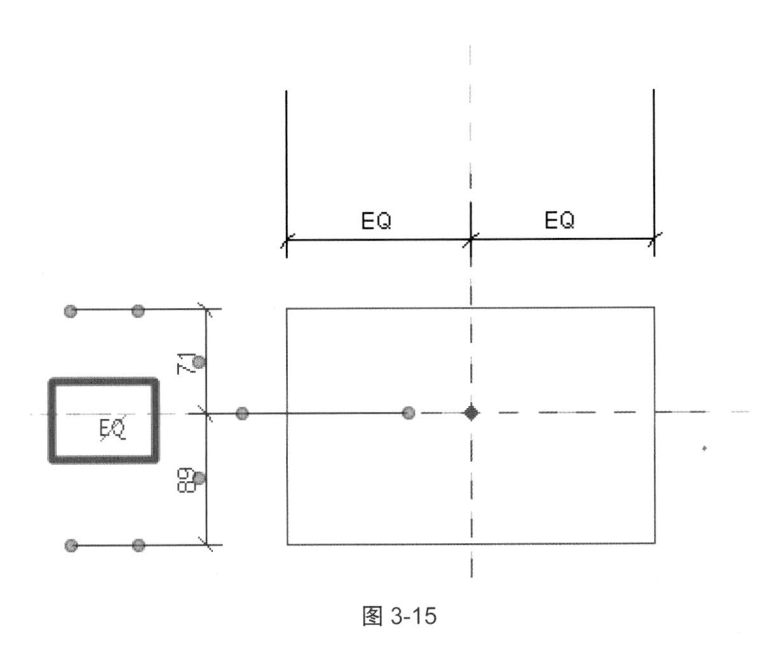

图 3-15

如图 3-16 所示，选择标注，在“标签”下拉列表中选择“〈添加参数...〉”，进入“参数属性”对话框，在“名称”文本框中输入“宽度”，在“参数分组方式”下拉列表中选择“尺寸标注”，选中“实例”单选框。

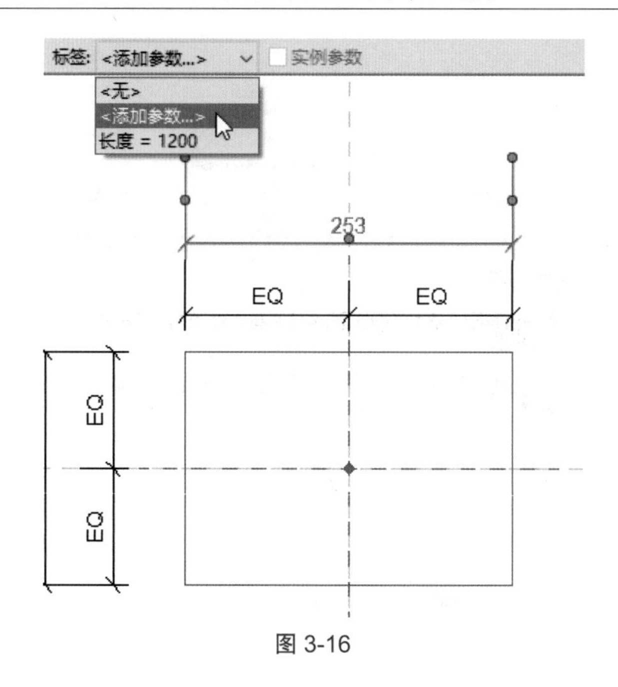

图 3-16

这就给基于线的梁添加了一个可调的宽度参数,用同样的方法给梁的轮廓添加一个可调的高度参数,完成轮廓的绘制,最终放样结果如图 3-17 所示。通过连接功能,能将两个梁比较规整地连接起来,如图 3-18、图 3-19 所示。

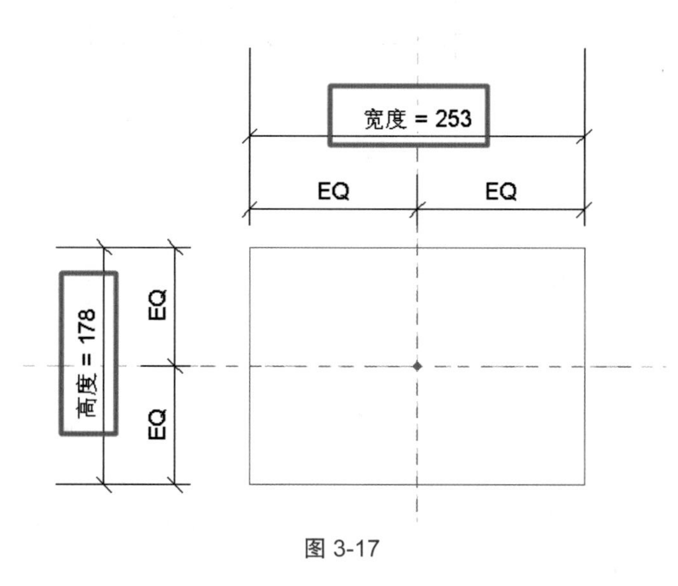

图 3-17

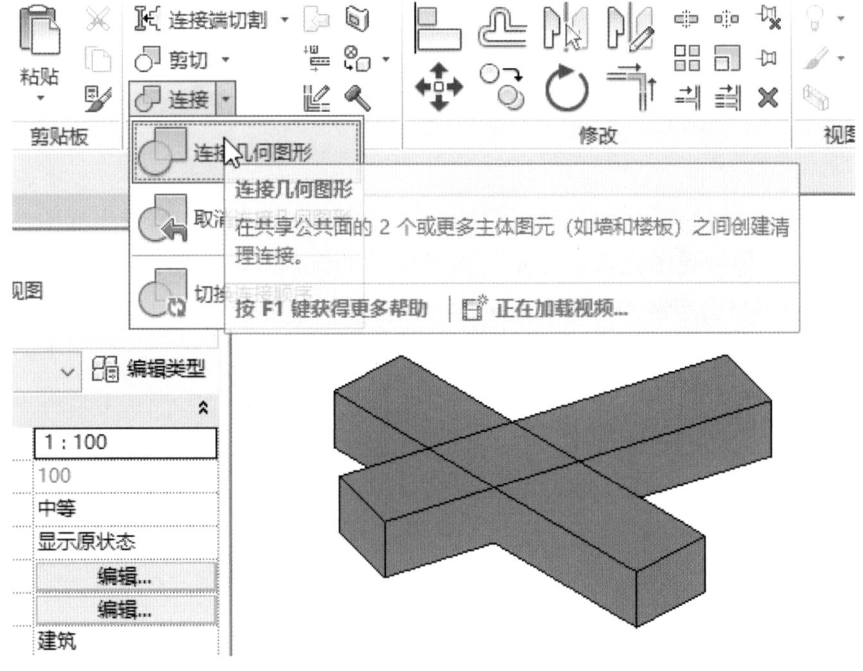
连接端切割
剪切
连接
粘贴
剪贴板
修改
视图
连接几何图形
连接几何图形
在共享公共面的 2 个或更多主体图元（如墙和楼板）之间创建清理连接。
按 F1 键获得更多帮助
正在加载视频...
编辑类型
1 : 100
100
中等
显示原状态
编辑...
编辑...
建筑

图 3-18

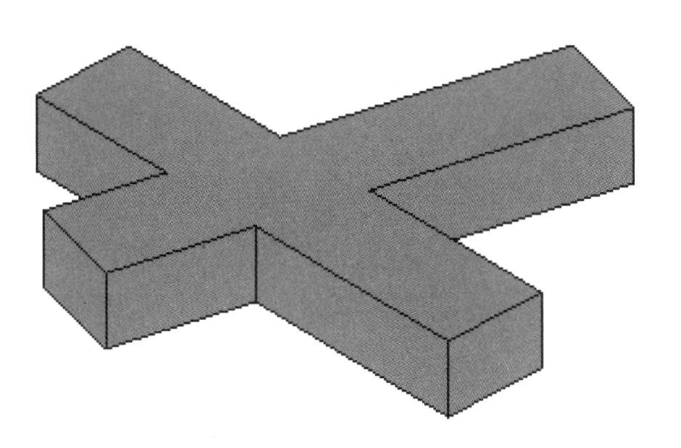

图 3-19

第 4 章　墙体和幕墙

在绘制墙体时需要综合考虑墙体的高度,构造做法,立面显示和墙身大样图,图纸粗略、精细程度的显示(各种视图比例的显示),内外墙体的区别等。幕墙作为墙的一种类型,由于幕墙嵌板具备可自由定制的特性及嵌板样式同幕墙网格划分之间自动维持边界约束的特点,具有很好的应用前景。

4.1　墙体的绘制和编辑

一般墙体

4.1.1　一般墙体

1. 绘制墙体

选择“建筑”选项卡,点击“构建”面板中的“墙”下拉按钮,可以看到有建筑墙、结构墙、面墙、墙饰条、分隔缝共五种类型可供选择。创建承重墙和抗剪墙时使用结构墙;使用体量面或常规模型时选择面墙;墙饰条和分隔缝的设置原理相同,详见 4.3 节。

从类型选择器中选择“建筑墙”类型,必要时可点击“图元属性”按钮,在弹出的对话框中编辑墙属性,使用复制的方式创建新的墙类型。

设置墙的高度、定位线、偏移量、半径、链,选择直线、矩形、多边形、弧形等绘制墙体,如图 4-1 所示。

在视图中拾取两点,直接绘制墙线。

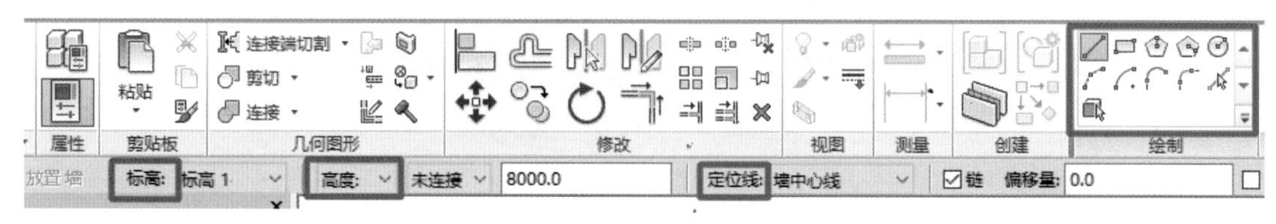

图 4-1

注意按照顺时针方向绘制墙体,因为在 Revit 中有内墙面和外墙面的区别。

2. 用拾取命令生成墙体

如果有导入的“.dwg”平面图作为底图,可以先选择墙类型,设置好墙的高度、定位线、链、偏移量、半径等参数后,选择“拾取线 / 边”命令,拾取“.dwg”平面图的墙线,自动生成 Revit 墙体,也可以通过拾取面生成墙体。这种方法主要应用于体量面墙的生成。

3. 编辑墙体

（1）墙体图元属性的修改。选择墙体，自动激活“修改 | 墙”选项卡，点击“图元”面板中的“图元属性”按钮，弹出墙体“属性”对话框。

通过墙的实例参数可以设置所选择墙体的定位线、高度、底部和顶部的位置和偏移、结构用途等特性，如图 4-2 所示。

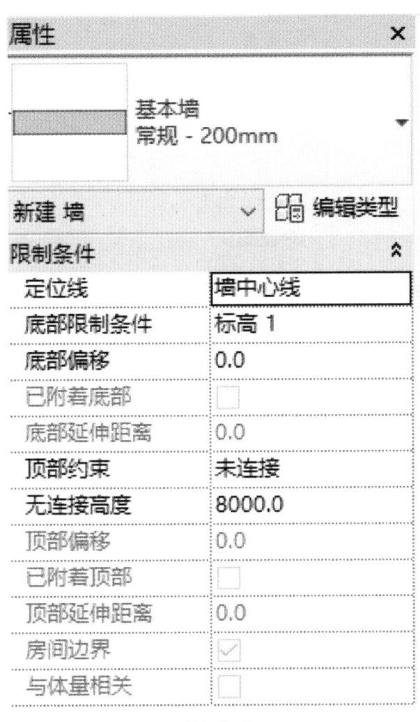

图 4-2

墙体与楼板、屋顶附着时应设置顶部偏移，偏移值为楼板厚度，如图 4-3 所示，这样可以解决楼面三维显示时看到墙体与楼板交线的问题。

点击图元在“属性”中与“结构”对应的“编辑”按钮，弹出“编辑部件”对话框，如图 4-4 所示。墙体构造层的厚度和位置关系（可利用“向上”“向下”按钮调整）可以由用户自行定义。注意，绘制墙体的定位有“核心面：外部”“核心面：内部”的选项。

系统对视图详细程度的设置：在绘图区域单击鼠标右键，在弹出的快捷菜单中选择“视图属性”命令，弹出“属性”对话框，如图 4-5 所示。

（2）利用尺寸驱动、鼠标拖曳控制柄修改墙体的位置、长度、高度、内外墙面等，如图 4-6 所示。

（3）“移动”“复制”“旋转”“阵列”“镜像”“对齐”“拆分”“修剪”“偏移”等所有常规的编辑命令同样适用于墙体的编辑，选择墙体，在“修改 | 墙”选项卡的“修改”面板中选择命令进行编辑。

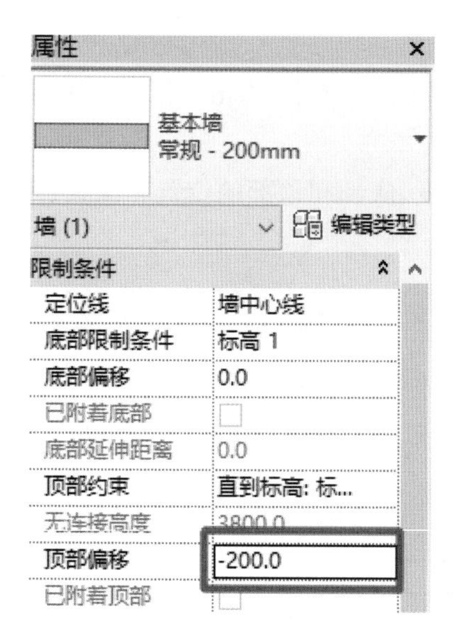
属性
基本墙
常规 - 200mm
墙 (1)
编辑类型
限制条件
定位线
墙中心线
底部限制条件
标高 1
底部偏移
0.0
已附着底部
底部延伸距离
0.0
顶部约束
直到标高: 标...
无连接高度
3800.0
顶部偏移
-200.0
已附着顶部

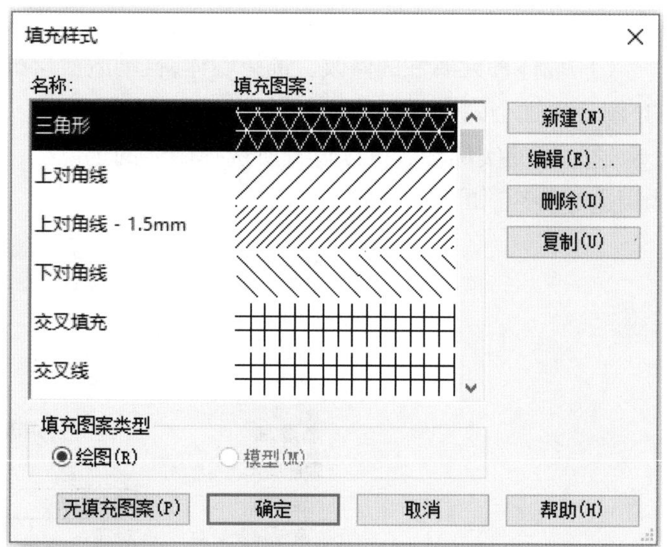
填充样式
名称:
填充图案:
三角形
上对角线
上对角线 - 1.5mm
下对角线
交叉填充
交叉线
新建(N)
编辑(E)...
删除(D)
复制(U)
填充图案类型
绘图(R)
模型(M)
无填充图案(P)
确定
取消
帮助(H)

图 4-3

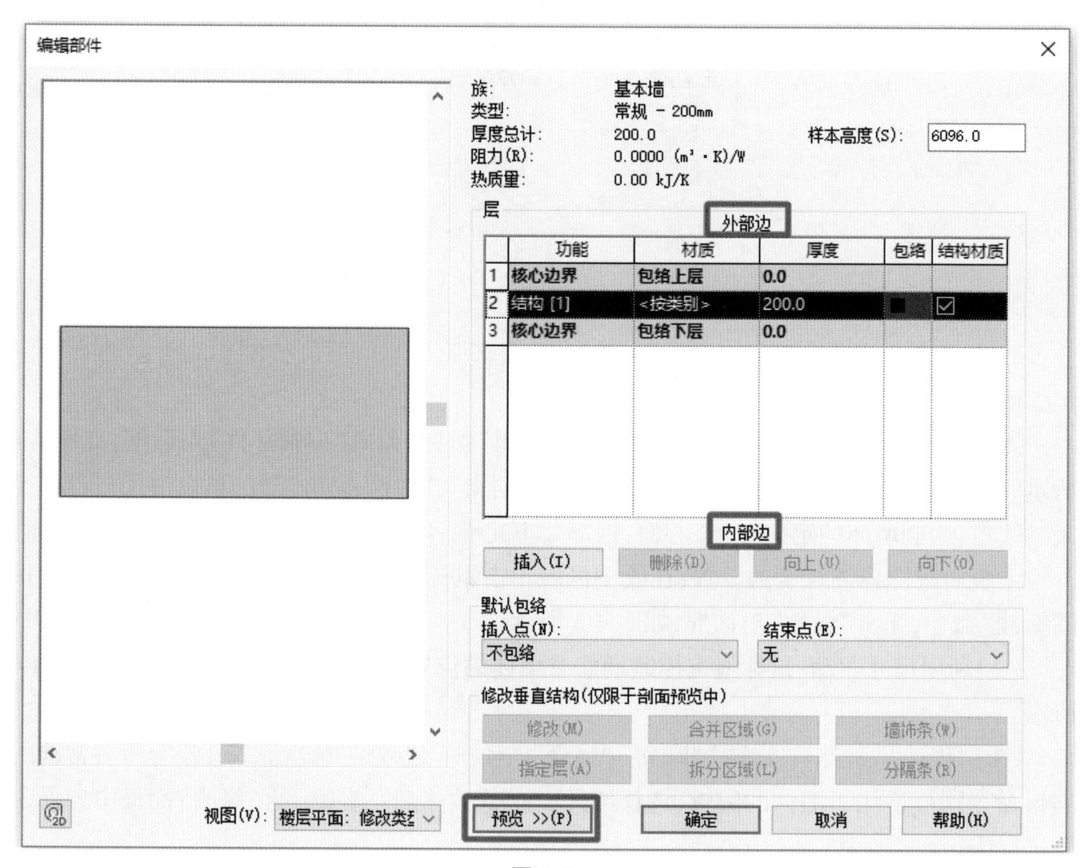
编辑部件
族:
基本墙
类型:
常规 - 200mm
厚度总计:
200.0
样本高度(S):
6096.0
阻力(R):
0.0000 (m²·K)/W
热质量:
0.00 kJ/K
层
外部边
功能
材质
厚度
包络
结构材质
核心边界
包络上层
0.0
结构 [1]
<按类别>
200.0
核心边界
包络下层
0.0
内部边
插入(I)
删除(D)
向上(U)
向下(O)
默认包络
插入点(N):
不包络
结束点(E):
无
修改垂直结构(仅限于剖面预览中)
修改(M)
合并区域(G)
墙饰条(W)
指定层(A)
拆分区域(L)
分隔条(R)
视图(V):
楼层平面: 修改类型
预览 >>(P)
确定
取消
帮助(H)

图 4-4

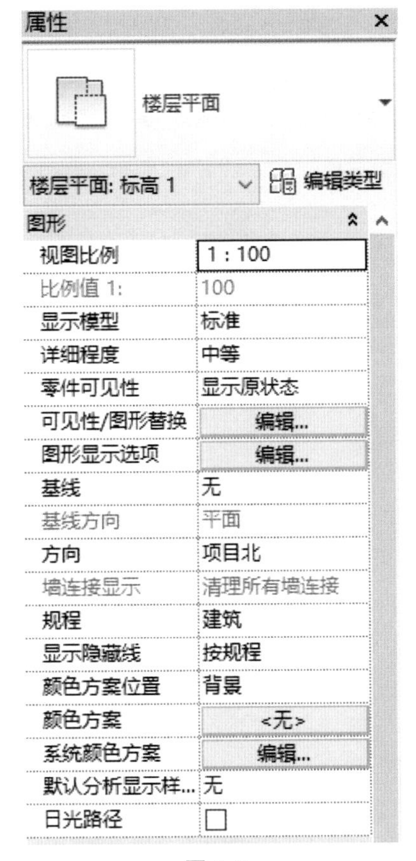

图 4-5

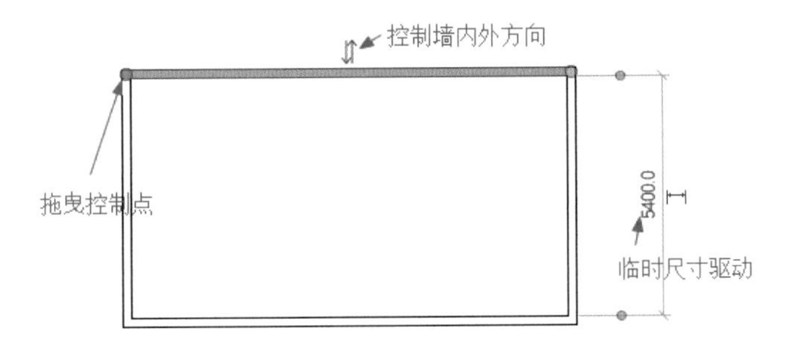

图 4-6

（4）编辑立面轮廓。选择墙体，自动激活“修改｜墙”选项卡，点击“修改｜墙”面板中的“编辑轮廓”按钮，如在平面视图中进行此操作，此时弹出“转到视图”对话框，选择任意立面进行操作，即进入绘制轮廓草图模式。在立面上用“线”绘制工具绘制封闭的轮廓，点击“完成绘制”按钮可生成任意形状的墙体，如图 4-7 所示。

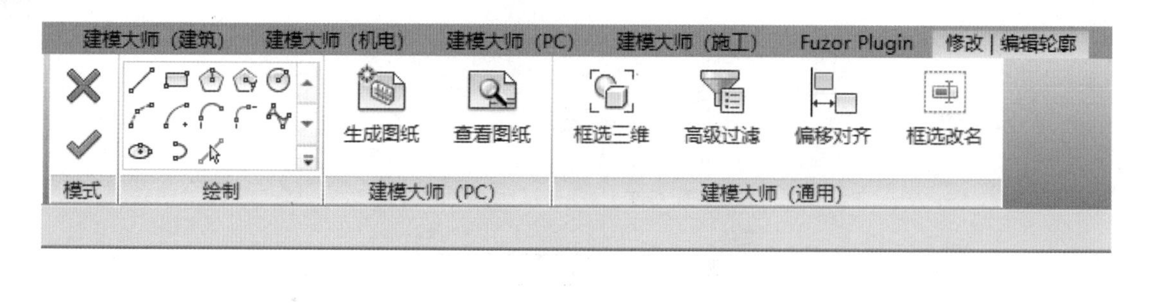

图 4-7

如需一次性还原已编辑过轮廓的墙体,选择墙体,点击“重设轮廓”按钮,即可实现。

(5)附着 / 分离。选择墙体,自动激活“修改 | 墙”选项卡,点击“修改 | 墙”面板中的“附着顶部 / 底部”按钮,然后拾取屋顶、楼板、天花板或参照平面,可将墙连接到屋顶、楼板、天花板或参照平面上,墙体形状自动发生变化,如图 4-8 所示;点击“分离顶部 / 底部”按钮,可将墙从屋顶、楼板、天花板或参照平面上分离开,墙体形状恢复原状。

4.1.2 复合墙的设置

复合墙的绘制

选择“建筑”选项卡,点击“构建”面板中的“墙”按钮。

从类型选择器中选择墙的类型,选择“属性”面板,点击“编辑类型”按钮,弹出“类型属性”对话框,再点击“结构”参数后面的“编辑”按钮,弹出“编辑部件”对话框,如图 4-9 所示。

点击“插入”按钮,添加一个构造层,并为其指定功能、材质、厚度,使用“向上”“向下”按钮调整其上、下位置。

点击“修改垂直结构(仅限于剖面预览中)”选项区域的“拆分区域”按钮,将一个构造层拆为上、下 n 个部分,用“修改”命令修改尺寸和调整拆分边界位置,原始的构造层厚度值变为“可变”。在“面层”中插入 n-1 个构造层,指定不同的材质,厚度为 0。

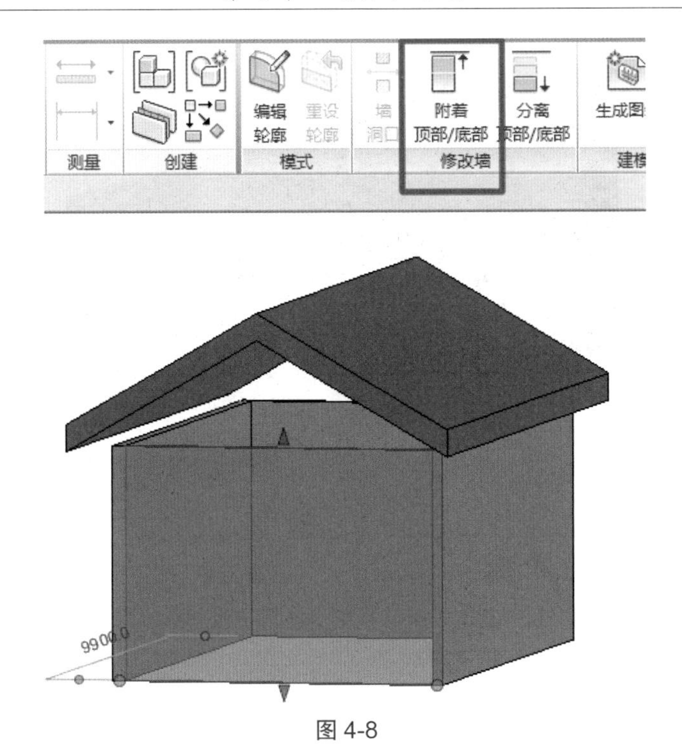

图 4-8

族:　基本墙
类型:　等级
厚度总计:　210.0
阻力(R):　0.0000 $(m^2 \cdot K)/W$
热质量:　0.00 kJ/K

样本高度(S):　6096.0

层

外部边

	功能	材质	厚度	包络	结构材质
1	结构 [1]	<按类别>	0.0	☑	☐
2	面层 1 [4]	<按类别>	可变	☑	☐
3	**核心边界**	**包络上层**	**0.0**		
4	结构 [1]	<按类别>	200.0	☐	☑
5	**核心边界**	**包络下层**	**0.0**		

内部边

图 4-9

单击其中一个构造层,用“指定层”在左侧的预览框中单击拆分开的某个部分,指定给该图层。用同样的操作设置完所有图层,即可实现一面墙在不同的高度有不同的材质的效果,如图 4-10 所示。

图 4-10

点击“墙饰条”按钮,弹出“墙饰条”对话框,添加并设置墙饰条的轮廓,如需新的轮廓,可点击“载入轮廓”按钮,从库中载入轮廓族,点击“添加”按钮添加墙饰条的轮廓,并设置其高度、放置位置(墙体的顶部、底部、内部、外部)、与墙体的偏移值、材质、是否剪切等,如图 4-11 所示。

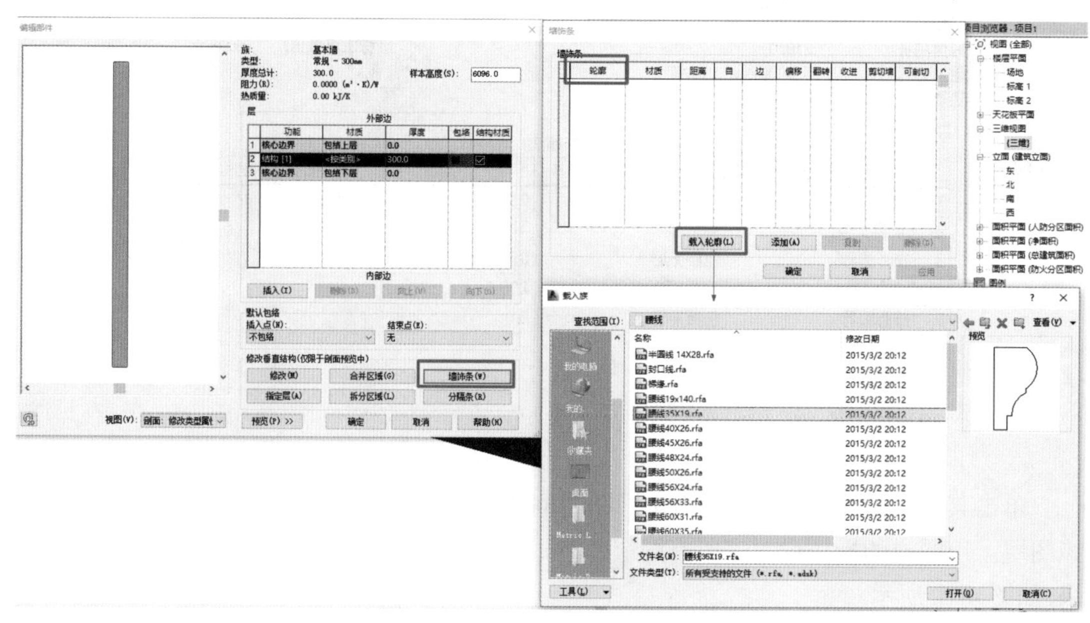

图 4-11

4.1.3 叠层墙的设置

选择“建筑”选项卡,点击“构建”面板中的“墙”按钮,从类型选择器中选择墙的类型。例如,选择“叠层墙:外部 - 带金属立柱的砌块上的砖”类型,点击“图元”面板中的“图元属性”按钮，弹出“实例属性”对话框，点击“编辑类型”按钮，弹出“类型属性”对话框(图 4-12)，再点击“结构”后的“编辑”按钮，弹出“编辑部件”对话框。

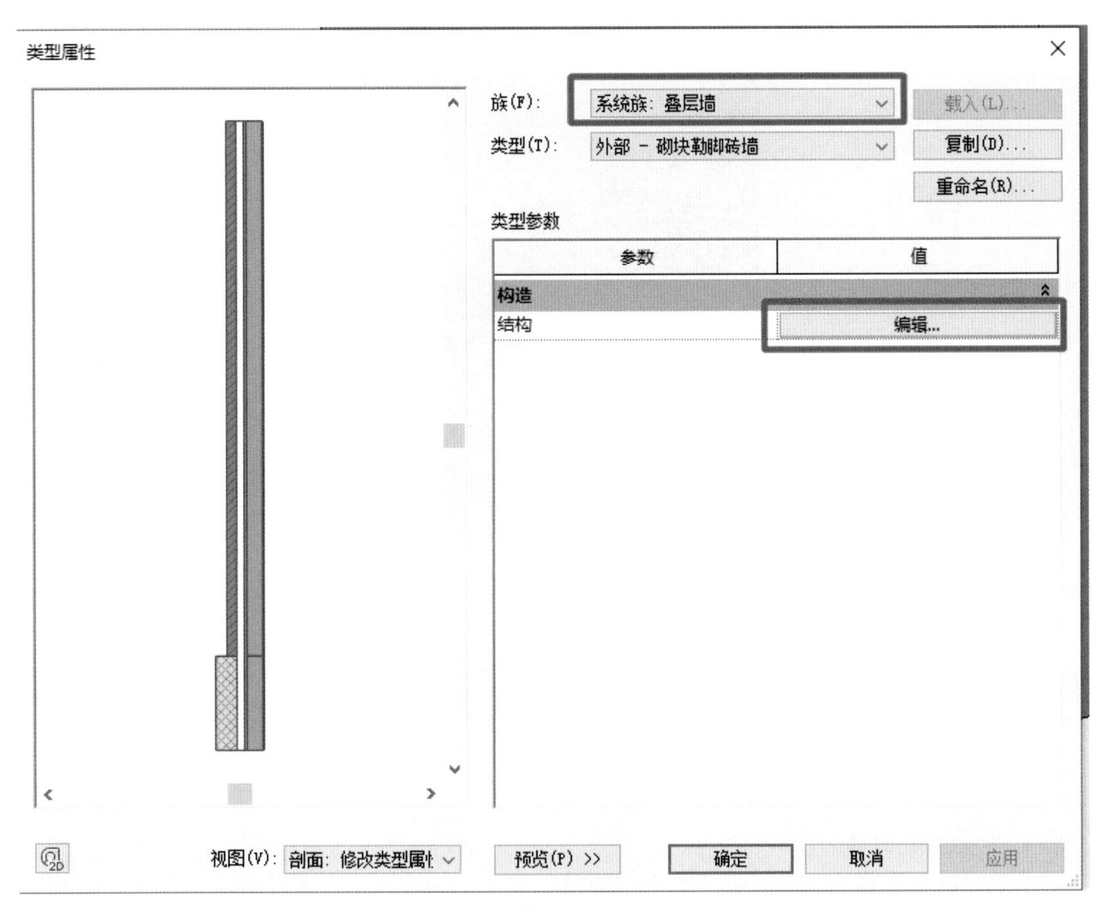

图 4-12

叠层墙是一种由若干不同的子墙(基本墙类型)堆叠在一起而组成的主墙，可以在不同的高度定义不同的墙厚、复合层和材质，如图 4-13 所示。

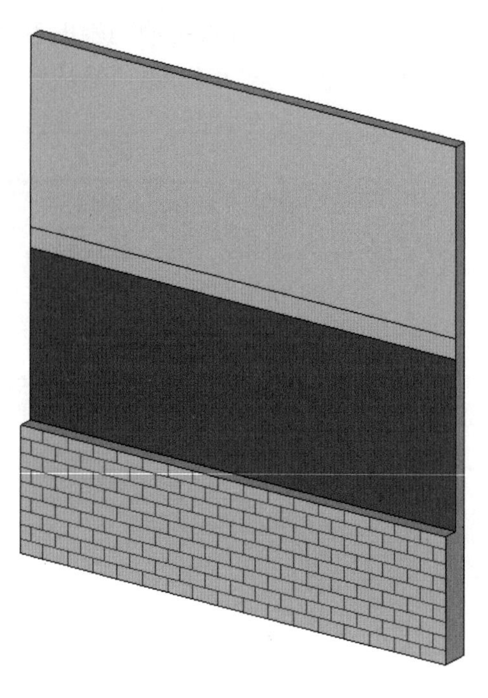

图 4-13

4.1.4 异型墙的创建

所谓异型墙,就是不能直接应用绘制墙体命令生成的造型特异的墙体,如倾斜墙、扭曲墙。

1. 体量生成面墙

选择"体量和场地"选项卡,在"概念体量"面板中点击"内建体量"或"放置体量"工具(图 4-14),创建所需的体量,使用"放置体量"工具创建斜墙。

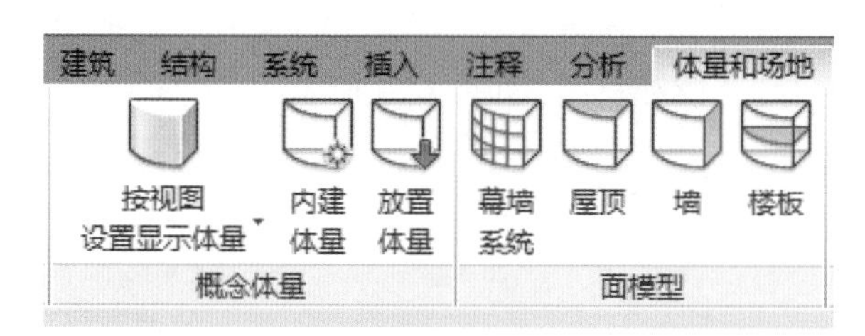

图 4-14

点击"放置体量"工具,如果项目中没有现有体量族,可从库中载入现有体量族,在"放置"面板上确定体量的放置面,"放置在面上"命令适用于项目中至少有一个构件,需要拾取构件的任意面放置体量;"放置在工作平面上"命令用于实现放置在任意平面或工作平面上,如图 4-15 所示。

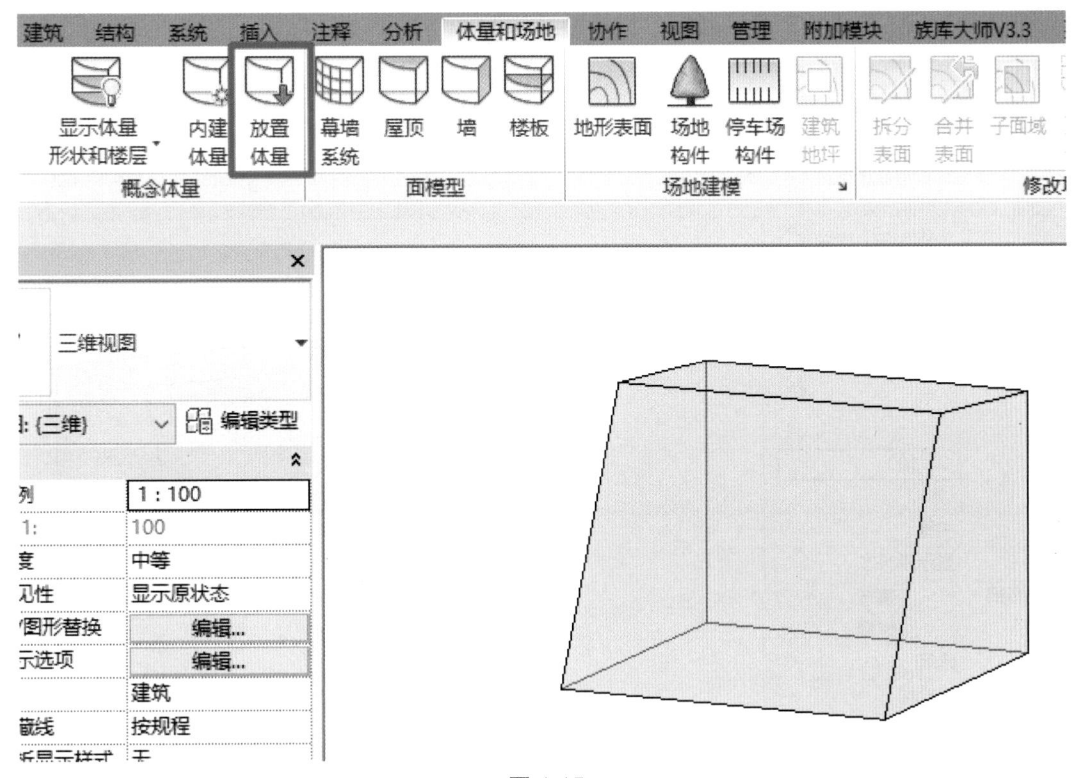

图 4-15

放置好体量，选择“体量和场地”选项卡，在“面模型”面板中点击“墙”工具，自动激活“放置墙”选项卡，如图 4-16 所示，设置所放置墙体的基本属性，选择墙体类型，设置墙体属性、放置标高、定位线等，将光标移动到体量的任意面，单击完成放置。

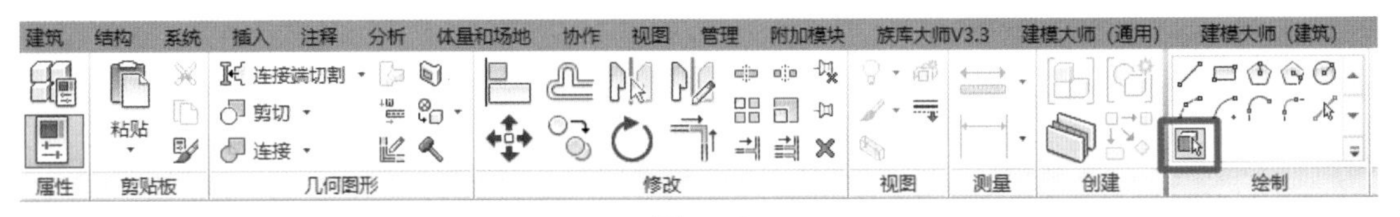

图 4-16

点击“概念体量”面板中的“显示体量 形状和楼层”工具，控制体量的显示与关闭，如图 4-17 所示。

2. 内建族创建异型墙

选择“建筑”选项卡，在“构建”面板中的“构件”下拉菜单中选择“内建模型”命令（图 4-18），在弹出的“族类别和族参数”对话框中选择“墙”选项，然后单击“确定”按钮。

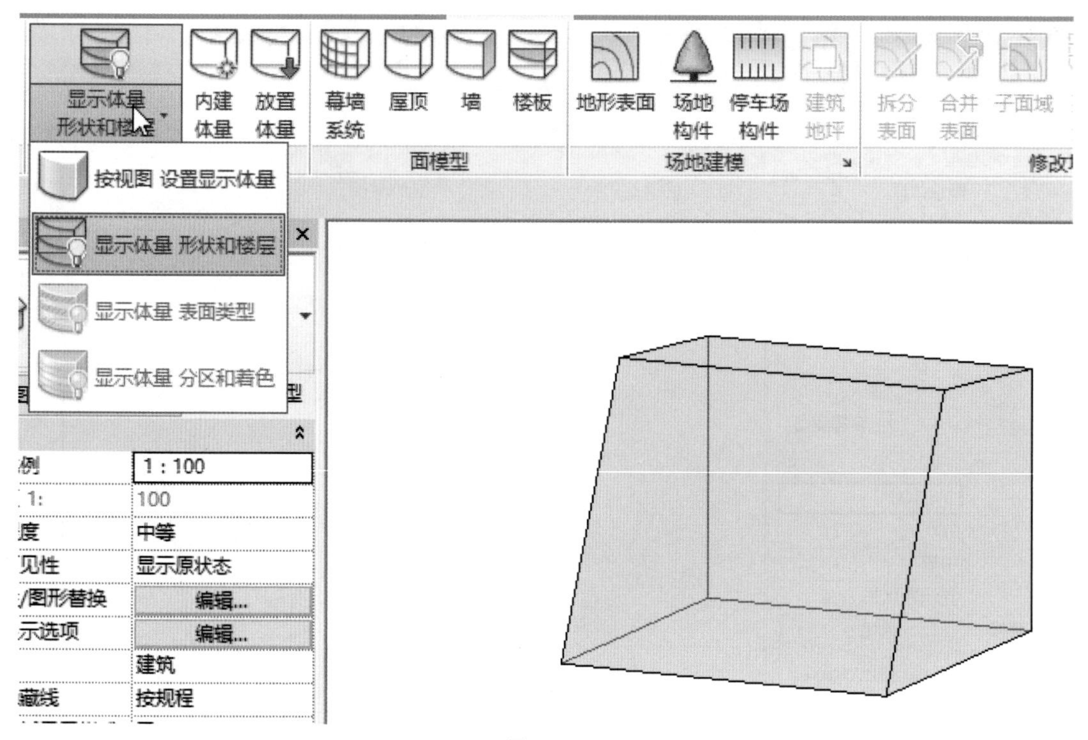
显示体量
形状和楼层
内建
体量
放置
体量
幕墙
系统
屋顶
墙
楼板
地形表面
场地
构件
停车场
构件
建筑
地坪
拆分
表面
合并
表面
子面域
面模型
场地建模
按视图 设置显示体量
显示体量 形状和楼层
显示体量 表面类型
显示体量 分区和着色
1 : 100
100
中等
显示原状态
编辑...
编辑...
建筑
按规程

图 4-17

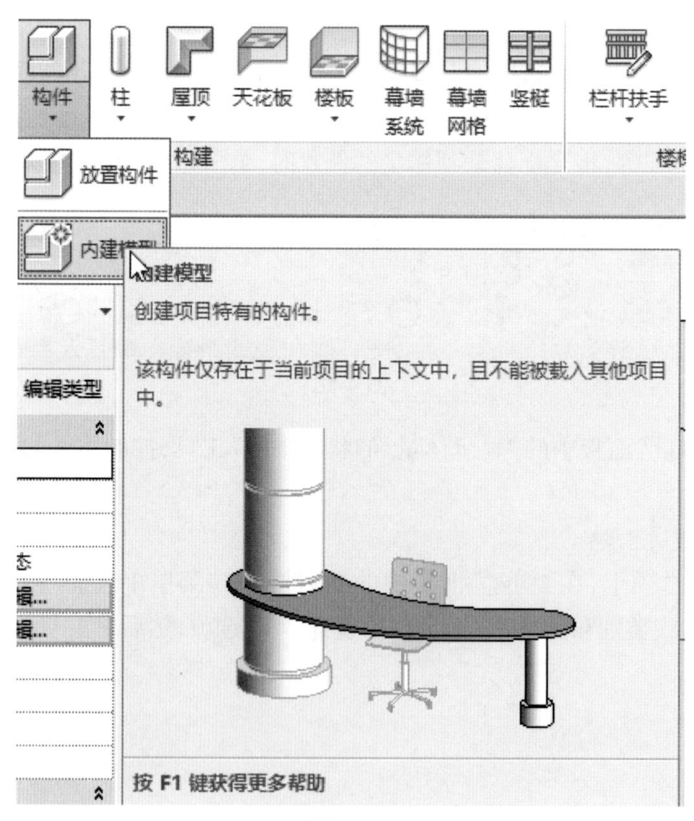
构件
柱
屋顶
天花板
楼板
幕墙
系统
幕墙
网格
竖梃
栏杆扶手
构建
放置构件
内建模型
编辑类型
创建项目特有的构件。
该构件仅存在于当前项目的上下文中，且不能被载入其他项目中。
按 F1 键获得更多帮助

图 4-18

使用“在位建模”面板中的“创建”下拉菜单中的“拉伸”“融合”“旋转”“放样”“放样融合”“空心形状”命令来创建异型墙。

首先在一层标高 1 里创建“底面轮廓”,创建完成后点击“编辑底部”,然后单击二层标高 2 创建“顶面轮廓”,创建完成后点击“编辑顶部”(图 4-19),完成后去 3D 图中完成立体图形的创建。还可以给此墙族添加相应的参数,如材质(此墙体没有构造层可设置,只有单一的材质)、尺寸等。

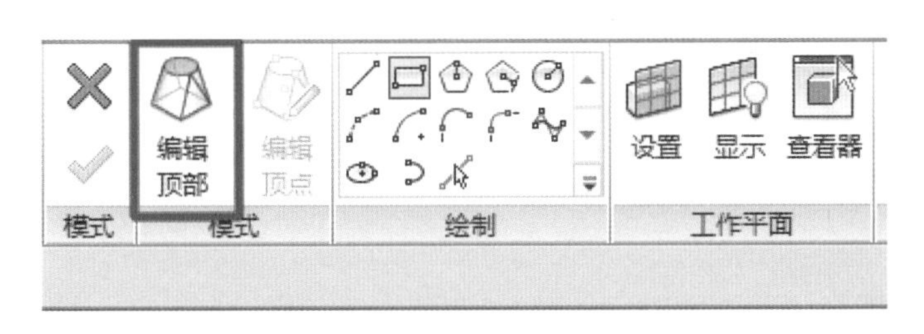

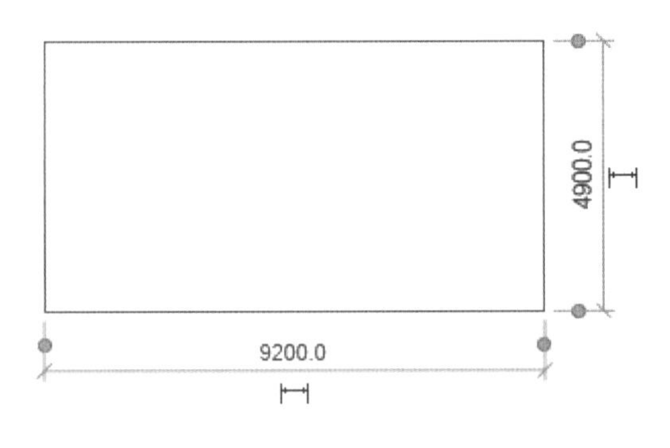

图 4-19

4.2　幕墙和幕墙系统

幕墙

幕墙在软件中属于墙的一种类型,由于幕墙和幕墙系统在设置上有相同之处,所以本书将其放在一起进行讲解。

4.2.1　幕墙

幕墙默认有三种类型,分别为店面、外部玻璃和幕墙(图 4-20)。其参数包括竖梃样式、嵌板样式等,这些均可修改。

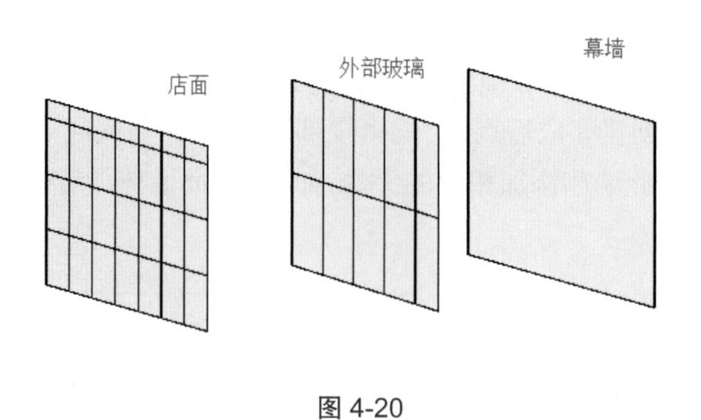

图 4-20

1. 绘制幕墙

在 Revit 中幕墙是一种墙类型,可以像绘制基本墙一样绘制幕墙。选择“建筑”选项卡,点击“构建”面板中的“墙”按钮,从类型选择器中选择幕墙类型,然后绘制幕墙或选择现有的基本墙,从类型下拉列表中选择幕墙类型,将基本墙转换成幕墙,如图 4-21 所示。

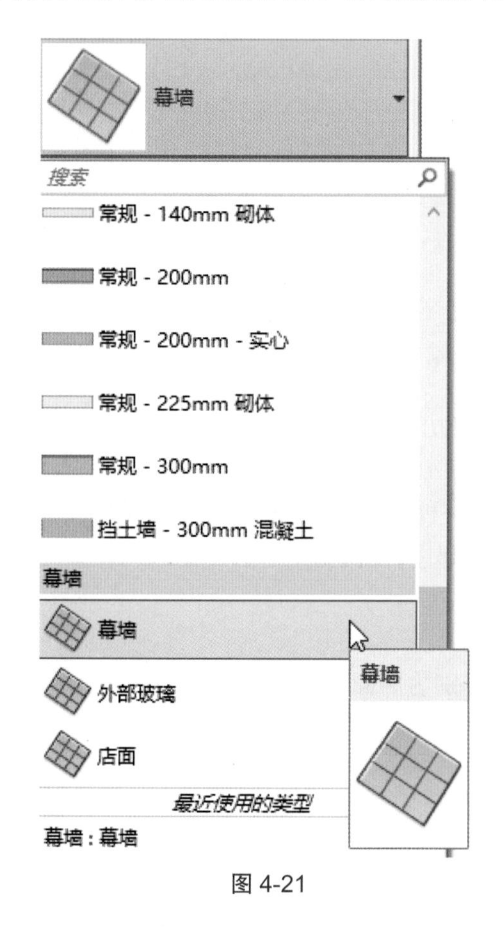

图 4-21

2. 修改图元属性

对于外部玻璃和店面,可用参数控制幕墙网格的布局模式、网格的间距和对齐、旋转角

度、偏移值。选择幕墙，自动激活“修改 | 墙”选项卡，在“属性”窗口可以编辑该幕墙的实例参数，点击“编辑类型”按钮，弹出幕墙的“类型属性”对话框，编辑幕墙的类型参数，如图 4-22 所示。

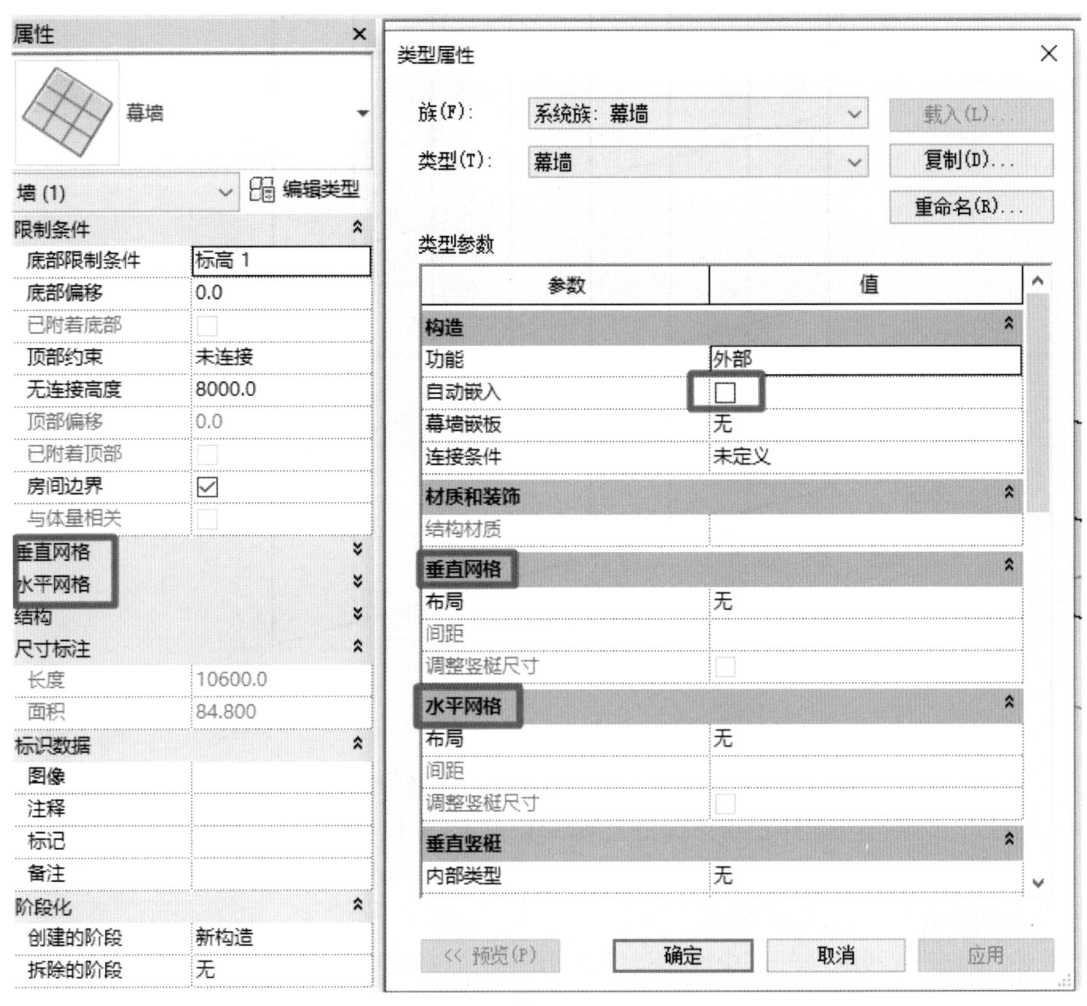

图 4-22

3. 手工修改

手动调整幕墙网格的间距：选择幕墙网格（按【Tab】键切换选择），单击开锁标记即可修改网格的临时尺寸，如图 4-23 所示。

4. 编辑立面轮廓

选择幕墙，自动激活“修改 | 墙”选项卡，点击“修改 | 墙”面板中的“编辑轮廓”按钮，即可像基本墙一样任意编辑其立面轮廓。

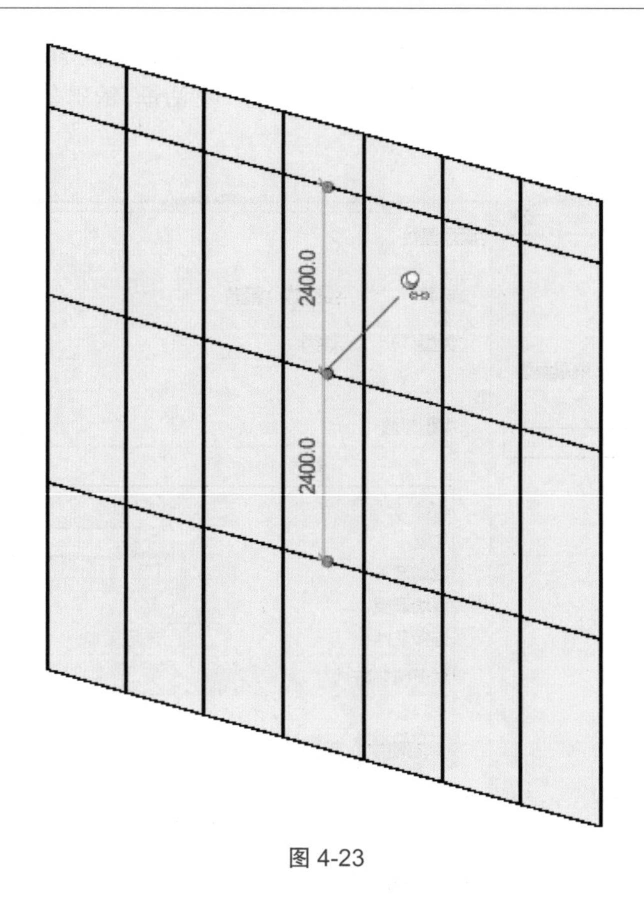

图 4-23

5. 幕墙网格与竖梃

选择“建筑”选项卡,点击“构建”面板中的“幕墙网格”按钮,可以整体分割或局部细分幕墙嵌板。点击“全部分段”可添加整条网格线;点击“一段”可添加一段网格线细分嵌板;点击“除拾取外的全部”,先添加一条红色的整条网格线,再点击某段将其删除,可为其余的嵌板添加网格线,如图 4-24 所示。

在“构建”面板的“竖梃”中选择竖梃类型,从右边选择合适的创建命令拾取网格线添加竖梃,如图 4-25 所示。

6. 替换门窗

将幕墙嵌板替换为门或窗(必须使用带有“幕墙”字样的门窗族替换,此类门窗族是使用幕墙嵌板的族样板制作的,与常规的门窗族不同):将鼠标放在要替换的幕墙嵌板边沿,使用【Tab】键切换至幕墙嵌板(注意:看屏幕下方的状态栏),选中幕墙嵌板后,自动激活“修改丨墙”选项卡,点击“图元”面板中的“图元属性”按钮,在弹出的对话框中点击“编辑类型”,弹出嵌板的“类型属性”对话框,可在“族”下拉列表中选择将现有幕墙嵌板替换为窗或门,如果没有,可点击“载入”按钮从库中载入,如图 4-26 所示。

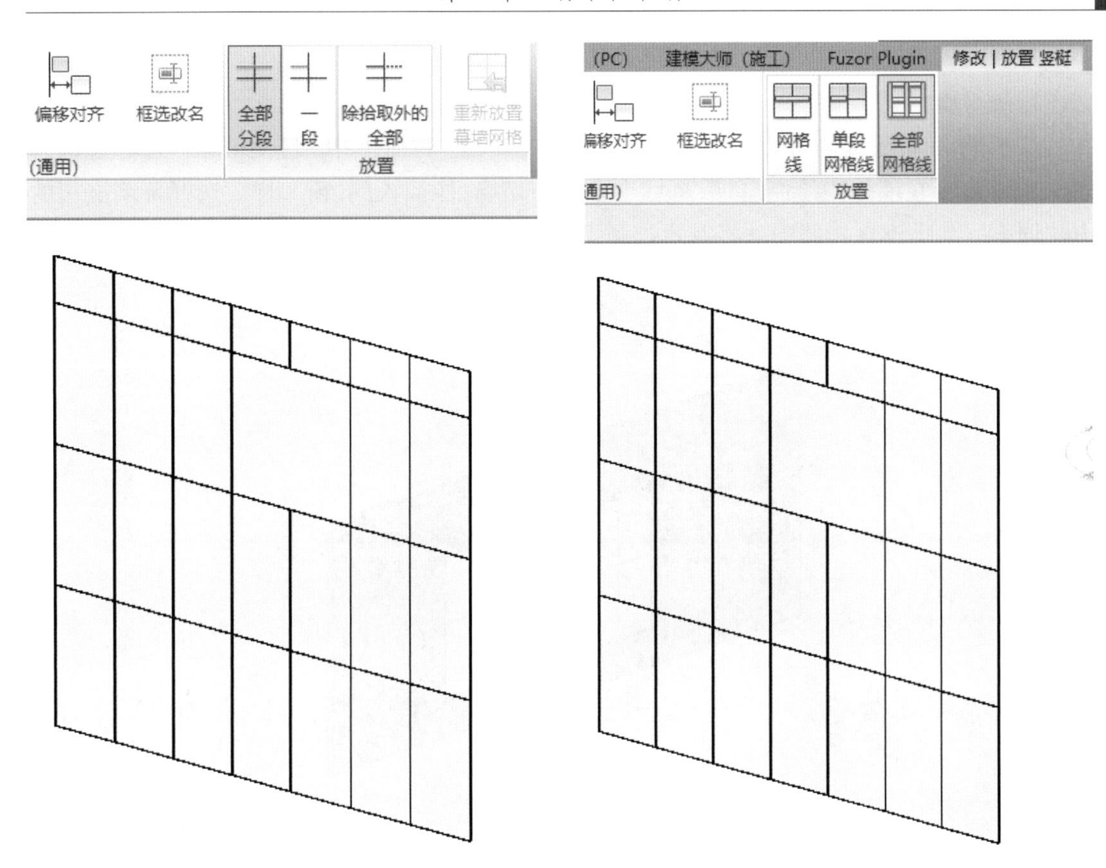

图 4-24　　　　图 4-25

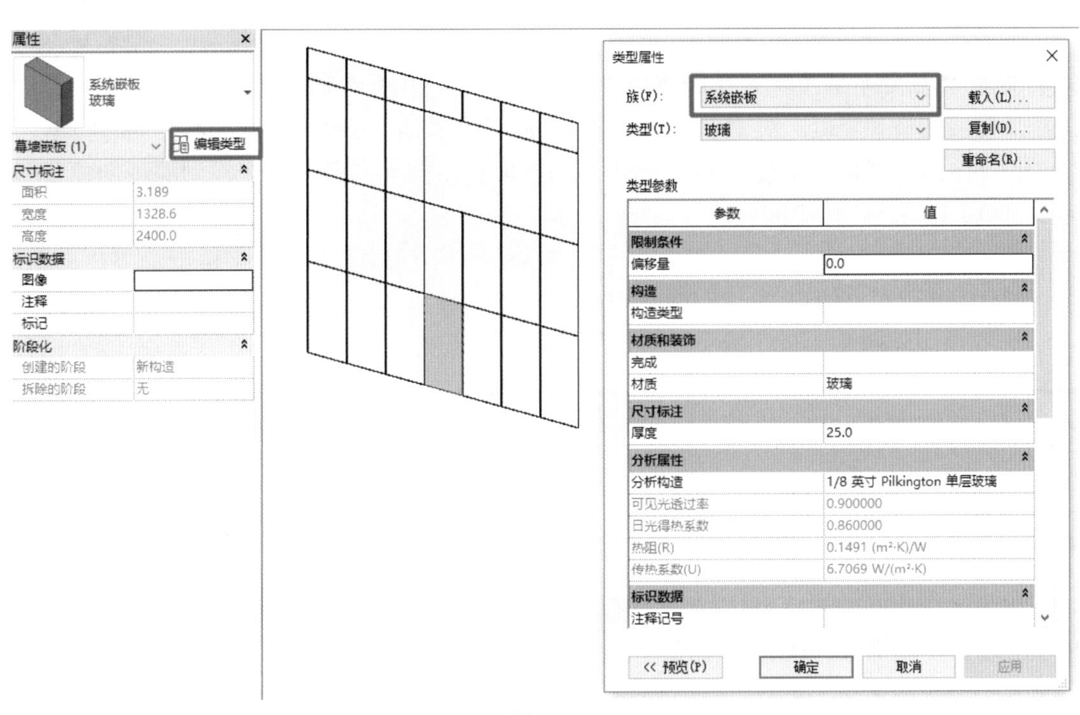

图 4-26

幕墙嵌板的类型可以用【Tab】键切换,幕墙嵌板可替换为门窗、百叶、墙体或空。

7. 嵌入墙

基本墙和常规幕墙可以互相嵌入(当幕墙"属性"对话框中"自动嵌入"为勾选状态时),用墙命令在墙体中绘制幕墙,幕墙会自动剪切墙,像插入门、窗一样。选择幕墙嵌板的方法同上。从类型选择器中选择基本墙类型,可将幕墙嵌板替换成基本墙,如图4-27所示;也可以将幕墙嵌板替换为空或实体。

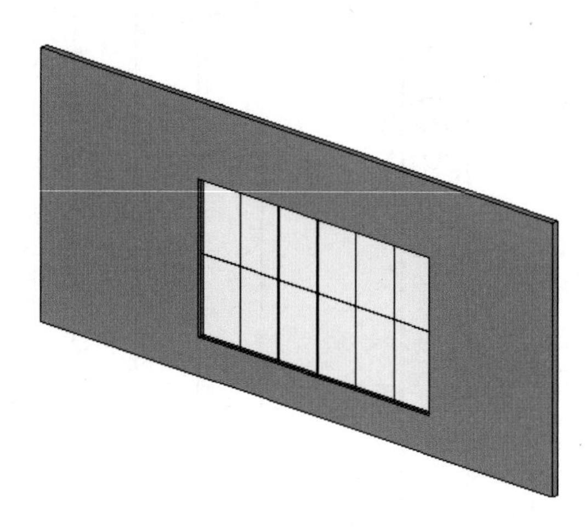

图4-27

4.2.2 幕墙系统

幕墙系统

幕墙系统是一种构件,由嵌板、幕墙网格和竖梃组成,通过选择体量图元的面,可以创建幕墙系统。在创建幕墙系统后,可以使用与幕墙相同的方法添加幕墙网格和竖梃。对于一些异型幕墙,先选择"建筑"选项卡,再点击"构建"面板中的"幕墙系统"按钮(图4-28),拾取体量图元的面和常规模型即可创建幕墙系统,然后用"幕墙网格"细分后添加竖梃。

拾取常规模型的面生成幕墙系统,指的是内建族中的族类别为常规模型的内建模型。其创建方法为:在"构建"面板中选择"构件"—"内建模型"命令,设置族类别为"常规模型",即可创建模型。

4.3 墙饰条

4.3.1 创建墙饰条

对于已经建好的墙体,可以在三维视图或立面视图中为其添加墙饰条。要为某种类型的所有墙添加墙饰条,可以在墙的类型属性中修改墙结构。

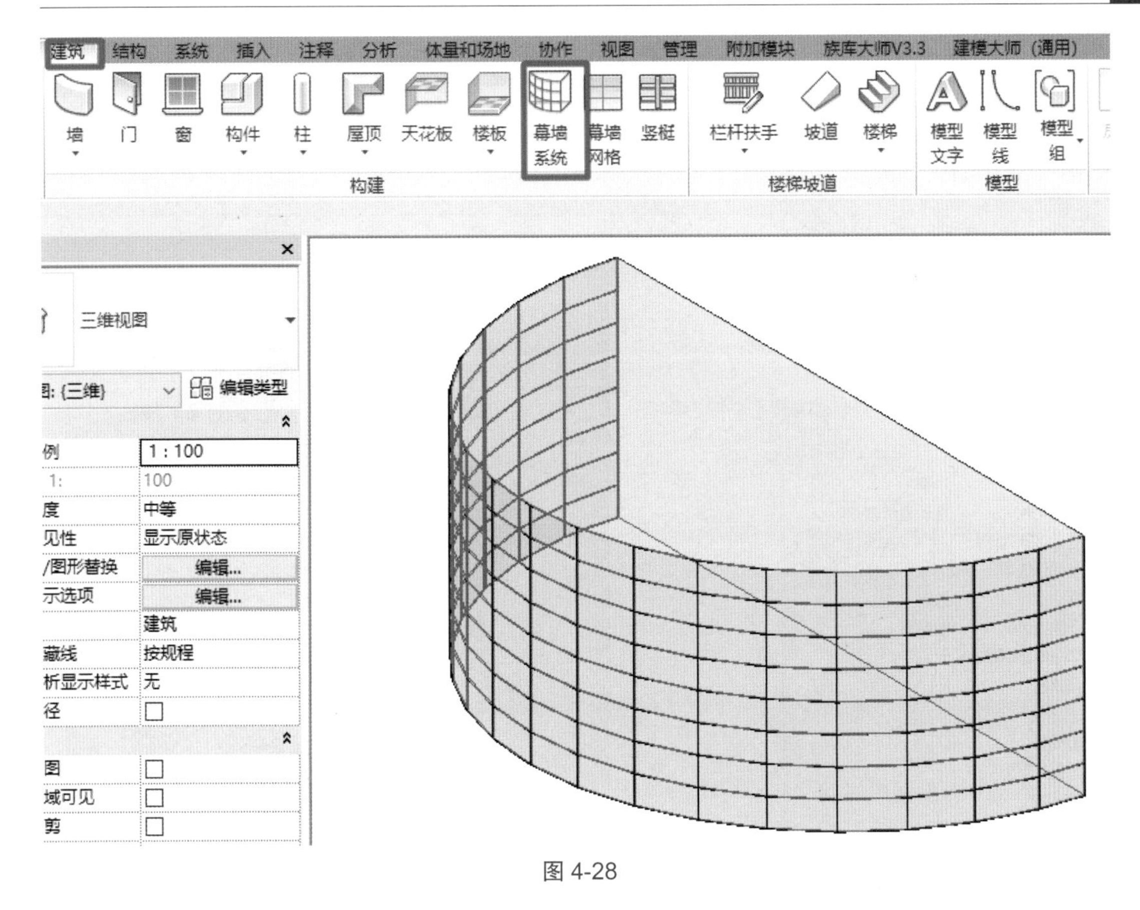

图 4-28

选择“建筑”选项卡，在“构建”面板中的“墙”下拉列表中选择“墙：饰条”选项，如图 4-29 所示。选择“修改 | 放置墙饰条”选项卡，在“放置”面板中选择墙饰条的方向（“水平”或“垂直”）。将鼠标放在墙上可高亮显示墙饰条的位置，单击即可放置墙饰条。如果需要，可以为相邻的墙体添加墙饰条。要在不同的位置放置墙饰条，可选择“修改 | 放置墙饰条”选项卡，点击“放置”后将鼠标移到墙上所需的位置，再单击以放置墙饰条。要完成墙饰条的放置，可点击“修改”按钮。

4.3.2　添加分隔缝

打开三维视图或者不平行于立面的视图，选择“建筑”选项卡，在“构建”面板中的“墙”下拉列表中选择“分隔缝”选项。

在类型选择器（位于“属性”选项板顶部）中选择所需的墙分隔缝的类型。点击“修改 | 放置墙分隔缝”下的“放置”，并选择分隔缝的方向（“水平”或者“垂直”）。

将鼠标放在墙上可高亮显示分隔缝的位置，单击即可放置分隔缝。Revit 会在各相邻的墙体上预选分隔缝的位置。

单击视图中墙以外的位置，即可完成分隔缝的放置（图 4-30）。

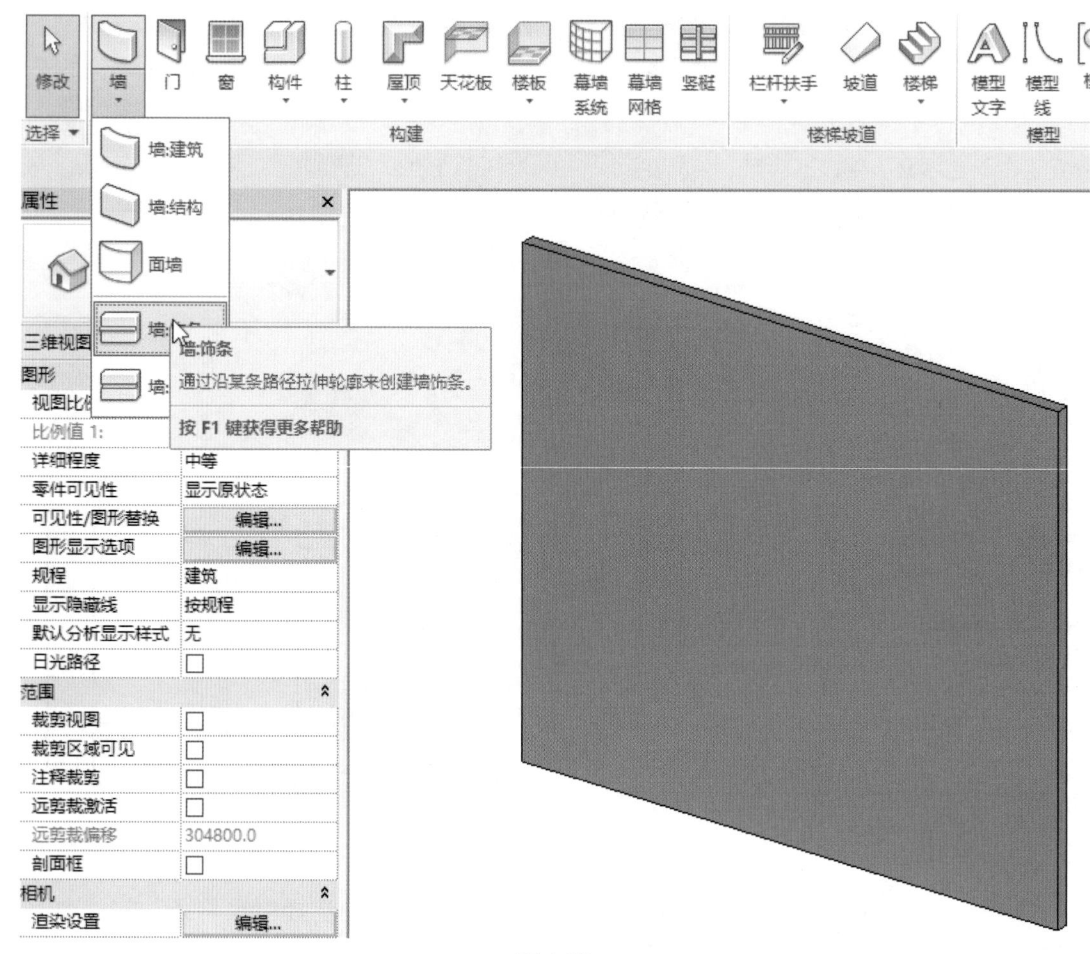
修改
墙
门
窗
构件
柱
屋顶
天花板
楼板
幕墙系统
幕墙网格
竖梃
栏杆扶手
坡道
楼梯
模型文字
模型线
选择
构建
楼梯坡道
模型
墙:建筑
墙:结构
面墙
墙:饰条
通过沿某条路径拉伸轮廓来创建墙饰条。
按 F1 键获得更多帮助
属性
三维视图
图形
视图比例
比例值 1:
详细程度
中等
零件可见性
显示原状态
可见性/图形替换
编辑...
图形显示选项
编辑...
规程
建筑
显示隐藏线
按规程
默认分析显示样式
无
日光路径
范围
裁剪视图
裁剪区域可见
注释裁剪
远剪裁激活
远剪裁偏移
304800.0
剖面框
相机
渲染设置
编辑...

图 4-29

图 4-30

4.4　整合应用技巧

4.4.1　墙饰条的综合应用

墙饰条的综合应用

选择墙体，进入立面视图，选择“建筑”选项卡“创建”面板中的“墙”下拉列表中的“墙饰条”命令，可以创建墙饰条。若想创建复杂的墙饰条，可选择墙体，点击“图元”面板中的“图元属性”下拉按钮，选择“类型属性”，打开“类型属性”对话框，点击“构造”后的“编辑”按钮，打开“编辑部件”对话框，添加层后，打开“预览”，将“视图”改为“剖面：修改类型属性”（图 4-31），此时“修改垂直结构下”命令可用。选择“墙饰条”命令，打开“墙饰条”对话框，可载入或添加各式各样的墙饰条，比如腰线、散水等（图 4-32）。

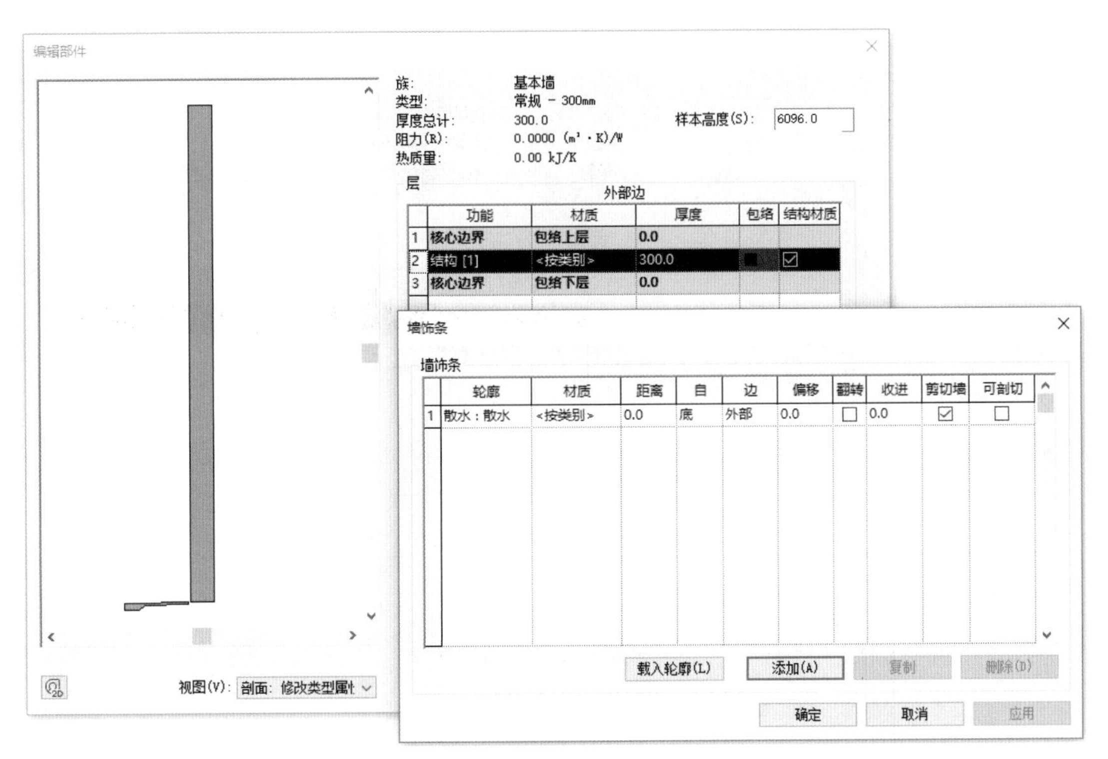

图 4-31

注意：若勾选“墙饰条”对话框中的“可剖切”复选框，则在立面中插入窗时可以剖切墙饰条，使窗与墙饰条融合。

4.4.2　叠层墙的具体应用

通过对叠层墙进行设置，可以绘制出带墙裙、踢脚的墙体（图 4-33）。设置方法详见 4.1.3 节。

图 4-32

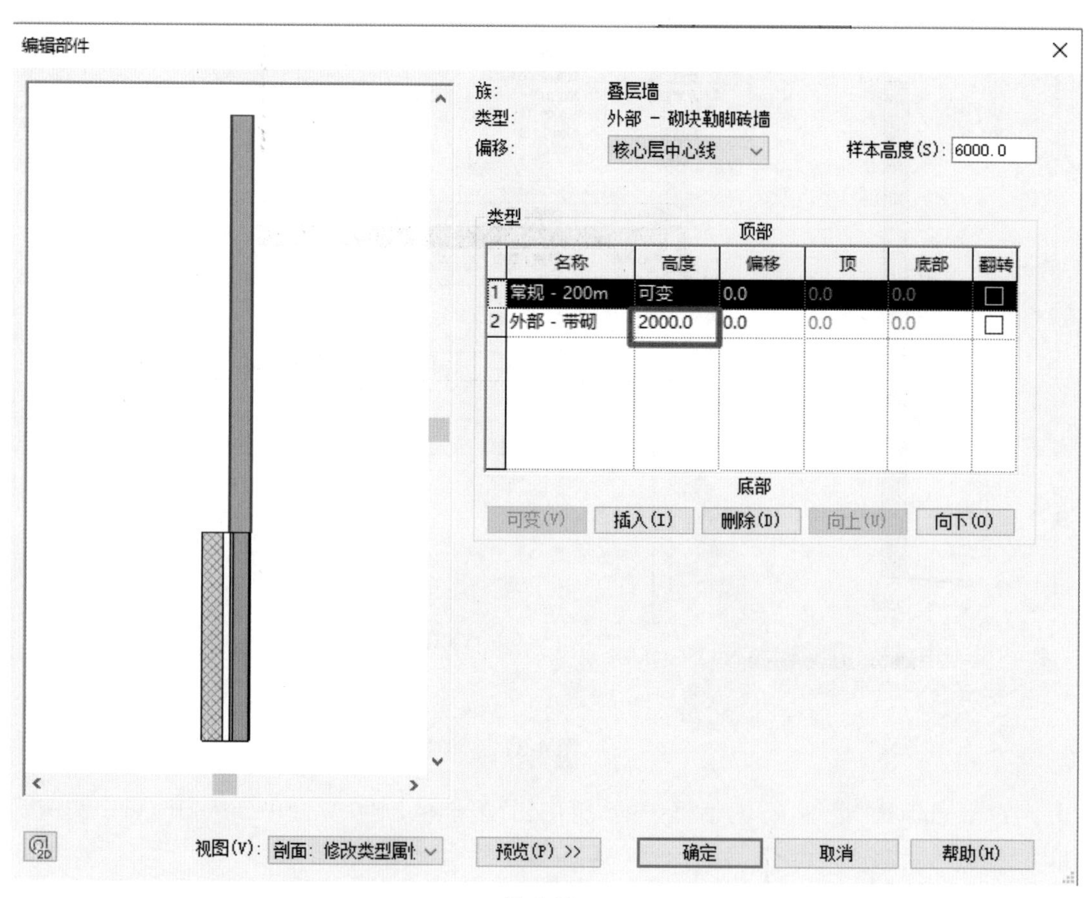

图 4-33

4.4.3 墙体各构造层线型、颜色的设置

选择“视图”选项卡“图形”面板中的“可见性 / 图形”命令,打开“可见性:图形替换”对

话框，在“模型类别”中选择“墙体”，勾选右下角的“截面线样式”复选框，点击“编辑”按钮，弹出“主体层线样式”对话框，即可修改各构造层的线宽、颜色（图 4-34）。

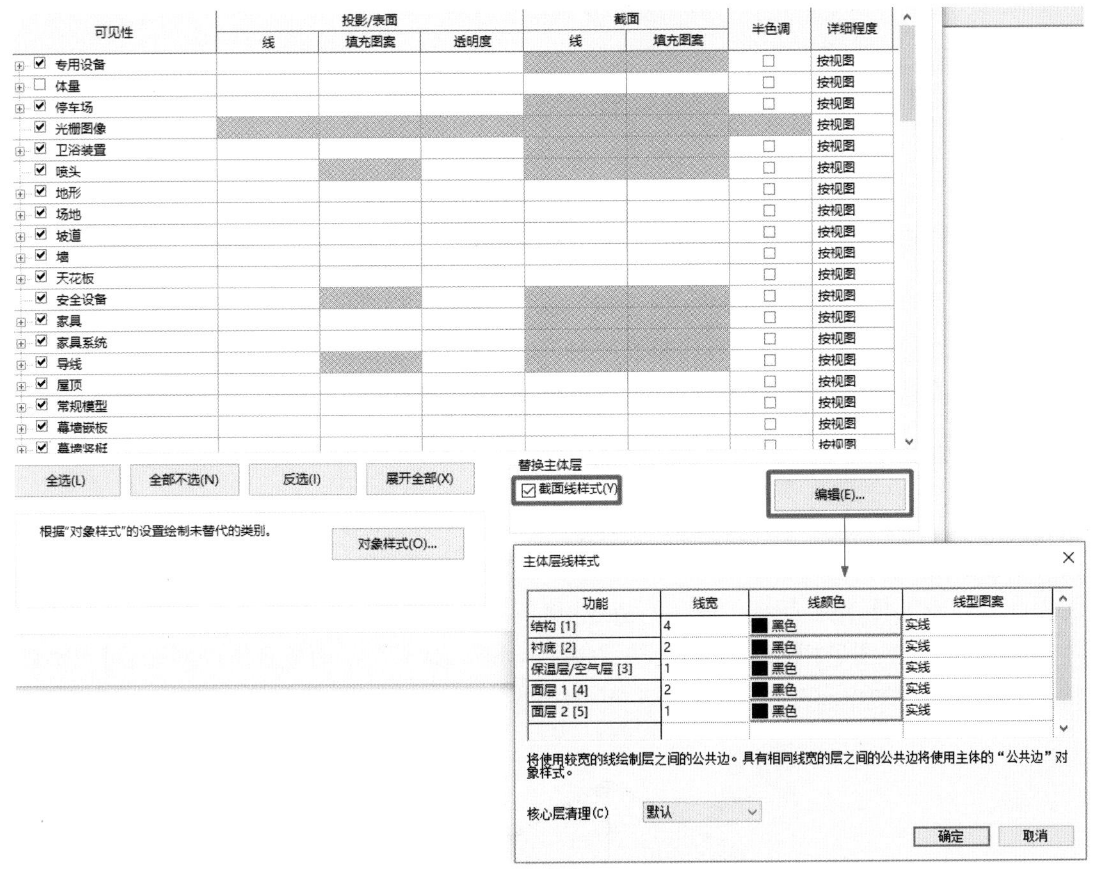

图 4-34

当绘制不同比例的图纸时，需要对墙体的平面表达进行重新设置。在“模型类别”中选择“墙体”，“投影 / 表面”“截面”的“线”和“填充图案”都可替换。

4.4.4　添加构造层后的墙体标注

墙体添加构造层后，当图采用 1 ∶ 100 的比例时，图纸为粗略的详细程度。选择“注释”选项卡“尺寸标注”面板中的“对齐”命令，将选项栏中的“放置尺寸标注”设置为“参照核心层表面”，标注尺寸，此时图纸显示带面层的墙体，然而标注的尺寸为不包括面层的墙体厚度。当图采用 1 ∶ 50 或更小的比例时，一般以精细程度进行标注。此时，可以标注核心层、面层等所有构造层的墙体厚度（图 4-35）。

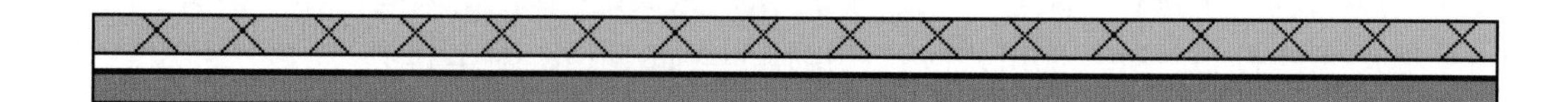

图 4-35

4.4.5 墙体高度的设置与立面分格线

墙体的高度何时设置为从底到顶,何时设置为按照每层层高,主要考虑墙体立面分格线的位置。当墙体分格线的位置在楼层高度时,墙体就可以设置成按照每层层高,比如从一层到二层。不在楼层层高的立面分格线用详图线命令在立面上绘制即可。

4.4.6 内墙和与平面成角度的斜墙的轮廓编辑

内墙的轮廓编辑可以直接在立面上修改,步骤如下:选择墙体,选择"修改 | 墙"面板中的"编辑轮廓"命令,弹出"转到视图"对话框,选择相应的立面,进入立面视图,选择"绘制"面板中的绘制工具,绘制想要的轮廓,完成轮廓的绘制后如果需要观察该轮廓与其他墙体的关系,可以把模型图形样式修改为"线框"(图 4-36)。对于与平面成角度的斜墙,可以创建与该墙垂直的框架立面,在新建的框架立面中编辑轮廓。

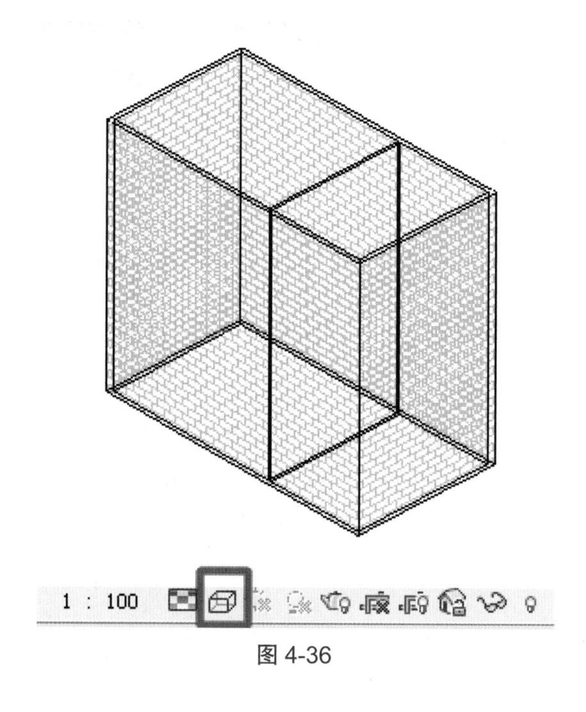

图 4-36

4.4.7　匹配工具的应用

选择“修改”选项卡“剪贴板”面板中的“匹配类型”命令，选择目标墙体，再单击需要匹配的墙体，即可使墙体成为同种类型（图 4-37）。

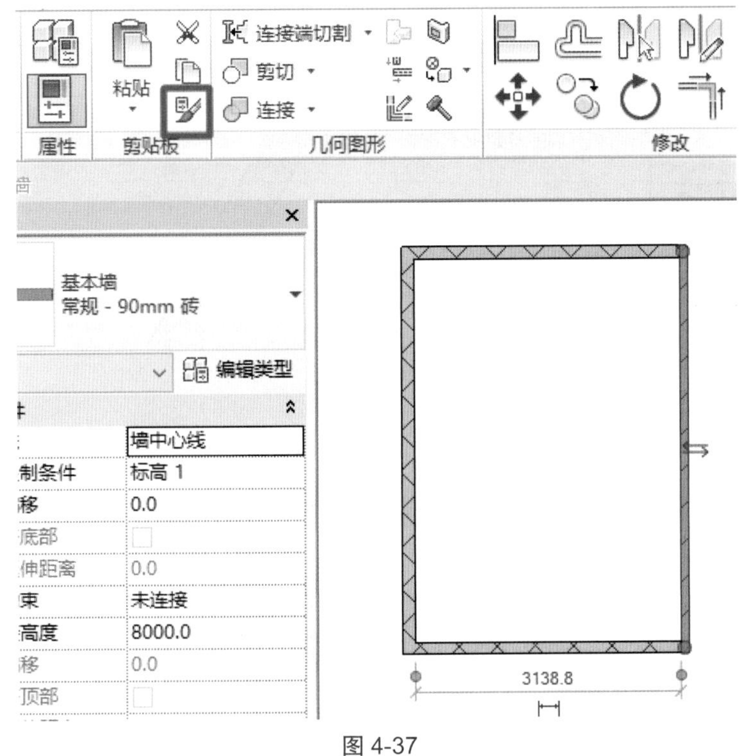

图 4-37

4.4.8　墙体连接显示

构造层不同的墙体在连接时通常要设置连接方式，否则可能出现很多问题。选择“修改”选项卡“几何图形”面板中的“墙连接”命令，设置墙的连接方式。选择墙体，在选项栏中选择连接方式：平接、斜接、方接。

平接：效果如图 4-38 所示。

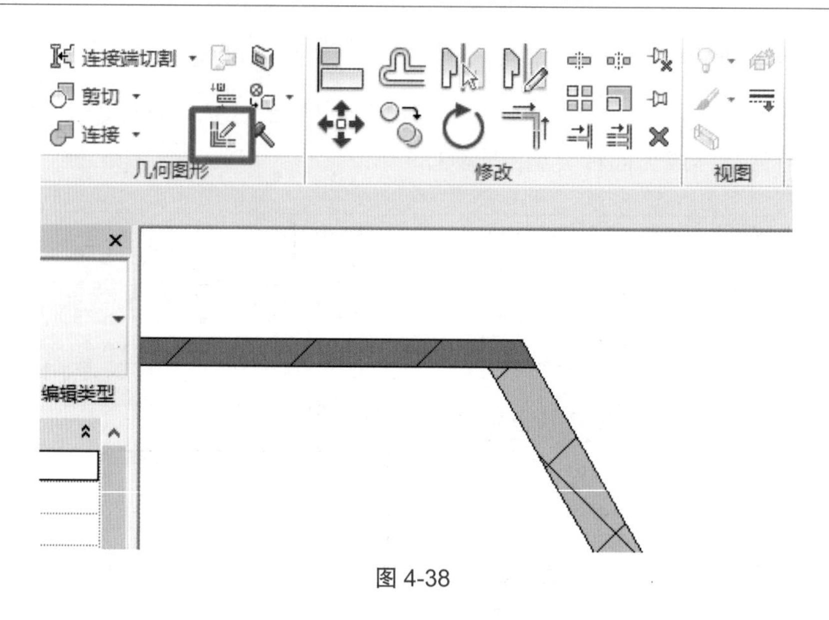

图 4-38

斜接:效果如图 4-39 所示。

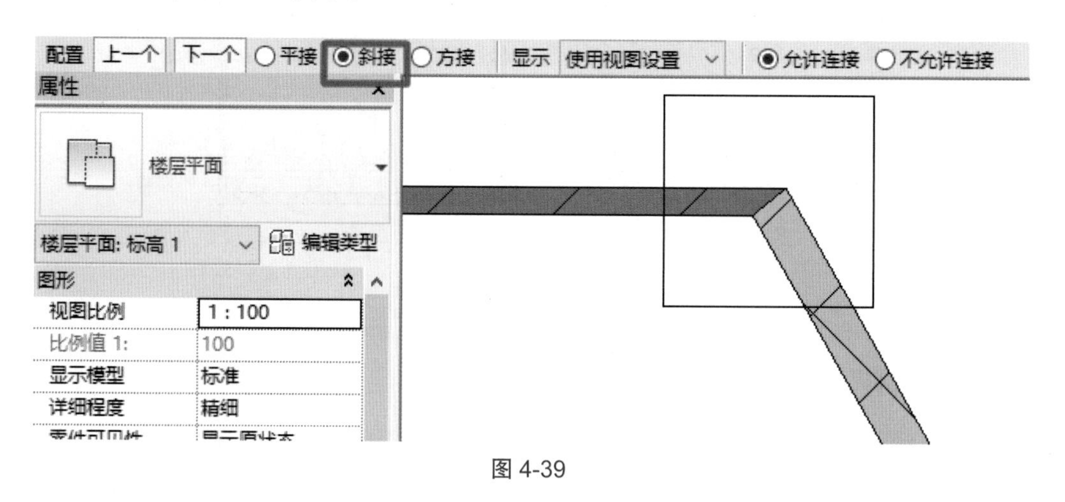

图 4-39

方接:效果如图 4-40 所示。

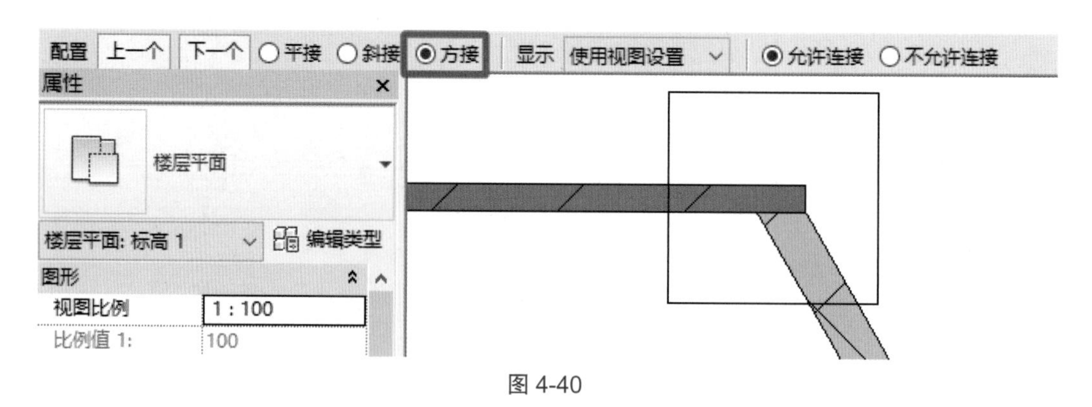

图 4-40

第 5 章　门窗

在三维模型中，门窗的模型与它们的平面表达并不是对应的剖切关系，这说明门窗模型与平立面表达可以相对独立。此外，在项目中可以通过修改门窗的类型参数（如门窗的宽、高、材质等）形成新的门窗类型。门窗的主体为墙体，门窗与墙有依附关系，删除墙体，门窗也随之被删除。

在门窗构件的应用中，其插入点、平立剖面的图纸表达、可见性控制等都和门窗族的参数设置有关。所以，读者不仅需要了解门窗族的参数设置，还需要深入了解门窗族的创建原理。

5.1　插入门窗

门窗插入技巧：只需在大致位置插入，通过修改临时尺寸标注或尺寸标注来精确定位，因为 Revit 具有尺寸和对象相关联的特点。

选择“建筑”选项卡，然后在“构建”面板中点击“门”或“窗”按钮，在类型选择器中选择所需的门、窗类型，如果需要更多的门、窗类型，可通过“插入”“载入族”选择。先选定楼层平面，再在选项栏中选择“在放置时进行标记”（图 5-1）自动标记门窗，勾选“引线”复选框可设置引线长度。在墙体上移动鼠标，当门窗位于正确的位置时单击确定。

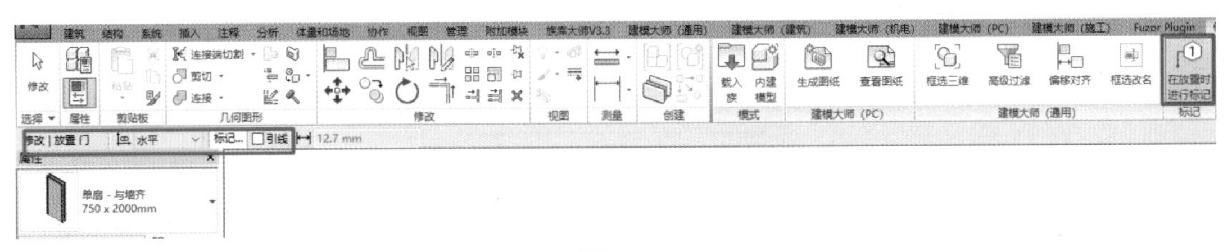

图 5-1

插入门窗时输入“SM”，将自动捕捉到中点插入。

插入门窗时在墙内外移动鼠标可改变室内外方向，按【Space】键可改变左右开启方向，如图 5-2 所示。

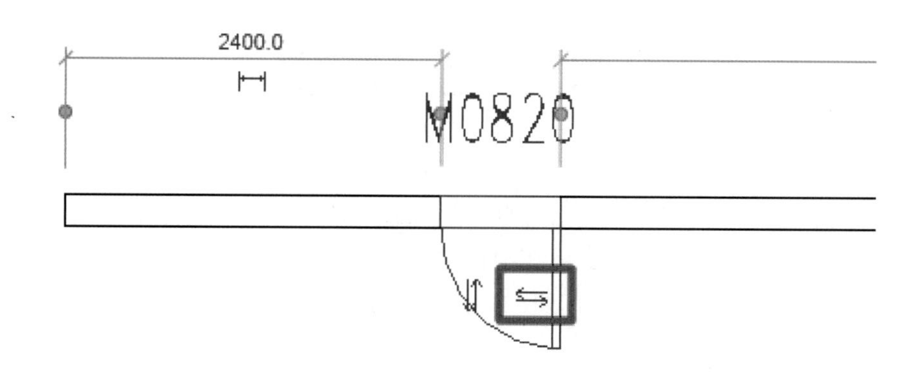

图 5-2

拾取主体:选择“门”,打开“修改 | 门”的上下文选项卡,选择“主体”面板中的“拾取新主体”命令(图 5-3),可更换放置门的主体,即把门放置到其他墙上。

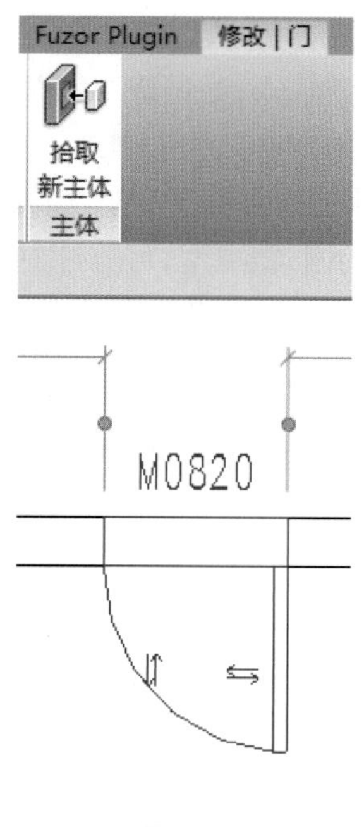

图 5-3

在平面上插入窗,其窗台高为“默认窗台高”。在立面上,可以在任意位置插入窗(插入窗族时,若立面上出现绿色虚线,此时窗台高为“默认窗台高”)。

5.2　编辑门窗

5.2.1　修改门窗的实例参数

选择门窗，自动激活“修改 | 门（窗）”选项卡，点击“图元”面板中的“图元属性”按钮，弹出“图元属性”对话框，可以修改所选择门窗的标高、底高度等实例参数。

5.2.2　修改门窗的类型参数

自动激活“修改 | 门（窗）”选项卡后，在“图元”面板中点击“图元属性”按钮，弹出“图元属性”对话框，点击“编辑类型”按钮，弹出“类型属性”对话框，然后点击“复制”按钮，创建新的门窗类型，即可修改门窗的高度、宽度，窗台高度，框架、玻璃材质，竖梃可见性参数，最后点击“确定”。

修改窗的实例参数中的底高度，实际上相当于修改了窗台高度。在窗的类型参数中，通常默认窗台高度不受影响，修改了默认窗台高度，只会影响随后插入的窗户的窗台高度，对之前插入的窗户的窗台高度并不产生影响。

5.2.3　鼠标控制

选择门窗，出现开启方向控制和临时尺寸，单击可改变开启方向和尺寸位置。用鼠标拖曳门窗改变门窗的位置，墙体洞口自动修复，并开启新的洞口，如图 5-4 所示。

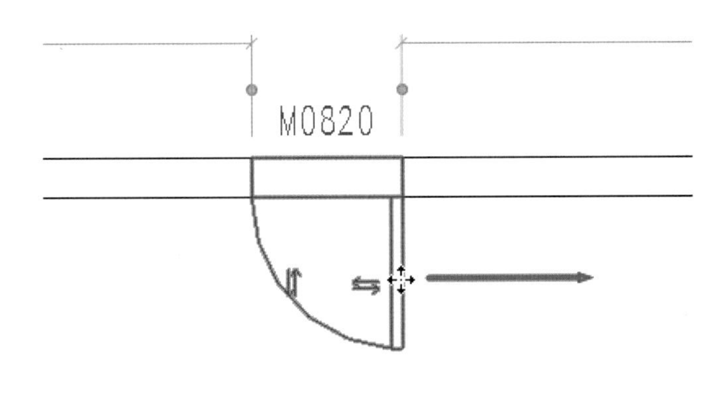

图 5-4

5.3　技术总结

技术总结

问题：如何在屋顶上直接开窗？

在 Revit Architecture 中，窗属于基于主体的族，即必须附着在作为主体的模型图元上，如墙体。在默认情况下，Revit Architecture 中的窗必须放置在墙上，而不能直接放在屋顶等其他构件上。

虽然 Revit Architecture 未提供“基于屋顶的窗”这样的族样板,但可以通过扩展 Revit Architecture 现有的族样板定义可直接放在屋顶上的天窗。

在新建族时,选择族样板文件“基于屋顶的公制常规模型.rft”(图 5-5),该族样板默认提供一个屋顶对象。点击菜单“设置”— “族类别和族参数”,弹出“族类别和族参数”对话框。在“族类别”列表中,设置族类别为“窗”(图 5-6),点击“确定”按钮,退出该对话框。Revit Architecture 会自动在族参数中创建窗的“宽度”“高度”等内建参数。

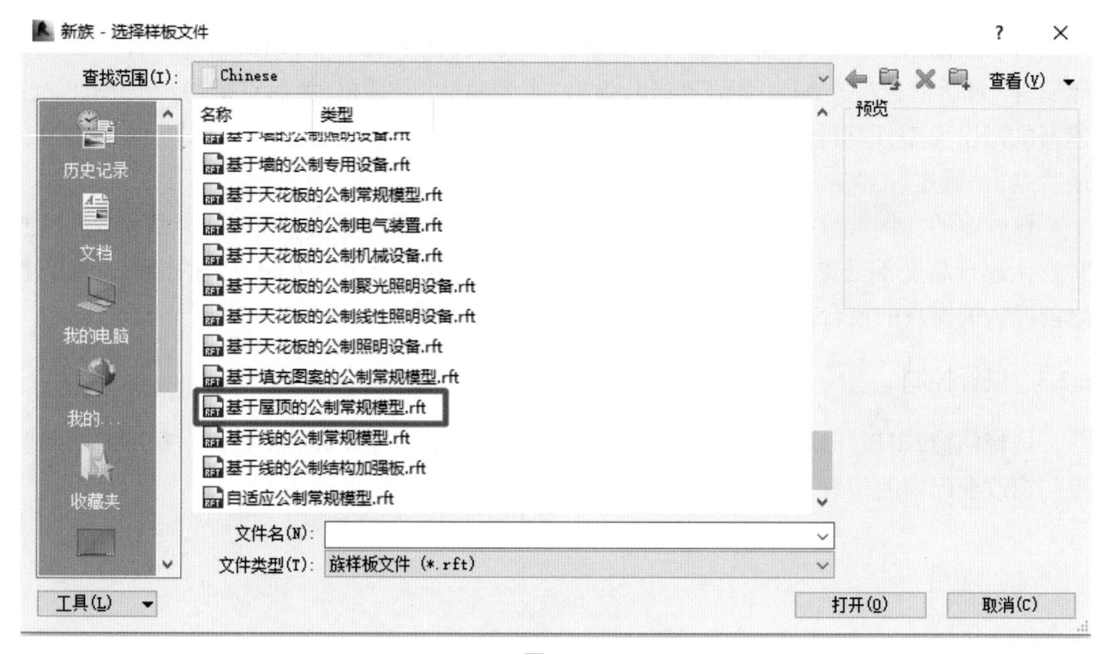

图 5-5

使用洞口、实体建模等工具完成窗模型的构建后,需将该族导入项目中。在项目中单击设计栏,在类型选择器中将出现定义的天窗族,该窗只能放置在屋顶对象上,效果如图 5-7 所示。

在定义族时,通过“族类别和族参数”的设置,可以扩展 Revit Architecture 中的族样板。例如,可以使用“基于天花板的公制常规模型.rft”,在族中指定其类型为“照明设备”,生成仅可放置于天花板上的吊灯族;也可以使用“基于墙的公制常规模型.rft”,生成放置于斜墙上的窗族。

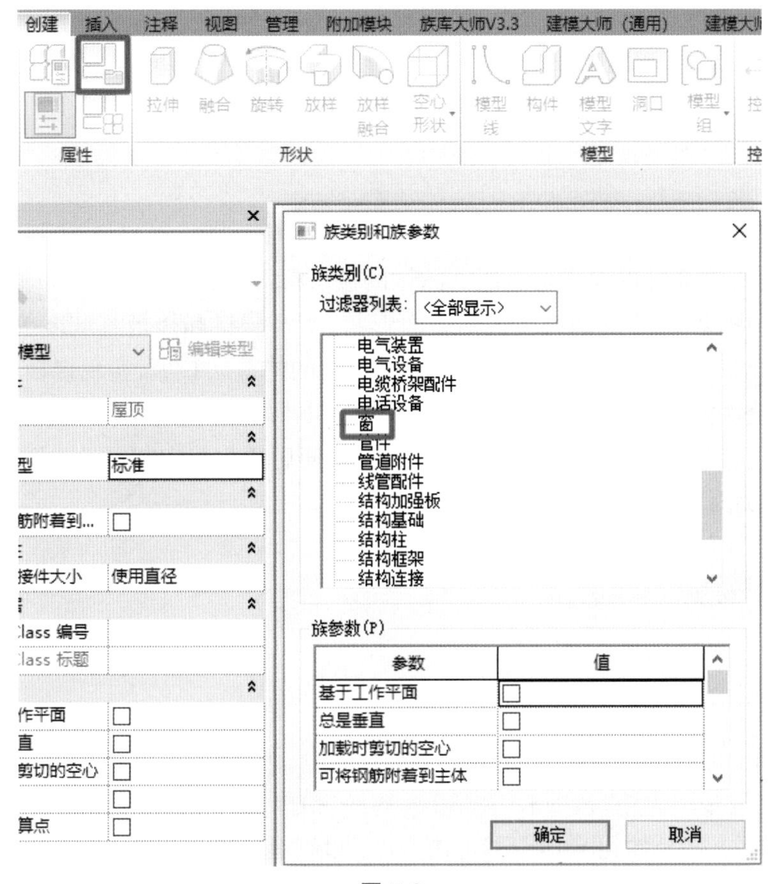

创建
插入
注释
视图
管理
附加模块
族库大师V3.3
建模大师（通用）
拉伸
融合
旋转
放样
放样融合
空心形状
模型线
构件
模型文字
洞口
模型组
属性
形状
模型
族类别和族参数
族类别(C)
过滤器列表:
<全部显示>
电气装置
电气设备
电缆桥架配件
电话设备
窗
管件
管道附件
线管配件
结构加强板
结构基础
结构柱
结构框架
结构连接
族参数(P)
参数
值
基于工作平面
总是垂直
加载时剪切的空心
可将钢筋附着到主体
确定
取消
编辑类型
屋顶
标准
使用直径

图 5-6

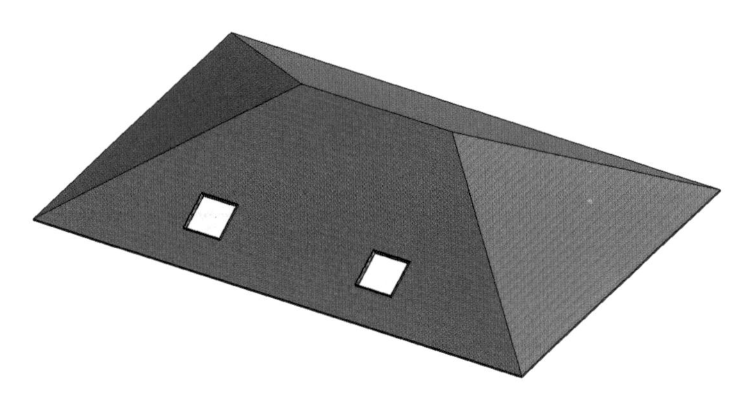

图 5-7

第 6 章　楼板

楼板的创建可以在体量设计中通过设置楼层面生成面楼板来完成，也可以直接绘制完成。在 Revit 中，楼板可以设置构造层。默认的楼层标高为楼板的面层标高，即建筑标高。在楼板的编辑中，不仅可以编辑楼板的平面形状、所开洞口和楼板基坡度等，还可以通过“修改子图元”命令修改楼板的空间形状，设置楼板的构造层找坡，实现楼板的内排水和有组织排水的分水线建模绘制。此外，对于自动扶梯、电梯基坑、排水沟等与楼板相关的构件，软件还提供了“楼板的公制常规模型”等族样板，方便用户自行定制。具体做法详见本书第二部分中的相关内容。

6.1　创建楼板

6.1.1　拾取墙与绘制生成楼板

选择“建筑”选项卡“构建”面板中的“楼板”命令，进入绘制轮廓草图模式，此时自动跳转到“修改 | 创建楼层边界”选项卡（图 6-1），选择“拾取墙”命令，在选项栏中指定楼板边缘的偏移量，同时勾选“延伸到墙中（至核心层）”，拾取墙时将拾取到有涂层和构造层的复合墙的核心边界位置。

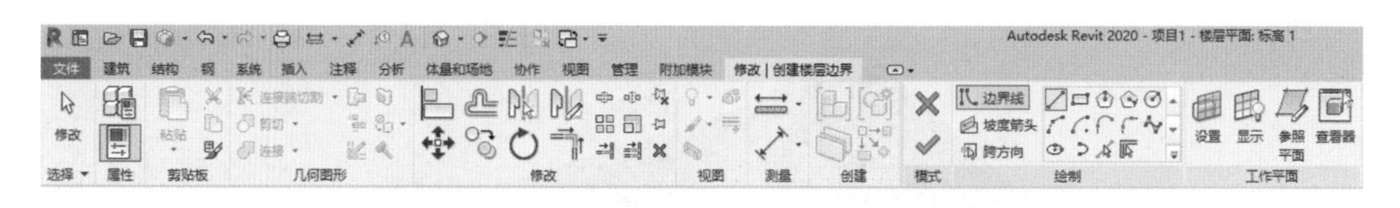

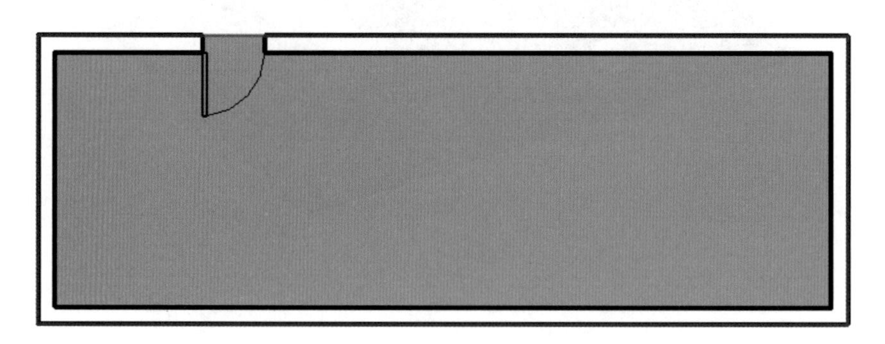

图 6-1

使用【Tab】键切换选择，可一次性选中所有外墙，单击生成楼板边界，如出现交叉线条，使用“修剪”命令编辑成封闭的楼板轮廓，或者选择“线”命令，用线绘制工具绘制封闭的楼板轮廓。完成草图的绘制后，点击“完成楼板”即可创建楼板。

选择楼板边缘，进入“修改丨楼板”界面，选择“编辑边界”命令，可修改楼板边界，点击“编辑边界”，进入“绘制”轮廓草图模式，选择“绘制”面板中的“边界线”“直线”命令，进行楼板边界的修改，可修改成非常规轮廓，如图 6-2 所示。

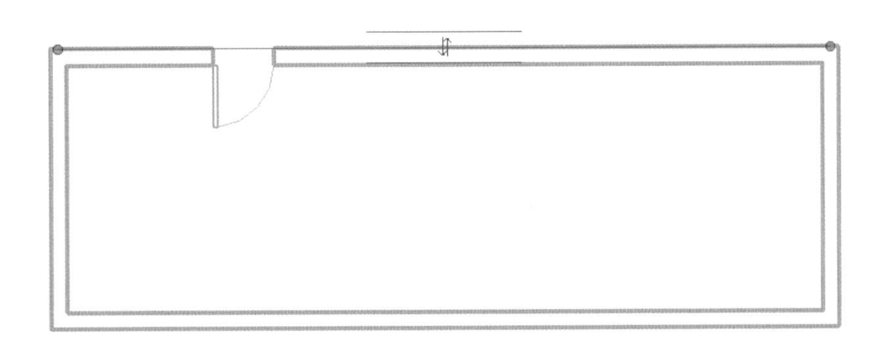

图 6-2

使用“修改”面板中的“×”命令可删除多余的线段，完成后如图 6-3 所示。

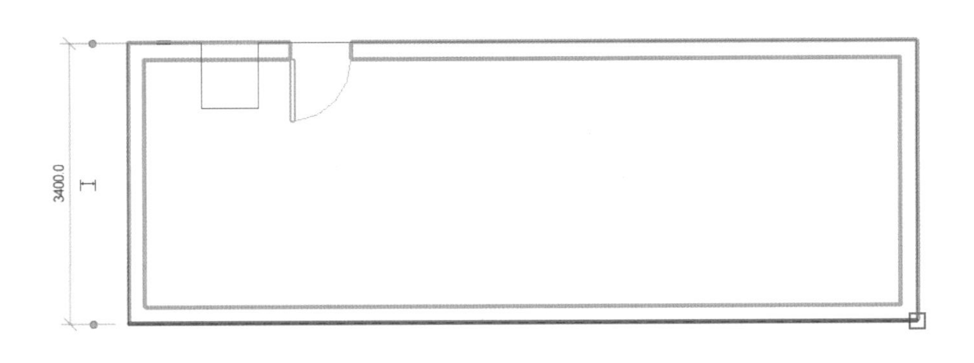

图 6-3

6.1.2 绘制斜楼板

在绘制楼板草图时,用“坡度箭头”命令绘制坡度箭头,在“属性”对话框中设置“尾高度偏移”或“坡度”,点击“应用”完成绘制,如图 6-4 所示。

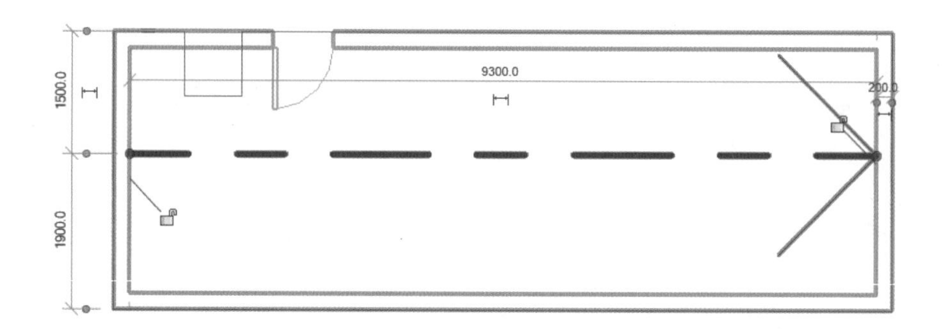

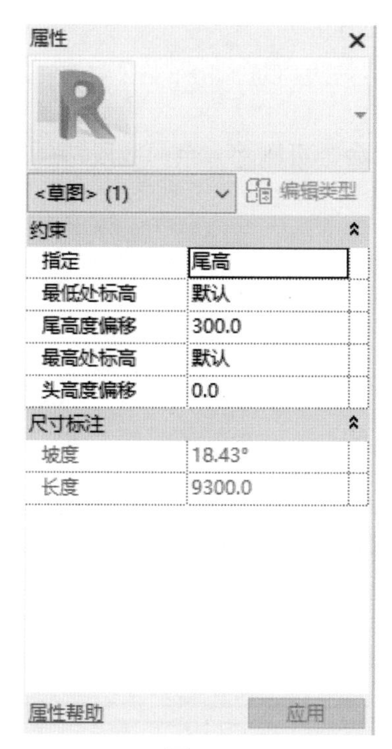

图 6-4

6.2 编辑楼板

6.2.1 修改图元属性

选择楼板,自动激活“修改 | 楼板”选项卡,在“属性”对话框中点击“编辑类型”按钮,在弹出的对话框中点击“预览”,修改类型属性,完成后点击“确定”按钮(图 6-5)。

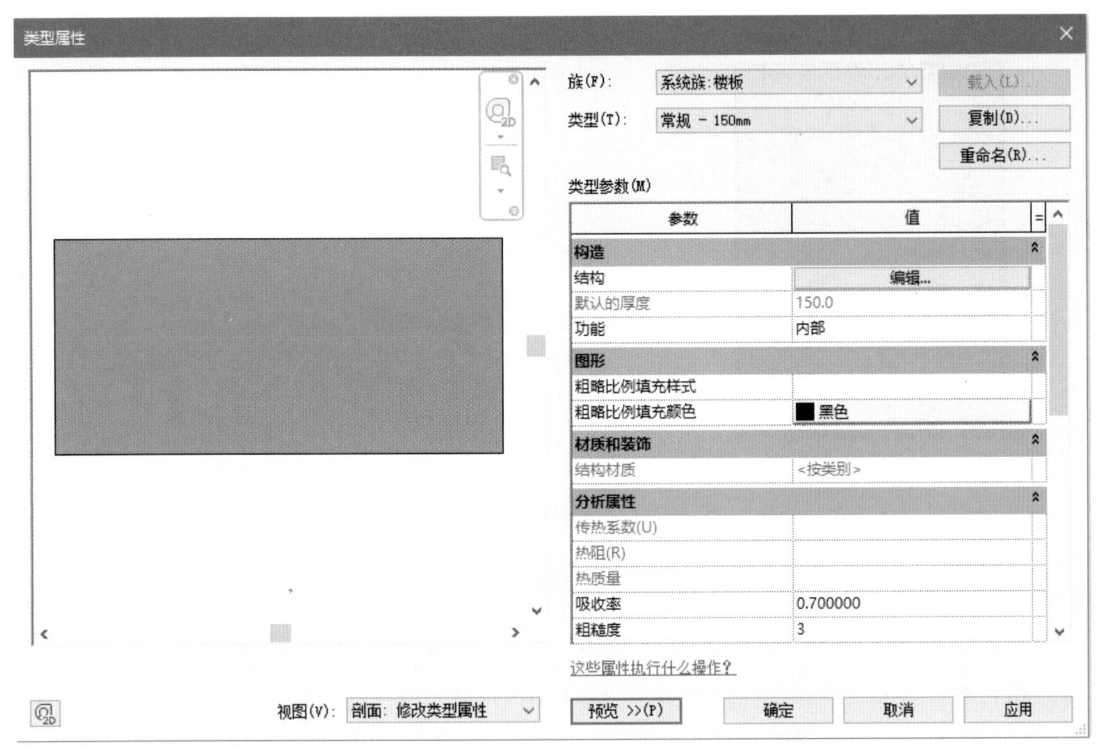

图 6-5

6.2.2　楼板洞口

选择楼板，点击“编辑”面板中的“编辑边界”按钮，进入绘制楼板轮廓草图模式，或在创建楼板时，在楼板轮廓以内直接绘制洞口闭合轮廓，完成后如图 6-6 所示。

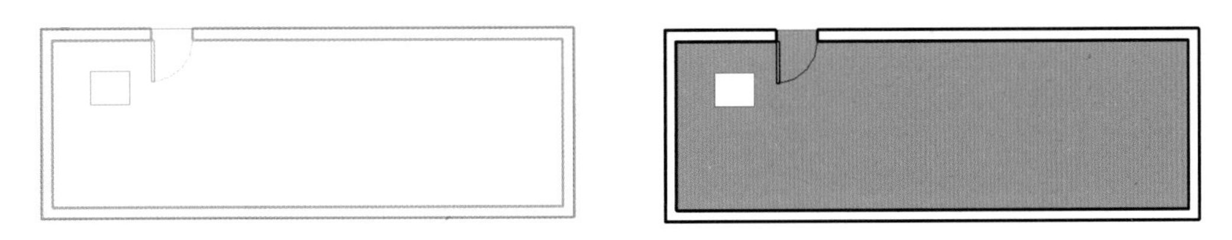

图 6-6

6.2.3　处理剖面图中楼板与墙的关系

在 Revit 中直接生成剖面图时，楼板与墙之间会有空隙，先绘制楼板后绘制墙可以解决此问题。也可以利用“修改”选项卡“编辑几何图形”面板中的“连接几何图形”命令连接楼板和墙，如图 6-7 所示。

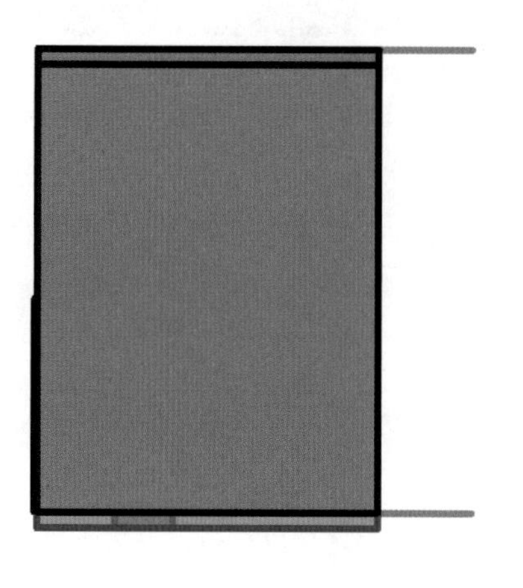
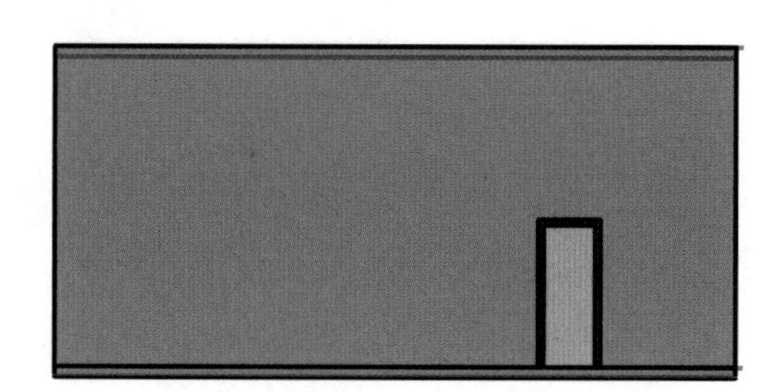

图 6-7

6.2.4 复制楼板

选择楼板,自动激活“修改丨楼板”选项卡,选择“剪贴板”面板中的“复制”命令,将楼板复制到剪贴板后,点击“修改”选项卡“剪贴板”面板中的“对齐粘贴 - 按名称选择层”按钮,选择目标标高名称,楼板自动复制到所有楼层,如图 6-8 所示。

选择复制的楼板,在选项栏中选择“编辑”命令,完成绘制,即会出现一个对话框,提示从墙中剪切与楼板重叠的部分。

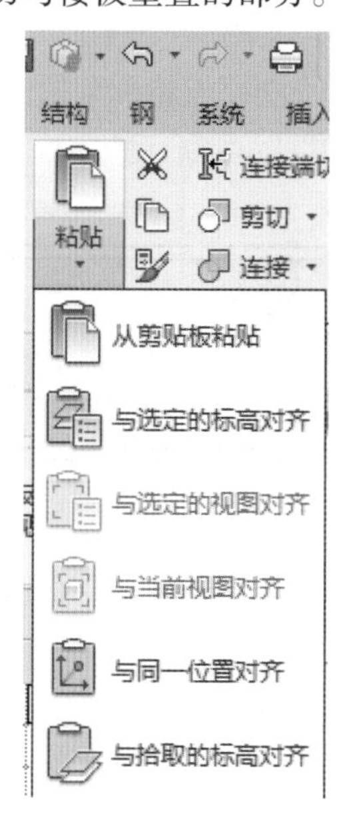

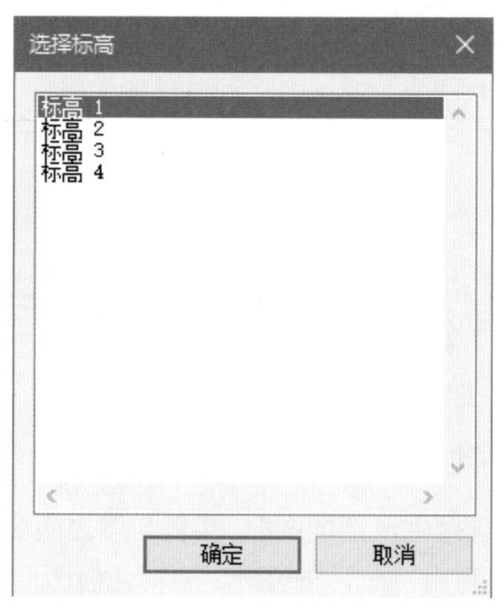

图 6-8

6.3　楼板边缘

点击“建筑”选项卡“构建”面板中的“楼板”下拉按钮，有“楼板”“结构楼板”“面楼板”“楼板边缘”四个选项。

添加楼板边缘：选择“楼板边缘”命令，单击选择楼板的边缘，完成添加，如图 6-9 所示。

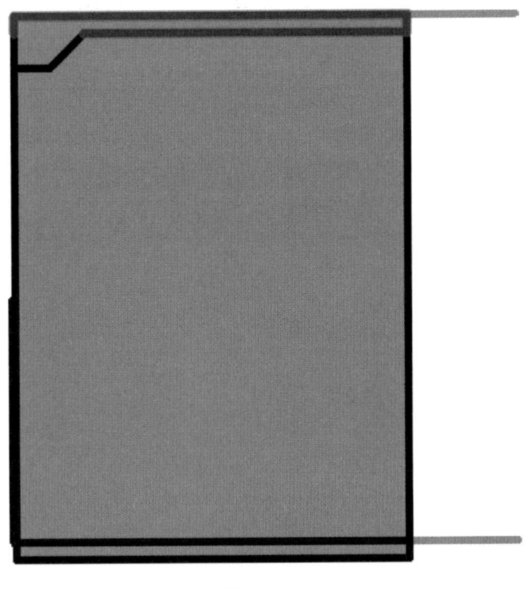

图 6-9

6.4　技术总结

技术总结

问题：如何使用楼板命令编辑坡道？

在绘制两侧带坡度的坡道时，一般采用编辑楼板的方式。首先按设计所需的尺寸绘制楼板，完成之后单击楼板，选择“形状编辑”中的“添加点”（图 6-10）。对楼板正确的位置进行点的添加并输入数据，这个数据为高程，也就是将此处的位置抬高，以形成坡度（图 6-11）。

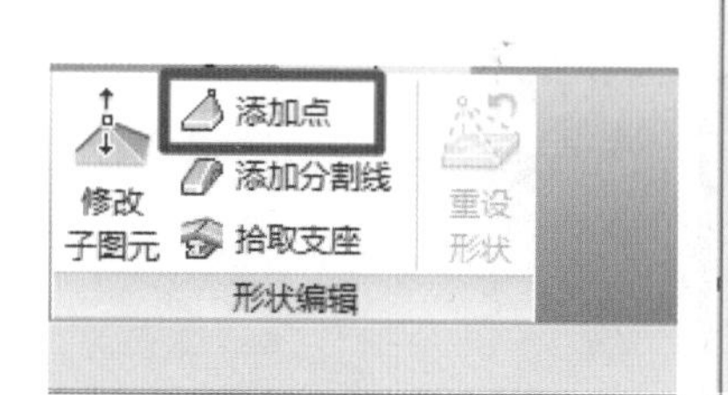
添加点
添加分割线
修改
子图元
拾取支座
重设
形状
形状编辑

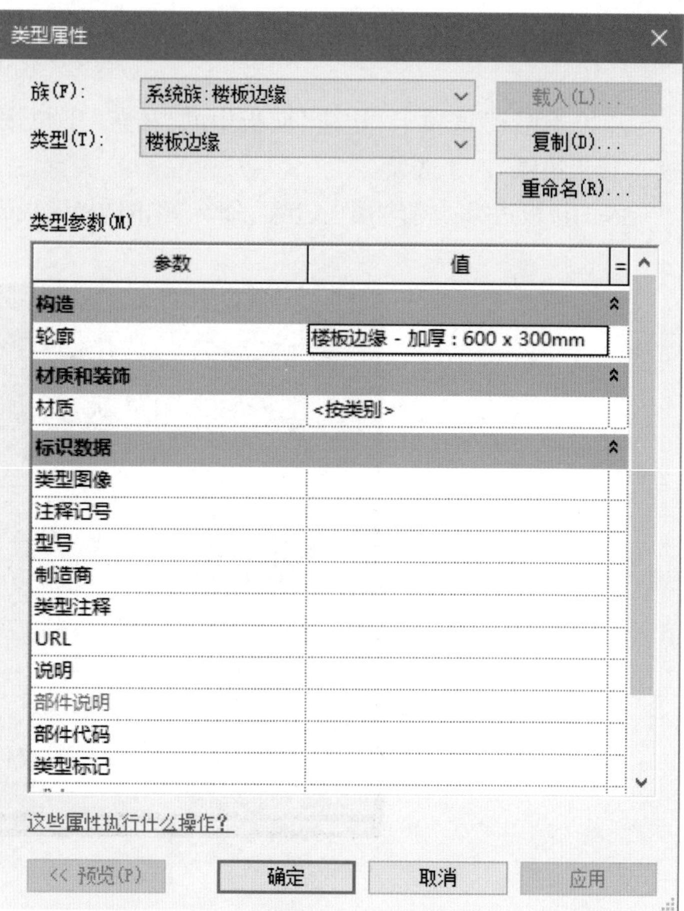
类型属性
族(F): 系统族:楼板边缘
载入(L)...
类型(T): 楼板边缘
复制(D)...
重命名(R)...
类型参数(M)
参数
值
构造
轮廓
楼板边缘 - 加厚 : 600 x 300mm
材质和装饰
材质
<按类别>
标识数据
类型图像
注释记号
型号
制造商
类型注释
URL
说明
部件说明
部件代码
类型标记
这些属性执行什么操作?
<< 预览(P)
确定
取消
应用

图 6-10

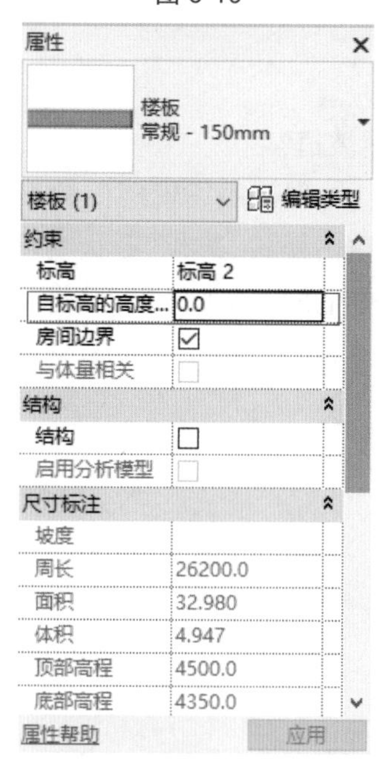
属性
楼板
常规 - 150mm
楼板 (1)
编辑类型
约束
标高
标高 2
自标高的高度...
0.0
房间边界
与体量相关
结构
结构
启用分析模型
尺寸标注
坡度
周长
26200.0
面积
32.980
体积
4.947
顶部高程
4500.0
底部高程
4350.0
属性帮助
应用

图 6-11

两个点都要添加为一样的位置，或者单击两点之间的线段，输入一个数据（图 6-12）。

图 6-12

另一种方法为使用添加分割线的命令，直接在楼板上绘制要分割的线段，以此来表示坡道（图 6-13）。用此命令可直接在楼板上绘制分割线（图 6-14）。

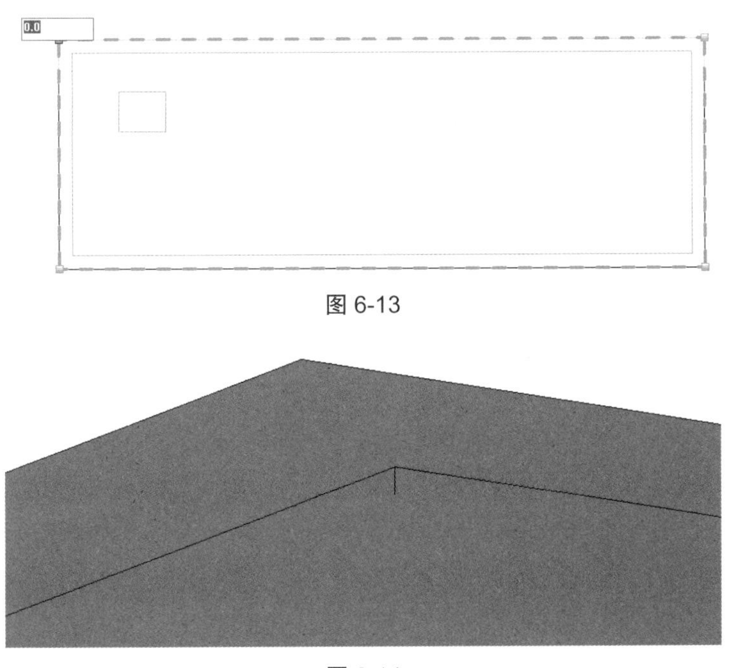

图 6-13

图 6-14

同样地，也要输入相对的高程来表示坡度，形成坡道。完成之后，对建好的坡道进行编辑，勾选“可变”选项，坡道会变成实心的（图 6-15），否则是空心的（图 6-16）。

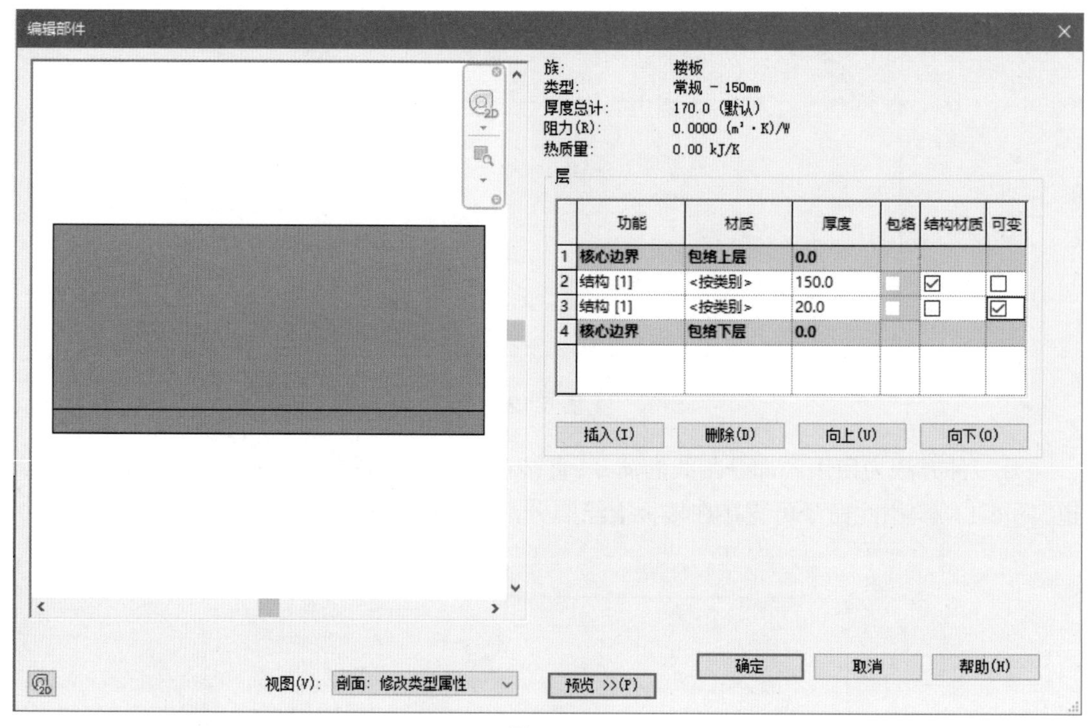
编辑部件
族: 楼板
类型: 常规 - 150mm
厚度总计: 170.0 (默认)
阻力(R): 0.0000 (m²·K)/W
热质量: 0.00 kJ/K
层
功能
材质
厚度
包络
结构材质
可变
1 核心边界 包络上层 0.0
2 结构 [1] <按类别> 150.0
3 结构 [1] <按类别> 20.0
4 核心边界 包络下层 0.0
插入(I)
删除(D)
向上(U)
向下(O)
视图(V): 剖面: 修改类型属性
预览 >>(P)
确定
取消
帮助(H)

图 6-15

图 6-16

第 7 章　房间和面积

房间和面积是建筑的重要组成部分，可使用房间、面积和颜色方案规划建筑的占用和使用情况，并执行基本的设计分析房间。

7.1　房间

7.1.1　创建房间

选择“建筑”选项卡，在“房间和面积”面板中点击“房间”，在下拉列表中选择“房间”选项，即可创建房间，如图 7-1 所示。

图 7-1

进入任意楼层的平面视图，在需要的房间内添加房间，如图 7-2 所示。

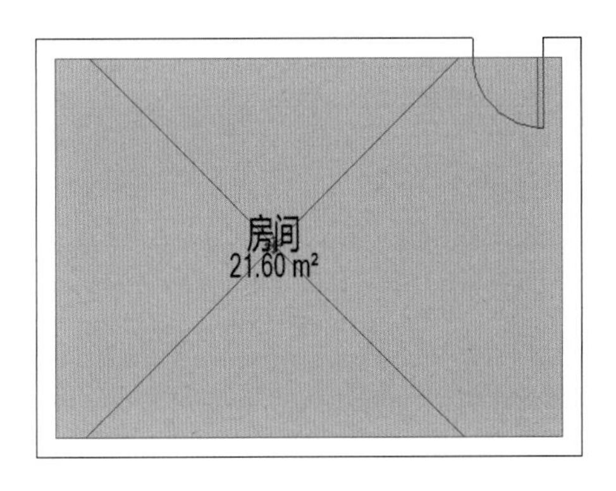

图 7-2

可以在平面视图和剖面视图中选择房间。选择一个房间后，可以检查其边界，修改其属性，将其从模型中删除或移至其他位置。

7.1.2　选择房间

选择房间标记，单击“房间”，则其变为可输入状态，输入新的房间名称，如图 7-3 所示。

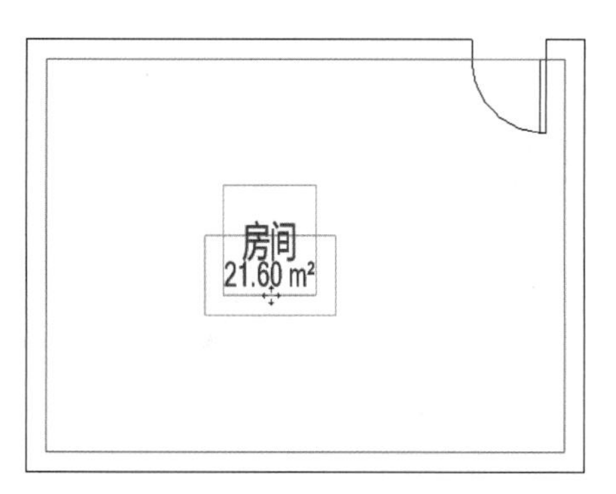

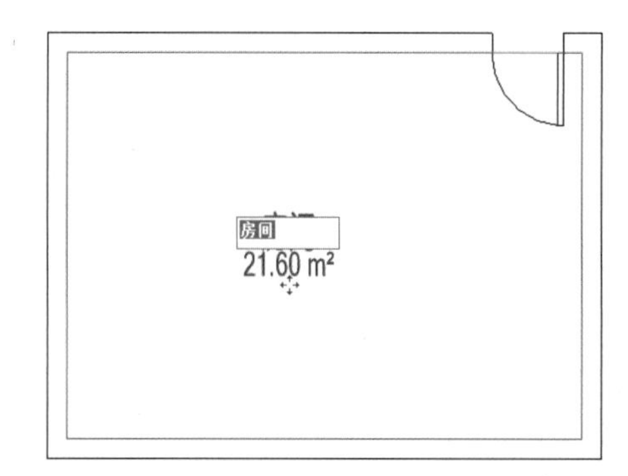

图 7-3

7.1.3　控制房间的可见性

在默认情况下,房间在平面视图和剖面视图中不会显示,但是可以更改“可见性 / 图形”设置,使房间及其边界在视图中可见,这些属性是视图属性的组成部分。在“视图”面板中点击“可见性 / 图形”按钮,在弹出的对话框中的“模型类别”选项卡中向下滚动至“房间”,然后单击节点以展开。要在视图中显示内部填充,勾选“内部填充”复选框;要显示房间的参照线,勾选“参照”复选框,然后点击“确定”按钮,如图 7-4 所示。

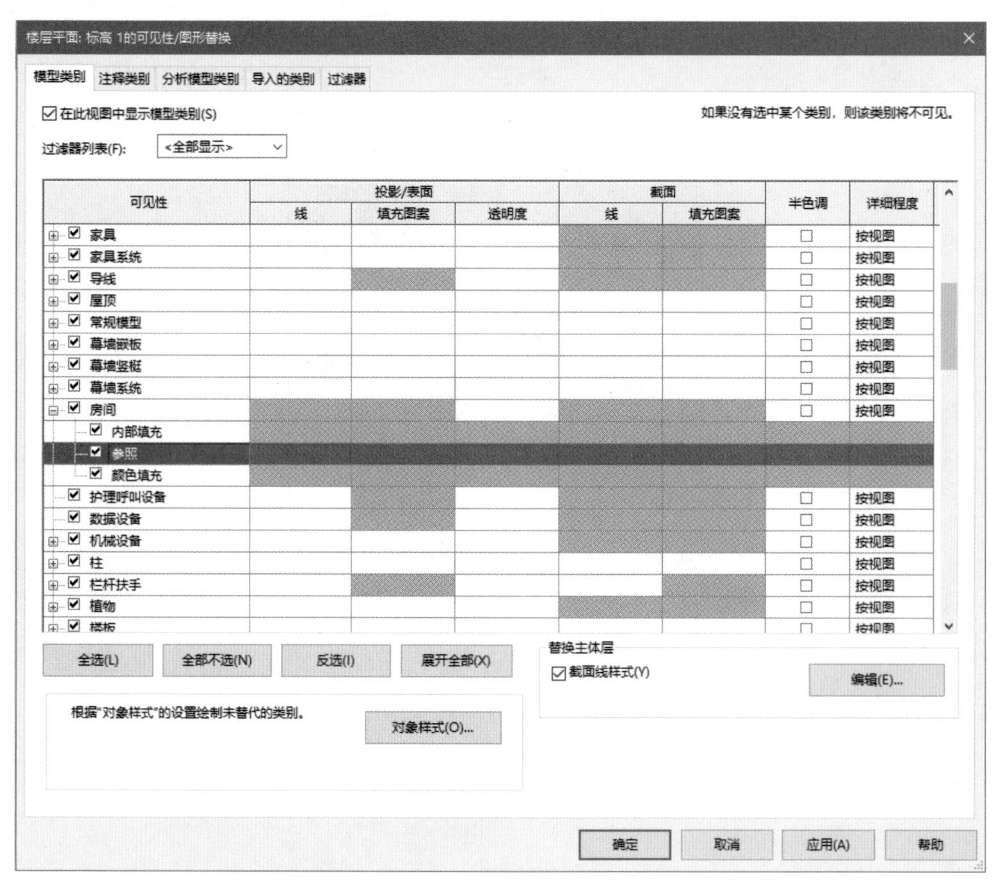

图 7-4

7.2　房间边界

房间边界

7.2.1　平面视图中的房间

进入楼层平面，可以使用平面视图直接查看房间的外部边界（周长）。在默认情况下，Revit 使用墙面面层作为外部边界来计算房间面积，也可以指定墙中心、墙核心层或墙核心层中心作为外部边界。如果需要修改房间边界，可修改模型图元的“房间边界”参数，或者添加房间分隔线，如图 7-5 所示。

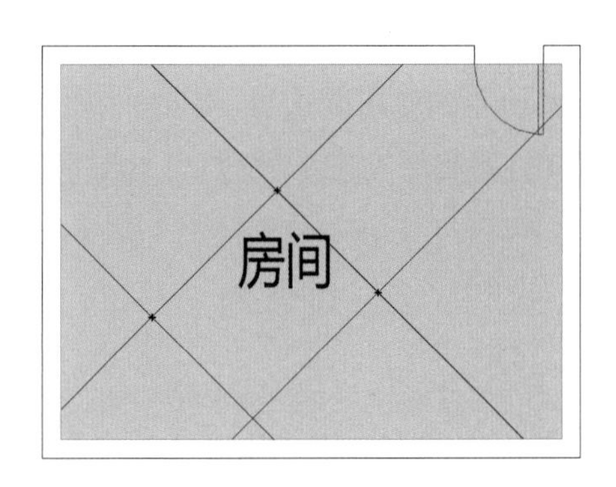

图 7-5

7.2.2　房间边界图元

房间边界图元包括如下几项。

（1）墙（幕墙、标准墙、内建墙、基于面的墙）。

（2）屋顶（标准屋顶、内建屋顶、基于面的屋顶）。

（3）楼板（标准楼板、内建楼板、基于面的楼板）。

（4）天花板（标准天花板、内建天花板、基于面的天花板）。

（5）柱（建筑柱、材质为混凝土的结构柱）。

（6）幕墙系统。

（7）房间分隔线。

（8）建筑地坪。

通过修改图元属性，可以指定图元是否作为房间边界。例如，可能需要将盥洗室的隔断定义为非边界图元，因为它们通常不包括在房间面积或体积的计算中。如果将某个图元指定为非边界图元，当 Revit 计算此房间或任何共享此非边界图元的相邻房间的面积或体积时，将不使用该图元。

7.2.3　房间分隔线

在“房间和面积”面板中点击“房间分隔”按钮，在房间的未分隔处添加分隔线，如图 7-6 所示。

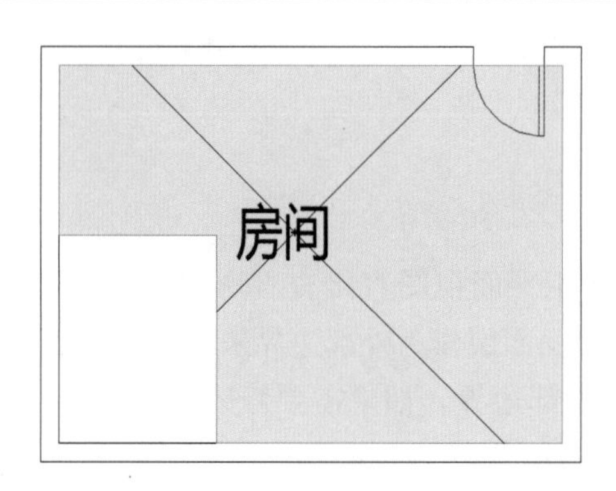

图 7-6

使用“房间分隔”工具可添加和调整房间边界,房间分隔线是房间边界。在房间内创建另一个房间时,分隔线十分有用,如起居室中的就餐区,此时房间之间不需要墙。房间分隔线在平面视图和三维视图中可见。

7.3 房间标记

在“房间和面积”面板中点击“标记房间”按钮,可对已添加的房间进行标记,如图 7-7 所示。

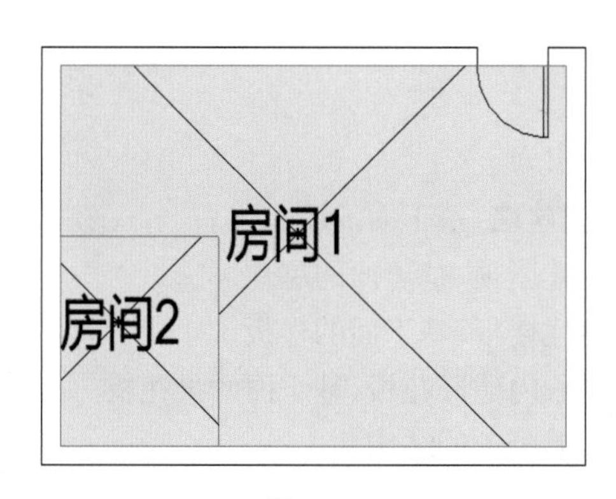

图 7-7

7.4 面积方案

面积方案

7.4.1 创建与删除面积方案

在“房间和面积”的下拉菜单中选择“面积和体积计算”选项,在弹出的对话框中选择“面积方案”选项卡,点击“新建”按钮,即可创建面积方案,如图 7-8 所示。

删除面积方案与创建面积方案类似,选中要删除的面积方案,点击“删除”按钮,即可完成面积方案的删除,如图 7-9 所示。

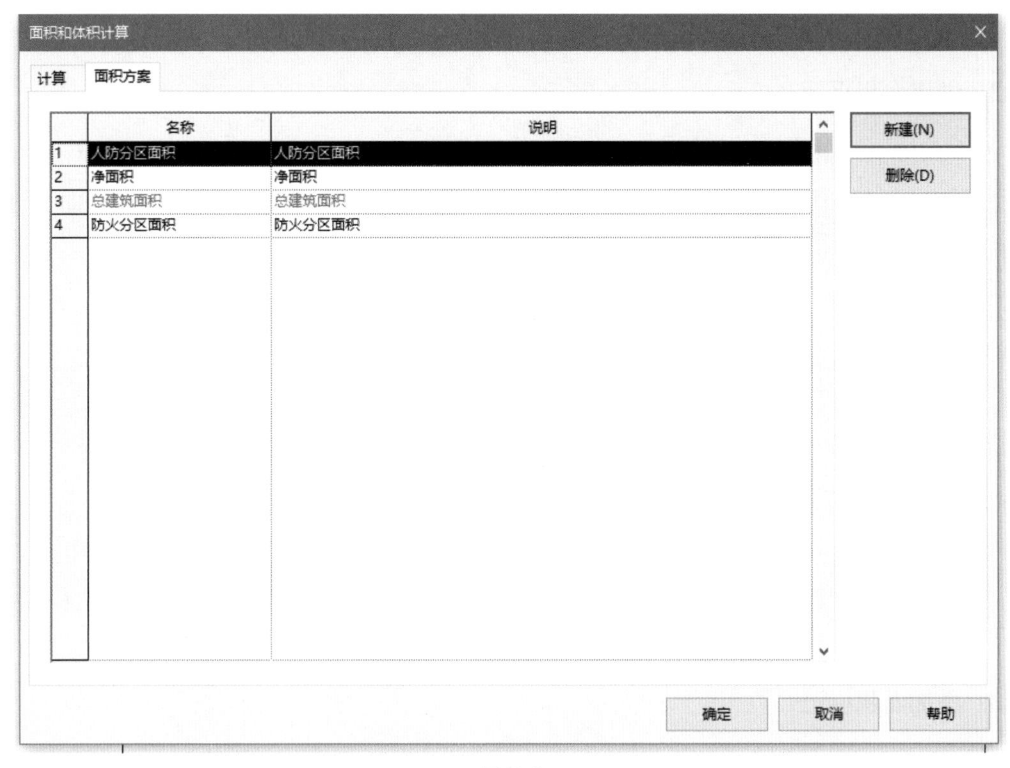
面积和体积计算
计算
面积方案
名称
说明
1 人防分区面积 人防分区面积
2 净面积 净面积
3 总建筑面积 总建筑面积
4 防火分区面积 防火分区面积
新建(N)
删除(D)
确定
取消
帮助

图 7-8

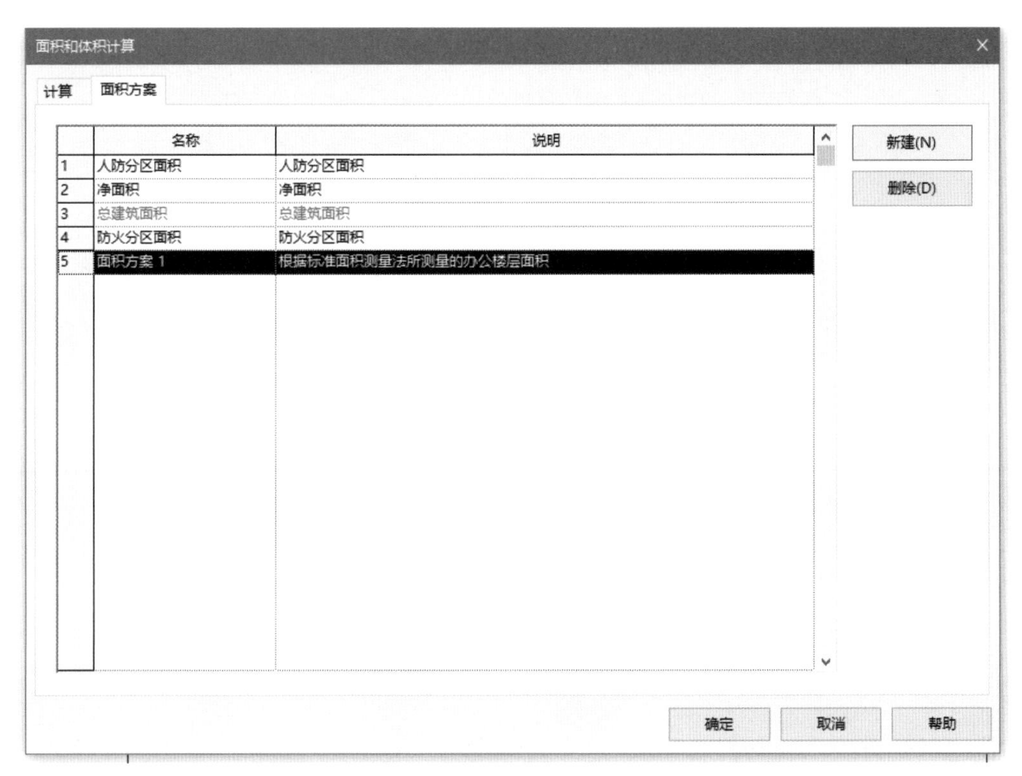
面积和体积计算
计算
面积方案
名称
说明
1 人防分区面积 人防分区面积
2 净面积 净面积
3 总建筑面积 总建筑面积
4 防火分区面积 防火分区面积
5 面积方案 1 根据标准面积测量法所测量的办公楼层面积
新建(N)
删除(D)
确定
取消
帮助

图 7-9

如果删除面积方案,则与其关联的所有面积平面都会被删除。

7.4.2 创建面积平面

在“房间和面积”面板中点击“面积”下拉按钮,在弹出的下拉菜单中选择“面积平面”选项,弹出“新建面积平面”对话框,在对话框的“类型”下拉列表中选择要创建的面积平面的类型和视图,然后点击“确定”按钮,弹出如图 7-10 所示的对话框。

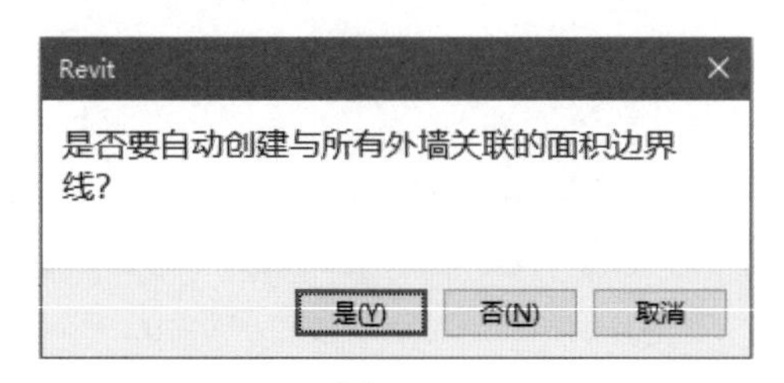

图 7-10

在如图 7-10 所示的对话框中,点击“是”按钮则开始创建整体面积平面;点击“否”按钮则需要手动绘制面积边界线。

7.4.3 添加面积标记

在“房间和面积”面板中点击“标记”下拉按钮,在弹出的下拉列表中选择“面积标记”选项,Revit 将在面积平面中高亮显示定义的面积。

添加和修改面积标记的方法与创建房间标记的方法相同。

第 8 章　屋顶与天花板

屋顶是建筑的重要组成部分。Revit Architecture 提供了迹线屋顶、拉伸屋顶、面屋顶、玻璃斜窗等创建屋顶的常规工具。此外，一些特殊造型的屋顶还可以通过内建模型的工具来创建。

8.1　屋顶

迹线屋顶

8.1.1　迹线屋顶

1. 创建迹线屋顶（坡屋顶、平屋顶）

在“建筑”选项卡“屋顶”面板的下拉列表中选择“迹线屋顶”，进入绘制屋顶轮廓草图模式。此时自动跳转到“创建屋顶迹线”选项卡，点击“绘制”面板中的“拾取墙”按钮，在选项栏中勾选“定义坡度”复选框，指定楼板边缘的偏移量，同时勾选“延伸到墙中（至核心层）”复选框，拾取墙时将拾取到有涂层和构造层的复合墙体的核心边界位置，如图 8-1 所示。

图 8-1

使用【Tab】键切换选择，可一次性选中所有外墙，单击生成楼板边界，如出现交叉线条，使用“修剪”命令编辑成封闭的楼板轮廓，或者选择“线”命令绘制封闭的楼板轮廓。

如取消勾选“定义坡度”复选框，则生成平屋顶。

单击鼠标左键完成编辑，如图 8-2 所示。

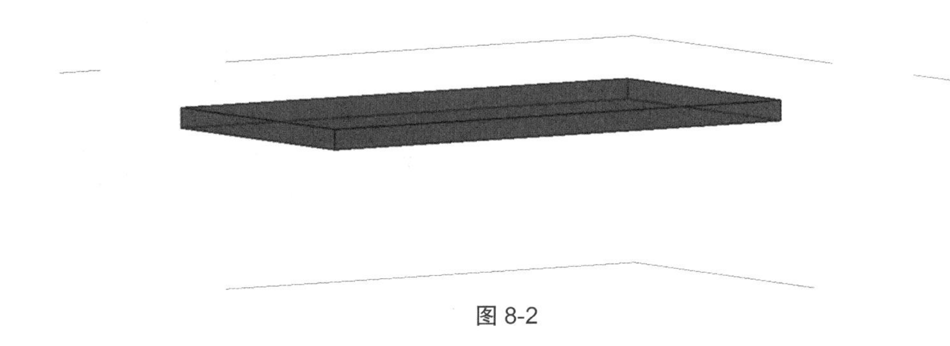

图 8-2

2. 创建圆锥屋顶

在“建筑”选项卡“屋顶”面板的下拉列表中选择“迹线屋顶”，进入绘制屋顶轮廓草图模式。

打开“属性”对话框,可以修改屋顶属性。如图 8-3 所示,用“拾取墙”或“线”“起点 - 终点 - 半径弧”命令绘制有圆弧线条的封闭轮廓线,选择轮廓线后在选项栏中勾选“定义坡度”复选框,单击角度值设置屋面坡度,单击鼠标左键完成绘制,如图 8-4 所示。

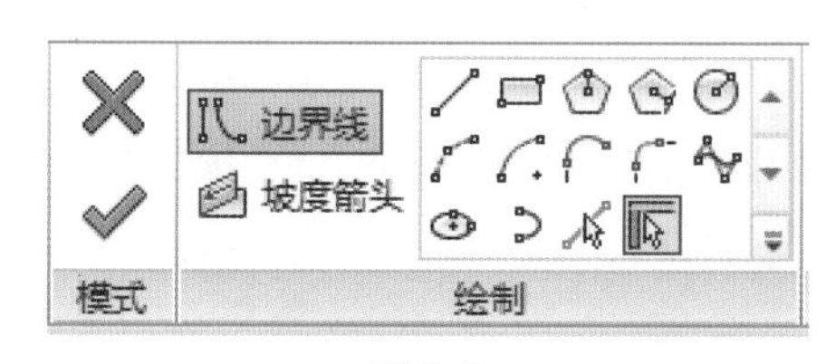

图 8-3

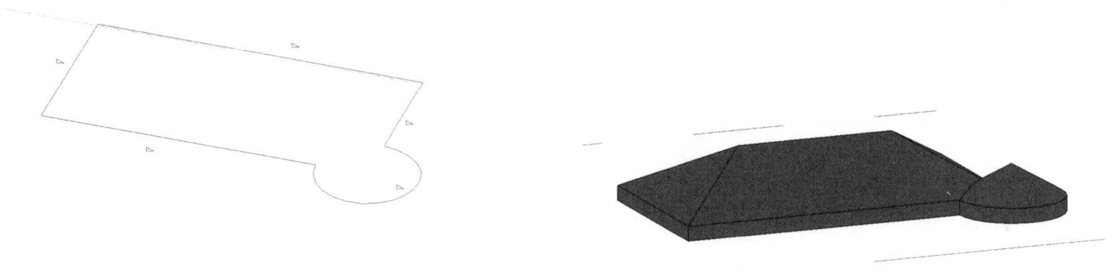

图 8-4

3. 创建四面双坡屋顶

在“建筑”选项卡“屋顶”面板的下拉列表中选择“迹线屋顶”,进入绘制屋顶轮廓草图模式。

在选项栏中取消勾选“定义坡度”复选框,用“拾取墙”或“线”命令绘制矩形轮廓。

选择“参照平面”命令绘制参照平面,调整临时尺寸使左、右参照平面的间距等于矩形的宽度。在“修改”栏中选择“拆分图元”选项,在右参照平面处单击,将矩形的长边分为两段。在图 8-5 中添加坡度箭头。选择“修改屋顶”— “编辑迹线”选项卡,点击“绘制”面板中的“属性”按钮,设置坡度属性,单击鼠标左键完成屋顶的绘制,如图 8-5 所示。

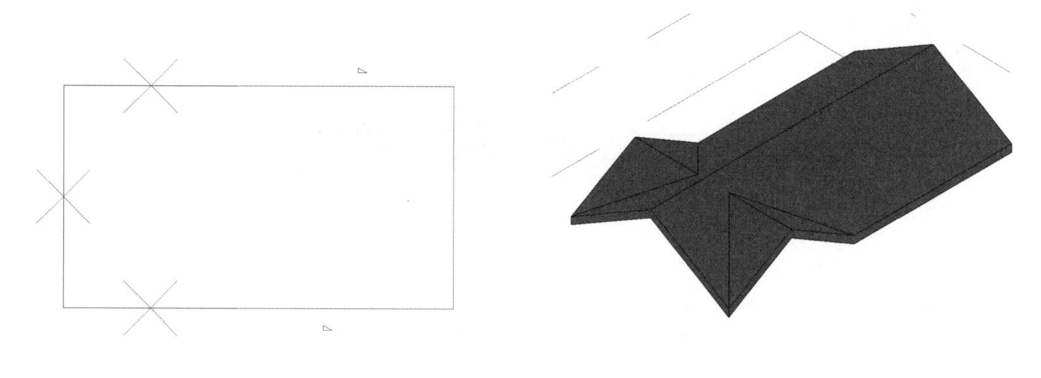

图 8-5

单击坡度箭头可在“属性”对话框中选择“尾高”和“坡度”,如图 8-6 所示。

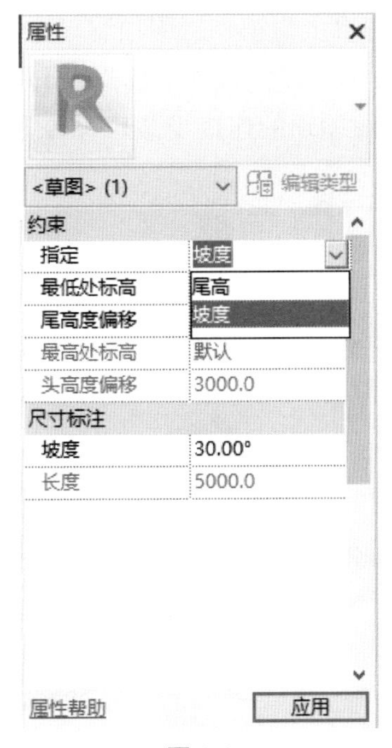

图 8-6

4. 创建双重斜坡屋顶(截断标高的应用)

在“建筑”选项卡“屋顶”面板的下拉列表中选择“迹线屋顶”,进入绘制屋顶轮廓草图模式。使用“拾取墙”或“线”命令绘制屋顶,在“属性”对话框中设置“截断标高”和“截断偏移”,如图 8-7 所示,完成绘制后如图 8-8 所示。

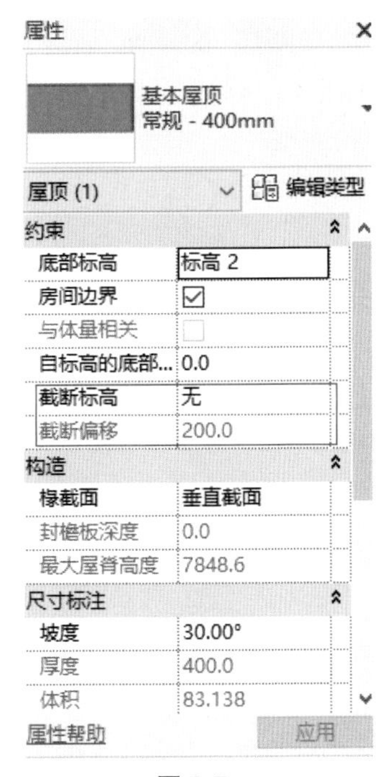

图 8-7

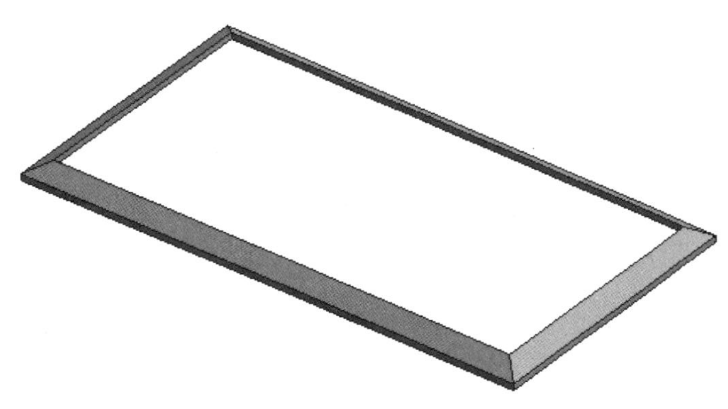

图 8-8

用“迹线屋顶”命令在截断标高上沿第一层屋顶洞口边线绘制第二层屋顶。

如果两层屋顶的坡度相同，在“修改”选项卡的“编辑几何图形”中选择“连接 / 取消连接屋顶”选项，连接两层屋顶，隐藏屋顶的连接线，如图 8-9 所示。

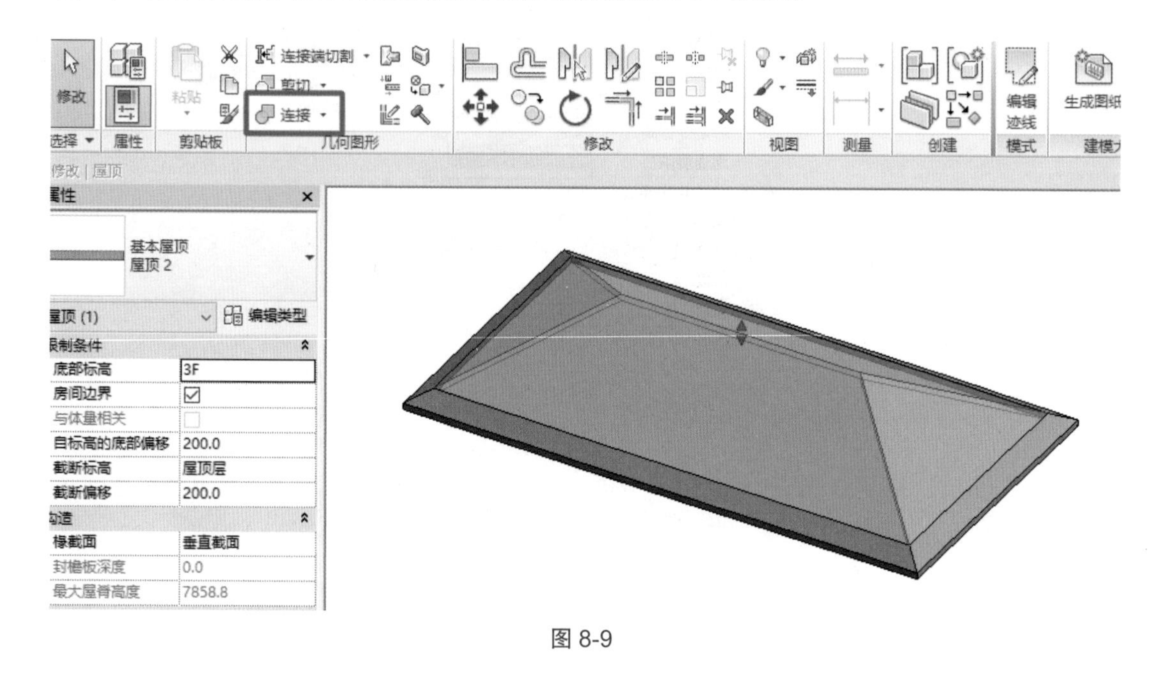

图 8-9

5. 编辑迹线屋顶

选择迹线屋顶，单击屋顶进入修改模式，点击“编辑迹线”按钮，进入修改屋顶轮廓草图模式，完成屋顶的设置。

属性修改：在“属性”对话框中可修改所选屋顶的标高、偏移、截断层、椽截面、坡度角等，点击“编辑类型”可以设置屋顶的构造（结构、材质、厚度）、图形（粗略比例填充样式）等，如图 8-10 所示。

选择“修改”选项卡的“编辑几何图形”中的“连接 / 取消连接屋顶”选项，将屋顶连接到另一个屋顶或墙上，如图 8-11 所示。

6. 创建拉伸屋顶

对于不能在平面上创建的屋顶，可以在立面上用拉伸屋顶创建，如图 8-12 所示。

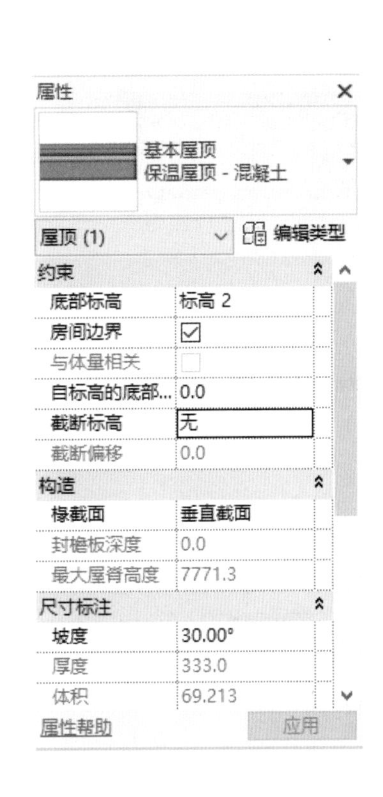

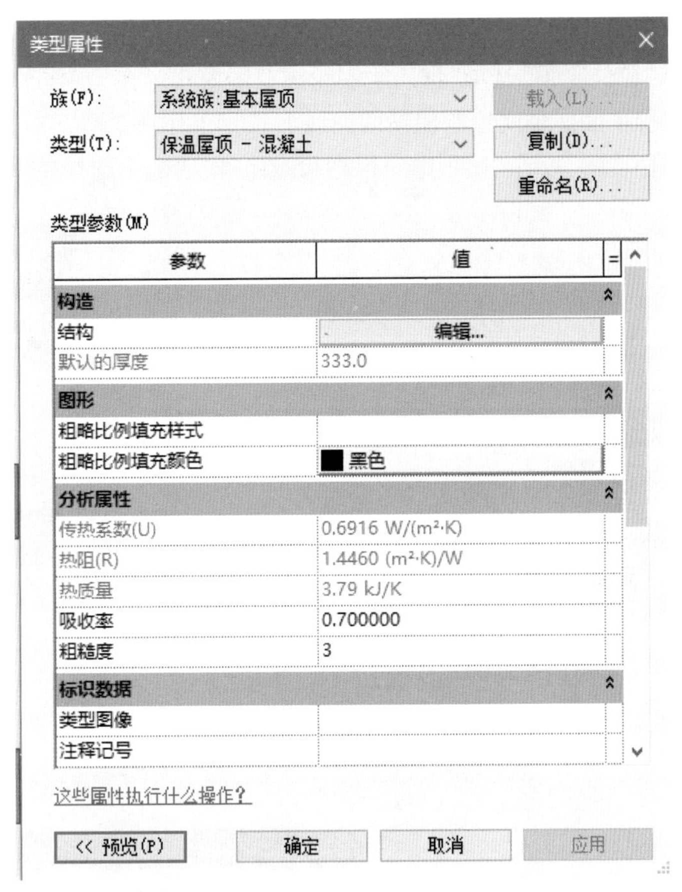

图 8-10

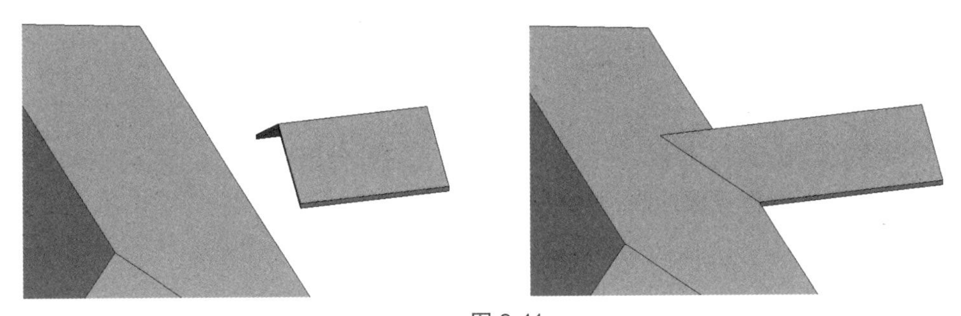

图 8-11

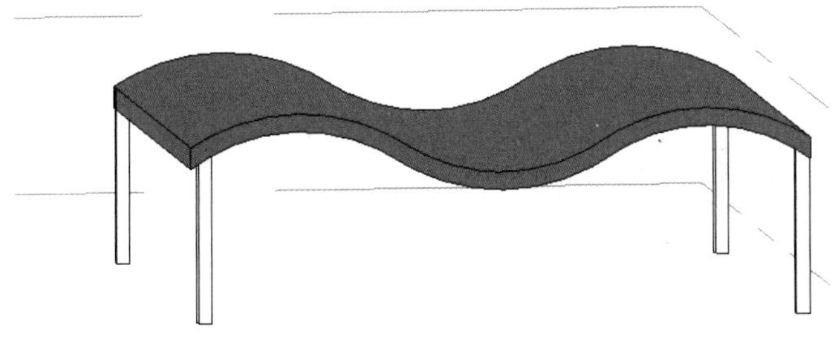

图 8-12

(1)创建拉伸屋顶。在“建筑”选项卡中点击“屋顶”下拉按钮,在弹出的下拉列表中选择“拉伸屋顶”选项,进入绘制轮廓草图模式。在“工作平面”对话框中设置工作平面(选择参照平面或轴网绘制屋顶截面线),选择工作视图(以立面、框架立面、剖面或三维视图作为操作视图)。在“屋顶参照标高和偏移”对话框中选择屋顶的基准标高,如图 8-13 所示。

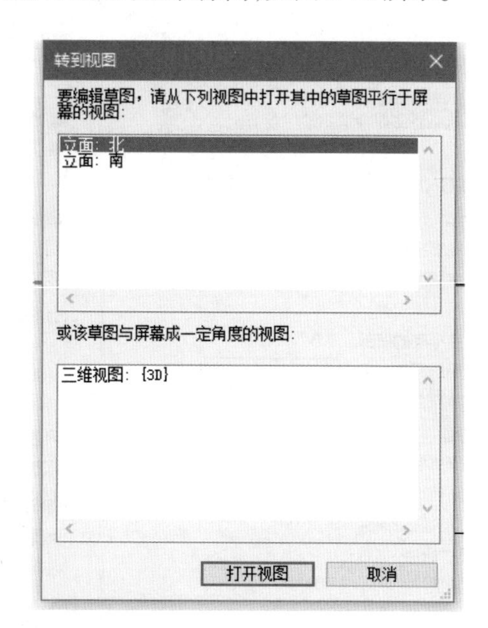

图 8-13

(2)绘制屋顶的截面线(单线绘制,无须闭合),设置拉伸屋顶的起点、终点和半径,如图 8-14 所示。单击鼠标左键完成绘制,如图 8-15 所示。

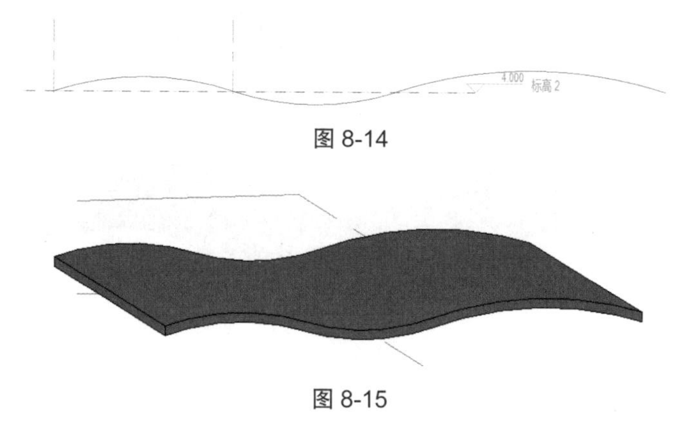

图 8-14

图 8-15

(3)生成框架立面。创建拉伸屋顶时经常需要创建一个框架立面,以便于绘制屋顶的截面线。选择“视图”选项卡,在“创建”面板的“立面”下拉列表中选择“框架立面”选项,点选轴网或命名的参照平面,放置立面符号。“项目浏览器”中自动生成一个“立面 1-a”视图,如图 8-16 所示。

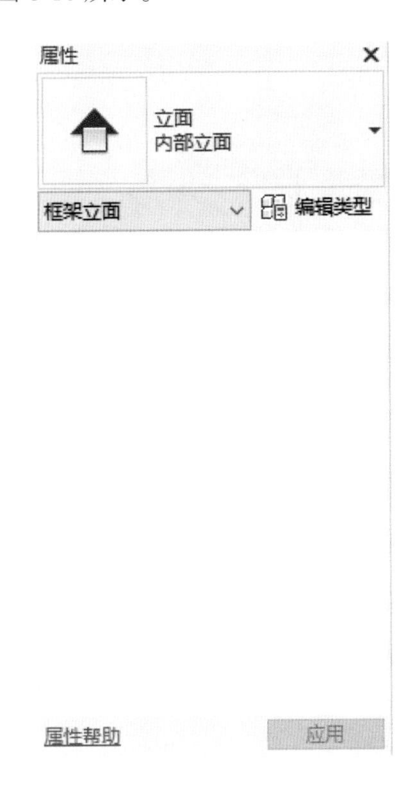

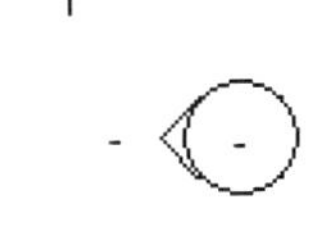

图 8-16

(4)编辑拉伸屋顶。选择拉伸屋顶,点击选项栏中的“编辑轮廓”按钮,修改屋顶草图,完成屋顶的设置。属性修改:修改所选屋顶的标高,拉伸起点、终点,椽截面等实例参数;点击“编辑类型”可以设置屋顶的构造(结构、材质、厚度)、图形(粗略比例填充样式)等。

8.1.2　面屋顶

在“建筑”选项卡中点击“屋顶”下拉按钮,在弹出的下拉列表中选择“面屋顶”选项,进入“放置面屋顶”选项卡,拾取体量图元或常规模型族的面生成屋顶。

选择需要放置的体量面,可在“属性”对话框中设置其屋顶的相应属性,在类型选择器中直接设置屋顶类型,最后点击“创建屋顶”按钮完成面屋顶的创建,如需进行其他操作可先点击“修改”按钮恢复正常状态,再进行选择,如图 8-17 所示。

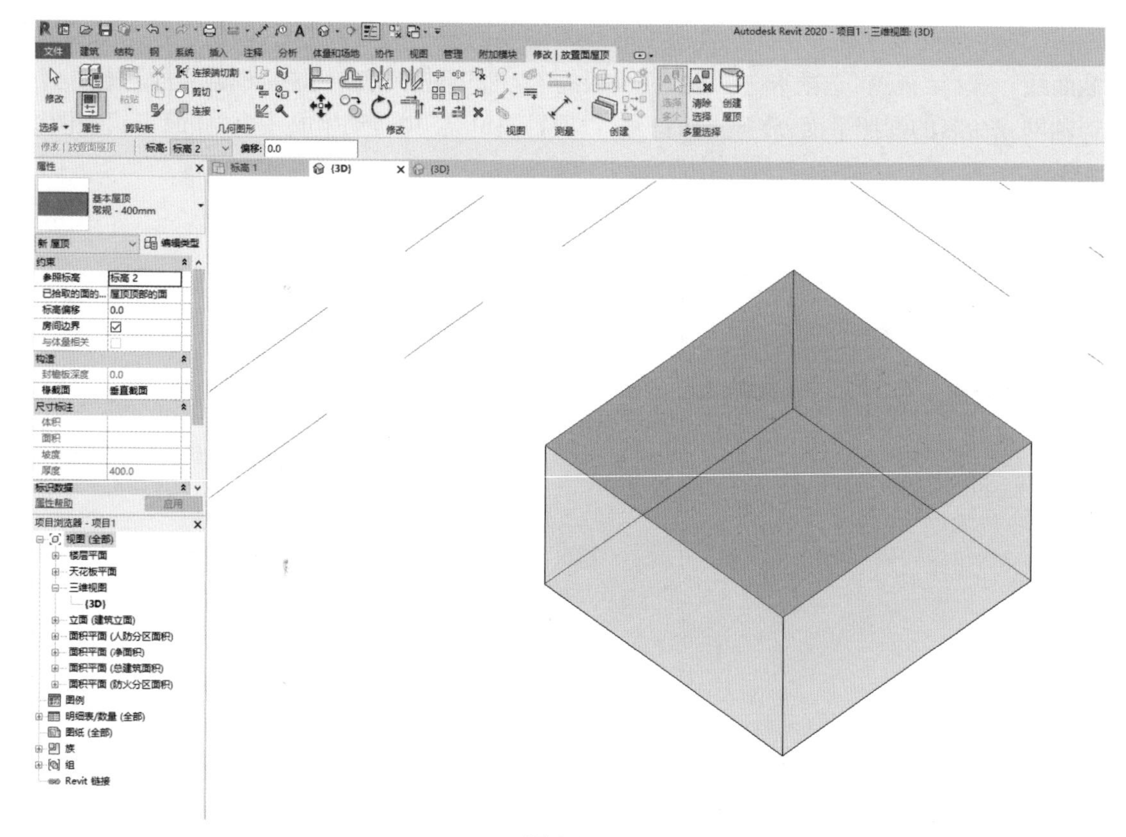

图 8-17

8.1.3 玻璃斜窗

选择“建筑”选项卡中的“屋顶”选项,在左侧“属性”栏中类型选择器的下拉列表中选择“玻璃斜窗”选项,完成绘制。

点击“建筑”选项卡“构建”面板中的“幕墙网格”按钮分割玻璃,用“竖梃”命令添加竖梃,如图 8-18 所示。

8.1.4 特殊屋顶

对于造型比较独特、复杂的屋顶,可以在位创建屋顶族。选择“建筑”选项卡,在“创建”面板中的“构件”下拉列表中选择“内建模型”选项,在“族类别和族参数”对话框中选择族类别“屋顶”,输入名称进入创建族模式。使用“形状”栏中的“拉伸”“融合”“旋转”“放样”“放样融合”命令创建三维实体和洞口,如图 8-19 所示。点击“完成模型”按钮,完成特殊屋顶的创建。

由于内建模型会影响项目的大小和运行速度,故建议少用内建模型。

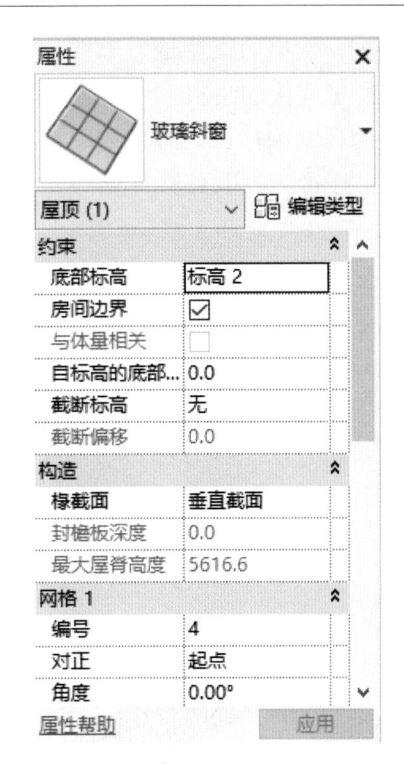

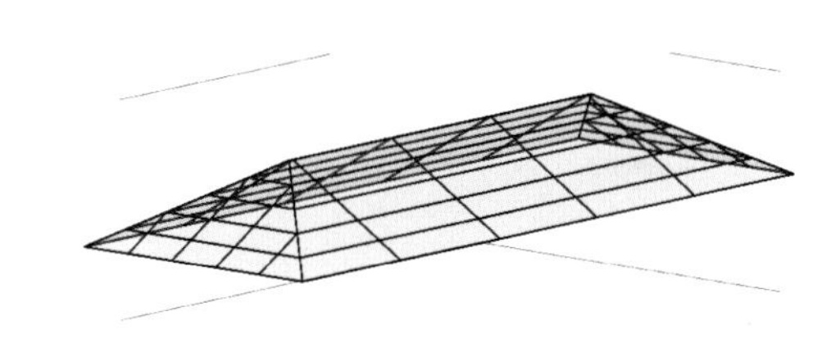

图 8-18

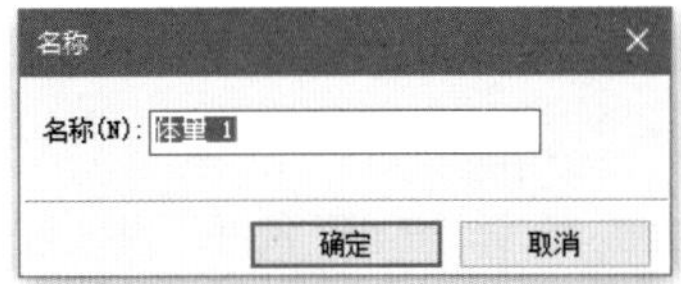

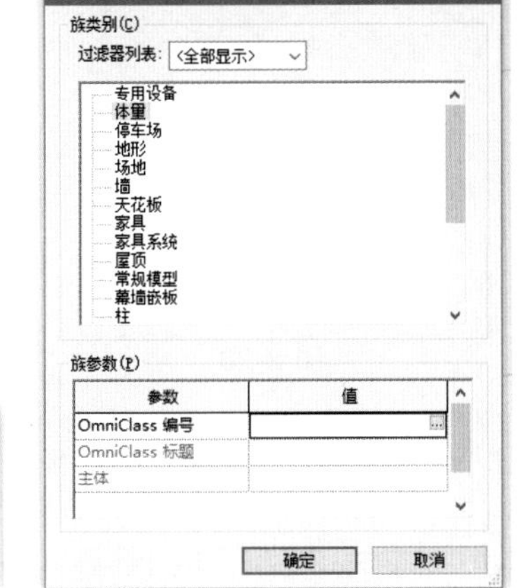

图 8-19

8.2　屋檐底板、封檐带、檐沟

8.2.1　屋檐底板

选择“建筑”选项卡，在“构建”面板中“屋顶”的下拉列表中选择“屋檐底板”选项，进入绘制轮廓草图模式。

点击“拾取屋顶”按钮选择屋顶,点击“拾取墙”按钮选择墙体,自动生成轮廓线。使用“修剪”命令将轮廓线修剪成一个或几个封闭的轮廓,完成屋檐底板的绘制。

在立面视图中选择屋檐底板,修改“属性”为“与标高的高度偏移”,设置屋檐底板与屋顶的相对位置。点击“修改”选项卡“几何图形”面板中的“连接”按钮,连接屋檐底板和屋顶,如图 8-20 所示。

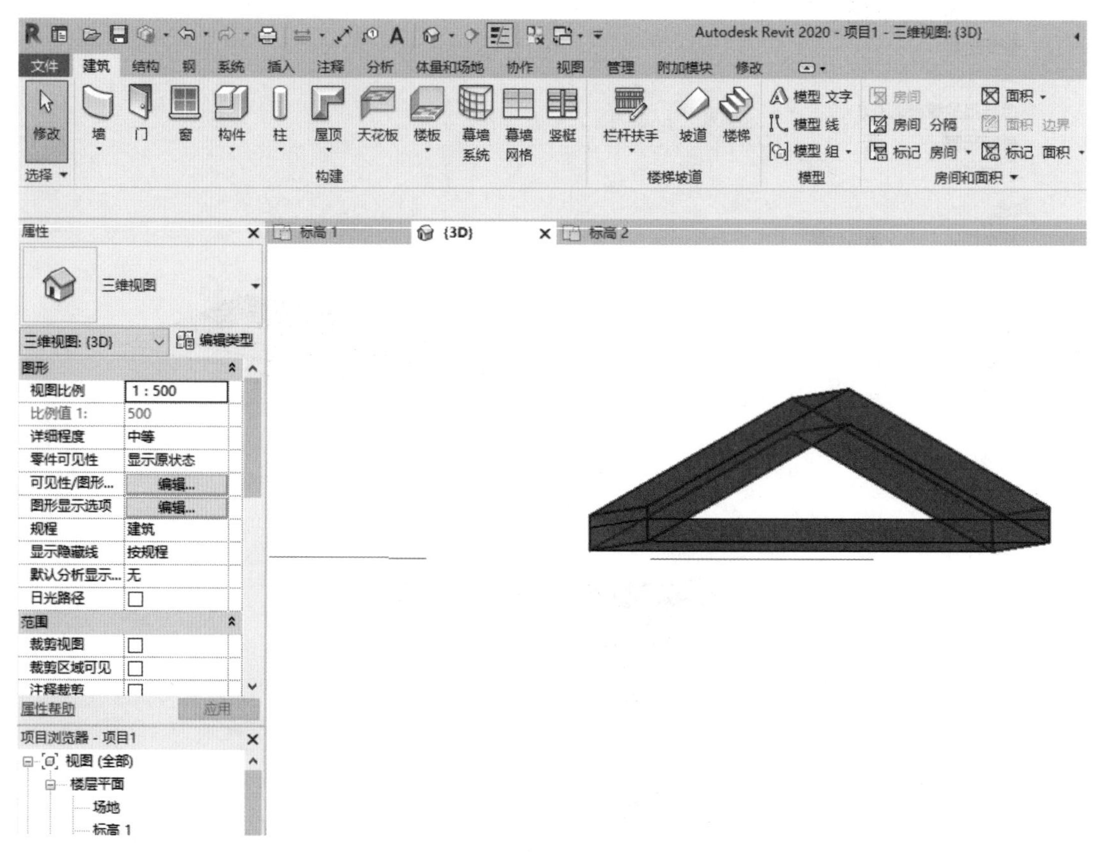

图 8-20

8.2.2 封檐带

选择“建筑”选项卡,在“构建”面板中“屋顶”的下拉列表中选择“封檐带”选项,进入拾取轮廓草图模式。单击拾取屋顶的边缘线,自动以默认的轮廓样式生成封檐带,点击“当前完成”按钮,完成封檐带的绘制,如图 8-21 所示。

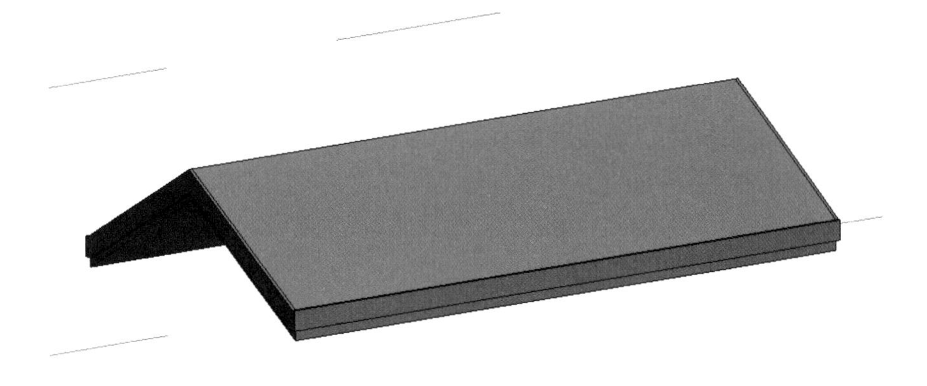

图 8-21

在立面视图中选择屋檐底板，修改“实例属性”为“设置垂直、水平轮廓偏移”，设置屋檐底板与屋顶的相对位置、轮廓的角度、轮廓的样式和封檐带的材质，如图 8-22 所示。

属性

封檐板

封檐板 (1)　编辑类型

约束	
垂直轮廓偏移	0.0
水平轮廓偏移	0.0
尺寸标注	
长度	31670.8
标识数据	
图像	
注释	
标记	
阶段化	
创建的阶段	新构造
拆除的阶段	无
轮廓	
角度	0.00°

属性帮助　应用

类型属性

族(F)：系统族：封檐板　载入(L)...

类型(T)：封檐板　复制(D)...

重命名(R)...

类型参数(M)

参数	值
构造	
轮廓	封檐板 - 平板：19 x 235mm
材质和装饰	
材质	EIFS，外部隔热层
标识数据	
类型图像	
注释记号	
型号	
制造商	
类型注释	
URL	
说明	
部件说明	
部件代码	
类型标记	

这些属性执行什么操作？

<< 预览(P)　确定　取消　应用

图 8-22

8.2.3 檐沟

选择“建筑”选项卡,在“构建”面板中“屋顶”的下拉列表中选择“檐沟”选项,进入拾取轮廓草图模式。单击拾取屋顶的边缘线,自动以默认的轮廓样式生成檐沟,点击“当前完成”按钮,完成檐沟的绘制。

在立面视图中选择檐沟,修改“属性”为“设置垂直、水平轮廓偏移”,设置屋檐底板与屋顶的相对位置、轮廓的角度、轮廓的样式和封檐带的材质。

选择已创建的封檐带,自动跳转到“修改檐沟”选项卡,点击“屋顶檐沟”面板中的“添加 / 删除线段”按钮,修改檐沟路径,点击“当前完成”按钮完成绘制。

封檐带与檐沟可以用“公制轮廓 - 主体”族样板创建适合自己项目的二维轮廓族。

8.3 天花板

8.3.1 天花板的绘制

点击“建筑”选项卡“构建”面板中的“天花板”工具,自动弹出“修改 | 放置天花板”上下文选项卡,如图 8-23 所示。

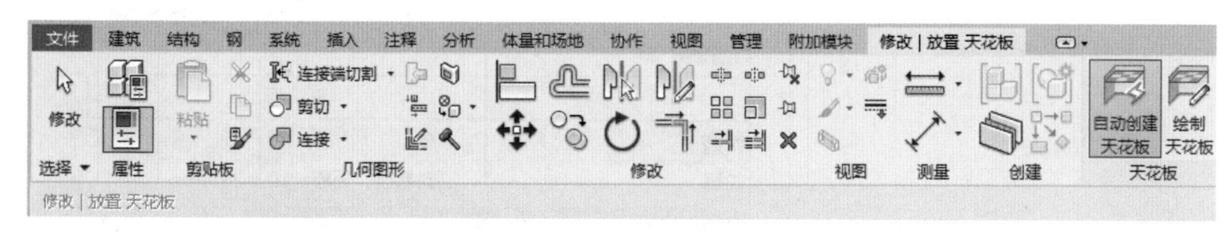

图 8-23

点击“属性”可以修改天花板的类型。选定天花板的类型后,点击“绘制天花板”工具进入天花板轮廓草图绘制模式。点击“自动创建天花板”按钮,可以在以墙为界限的区域内创建天花板,如图 8-24 所示。

也可以自行创建天花板,点击“绘制”面板中的“边界线”工具,选择边界线的类型后即可在绘图区域绘制天花板轮廓,如图 8-25 所示。

8.3.2 天花板参数的设置

1. 修改天花板的安装高度

在“属性”对话框中修改“自标高的高度偏移”一栏的数值,可以修改天花板的安装高度,如图 8-26 所示。

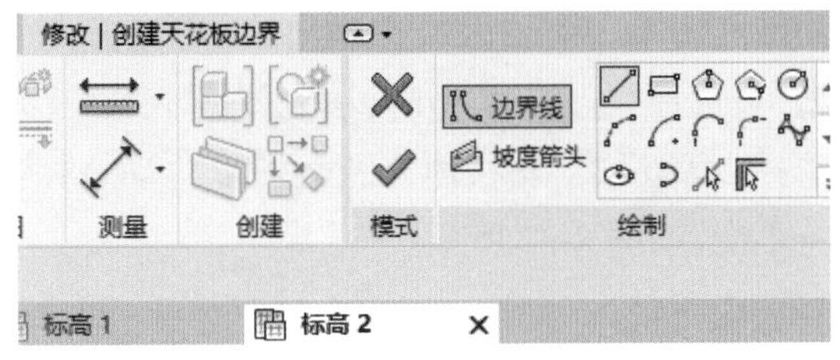

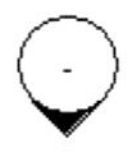

图 8-24

图 8-25

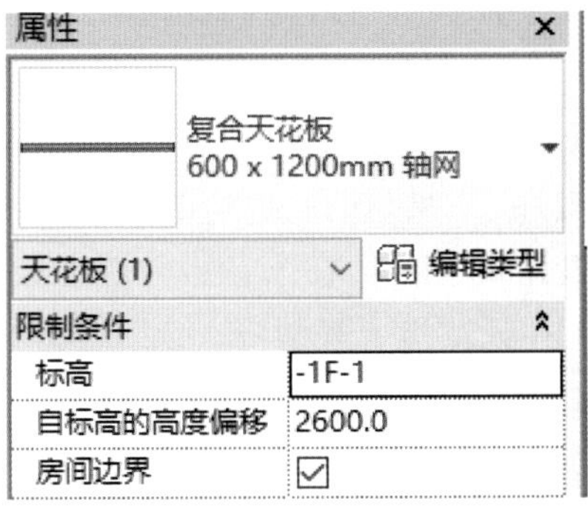

图 8-26

2. 修改天花板结构样式

点击“属性”对话框中的“编辑类型”按钮，在弹出的“类型属性”对话框中点击“结构”栏中的“编辑”按钮，然后在弹出的“编辑部件”对话框中单击“面层 2[5]”的“材质”，材质名称后会出现带省略号的按钮，点击此按钮，弹出“材质”对话框，在“着色”选项卡中点击“表面填充图案”后的按钮,在弹出的“填充样式”对话框中有“绘图”与“模型”两种填充图案类型,当选择“绘图”类型时,填充图案不支持移动、对齐,还会随着视图比例的变化而变化;当选择“模型”类型时,填充图案可以移动、对齐,不会随视图比例的变化而变化,而是始终保持不变,如图 8-27 所示。

图 8-27

8.3.3 为天花板添加坡度箭头或洞口

1. 绘制坡度箭头

选择天花板,点击“编辑边界”工具,在自动弹出的“修改天花板 | 编辑边界”上下文选项卡的“绘制”面板中点击“坡度箭头”工具,绘制坡度箭头,修改属性,设置“尾高度偏移”或“坡度”值,完成绘制。

2. 绘制洞口

选择天花板,点击“编辑边界”工具,在自动弹出的“修改天花板 | 编辑边界”上下文选项卡的“绘制”面板中点击“边界线”工具,在天花板轮廓上绘制一个闭合的区域,点击“完成天花板”按钮完成绘制,即可在天花板上开洞口。

建筑中天花板的洞口一般都经过造型处理,可以通过内建族来创建绘制天花板的翻边,如图 8-28 所示。

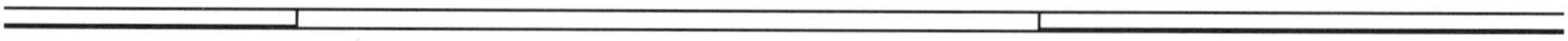

图 8-28

8.4　技术总结

导入实体生成屋顶指导入用其他三维软件绘制的屋顶造型。在 Revit 中可导入 SAT 文件,但必须在建模的过程中将其族类别设定为屋顶,这样导入的实体才具备屋顶的某些特殊属性,比如可以使墙体附着,开天窗。

第 9 章　洞口

在 Revit 软件中，不仅可以通过编辑楼板、屋顶、墙体的轮廓来实现开洞口，而且软件提供了专门的“洞口”命令用于创建面洞口、竖井洞口、垂直洞口、老虎窗洞口等。此外，异型洞口，还可以通过创建内建族的空心形式，应用剪切几何形体命令来实现。

9.1　面洞口

在“建筑”选项卡的“洞口”面板中有可供选择的洞口命令按钮，如图 9-1 所示。

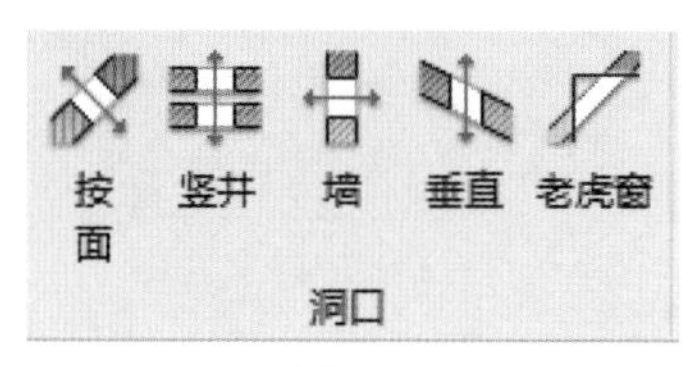

图 9-1

点击“按面”按钮，拾取屋顶、楼板或天花板的某一面，进入草图绘制模式绘制洞口形状，对该面进行垂直剪切，点击“完成洞口”按钮，完成洞口的创建，如图 9-2 所示。

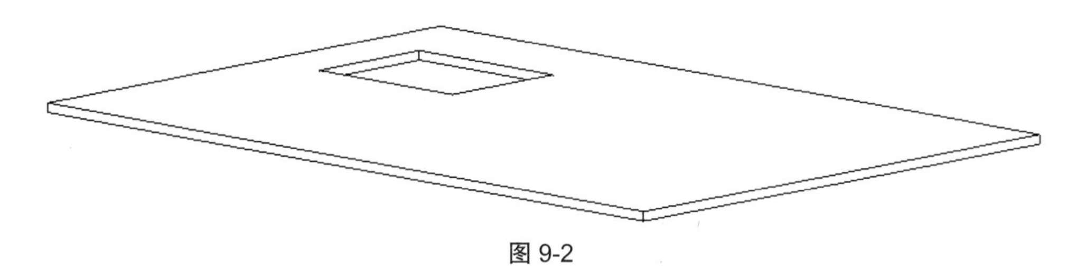

图 9-2

9.2　竖井洞口

点击“竖井口”按钮，拾取屋顶、楼板或天花板的某一面，进入草图绘制模式，在“属性”对话框中设置顶、底的偏移值和裁切高度（图 9-3），接下来绘制洞口形状，在建筑的整个高度上（或通过选定标高）剪切洞口，点击“完成洞口”按钮，完成洞口的创建，如图 9-4 所示。

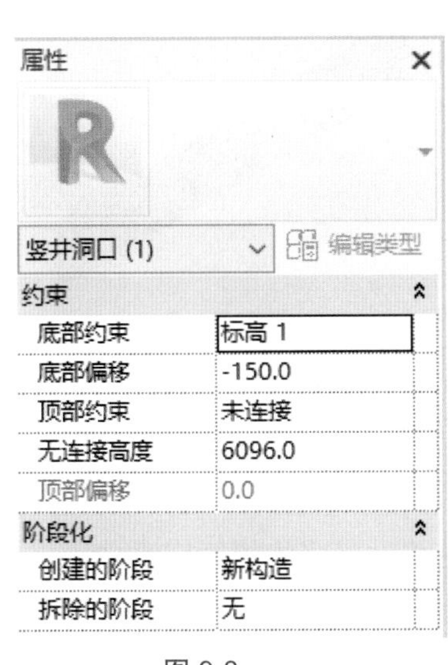

图 9-3

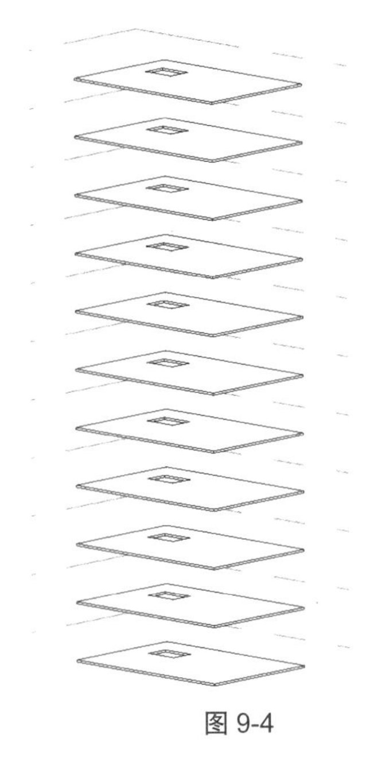

图 9-4

9.3　墙洞口

点击“墙”按钮，选择墙体，绘制洞口形状，完成洞口的创建，如图 9-5 所示。

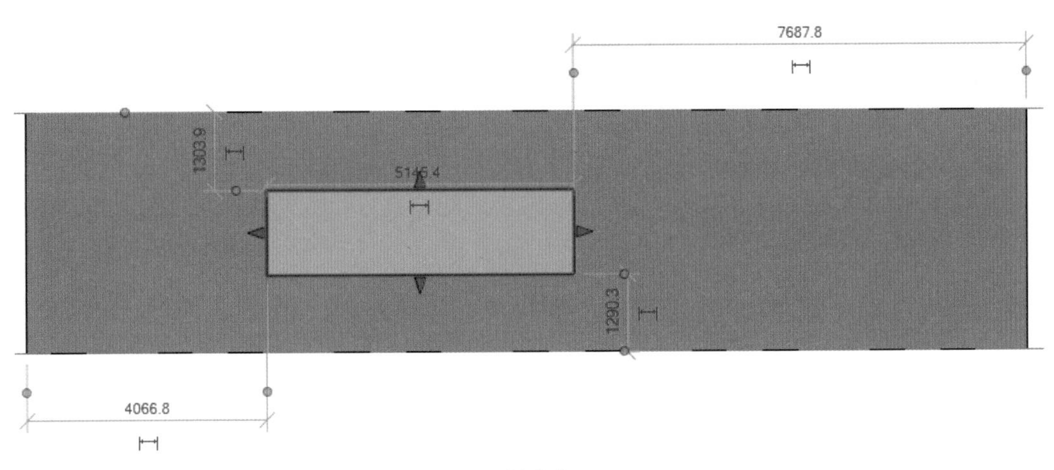

图 9-5

9.4　垂直洞口

点击“垂直”按钮，拾取屋顶、楼板或天花板的某一面，进入草图绘制模式，绘制洞口形状，于某个标高处进行垂直剪切，点击“完成洞口”按钮，完成洞口的创建，如图 9-6 所示。

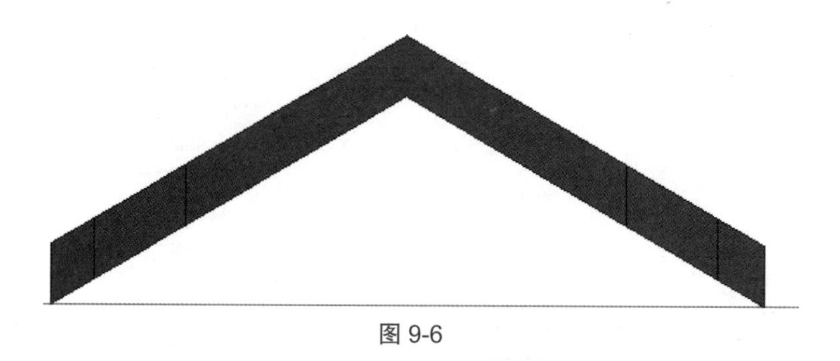

图 9-6

9.5 老虎窗洞口

老虎窗洞口

在双坡屋顶上创建老虎窗所需的三面墙体,并设置墙体的偏移值,如图 9-7 所示。

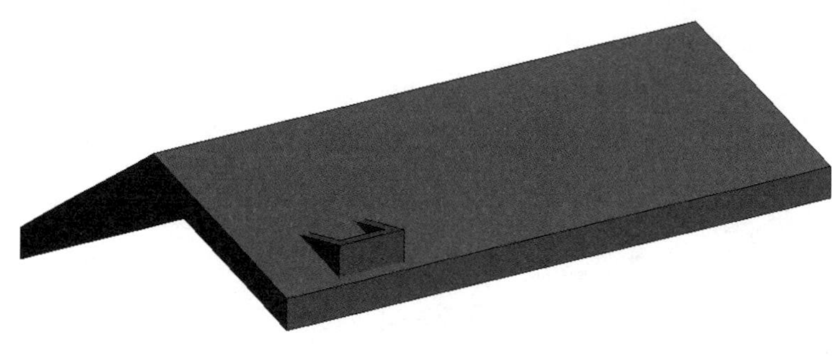

图 9-7

创建双坡屋顶,如图 9-8 所示。

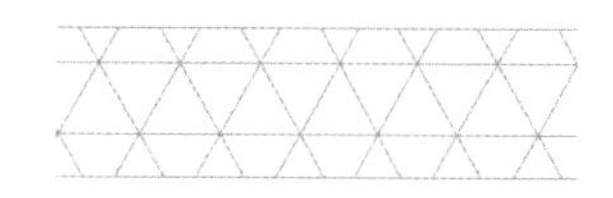

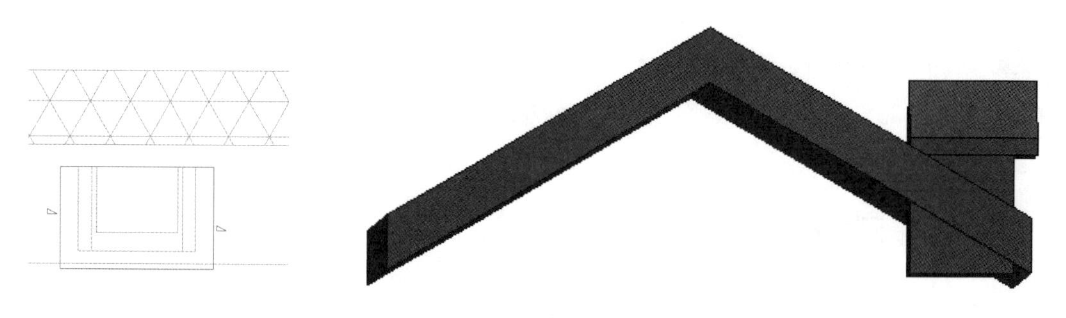

图 9-8

对墙体与两个屋顶进行附着处理,如图 9-9 所示。对老虎窗屋顶与主屋顶进行连接屋顶处理,如图 9-10 所示。

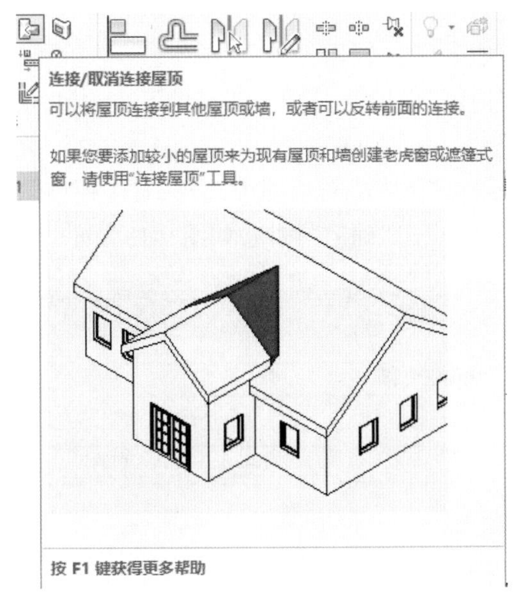

图 9-9

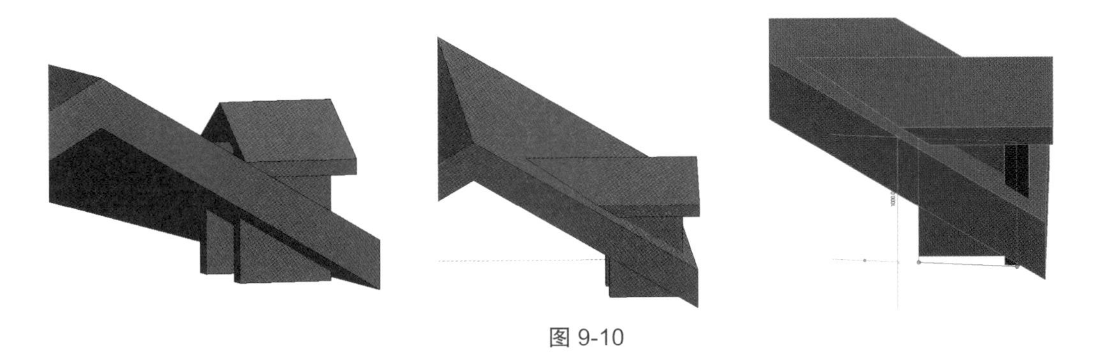

图 9-10

点击"老虎窗"按钮,拾取主屋顶,进入拾取边界模式,选择老虎窗的屋顶或底面、墙的侧面、楼板的底面等有效边界,修剪边界线条(图 9-11),完成边界剪切洞口,如图 9-12 所示。

图 9-11

图 9-12

9.6 技术总结

技术总结

异型洞口的创建过程如下。

点击“建筑”选项卡“构建”面板中“构件”工具的下拉按钮,选择“内建模型”工具。

在自动弹出的“族类别和族参数”对话框中选择“常规模型”,点击“确定”后在弹出的“名称”对话框中输入名称,并点击“确定”按钮,如图 9-13 所示。

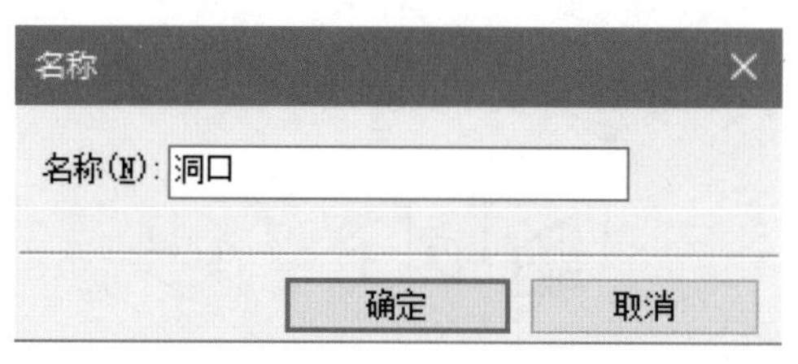

图 9-13

点击“创建”选项卡“形状”面板中“空心形状”工具的下拉按钮,选择“空心融合”命令。

先绘制洞口下部边线,再点击“模式”面板中的“编辑顶部”工具,绘制洞口上部边线,点击“完成融合”,完成绘制过程。然后在立面上调整其位置,使融合体下边与楼板下边重合,融合体上边与楼板上边重合。点击“完成编辑”,绘制结束(图 9-14)。

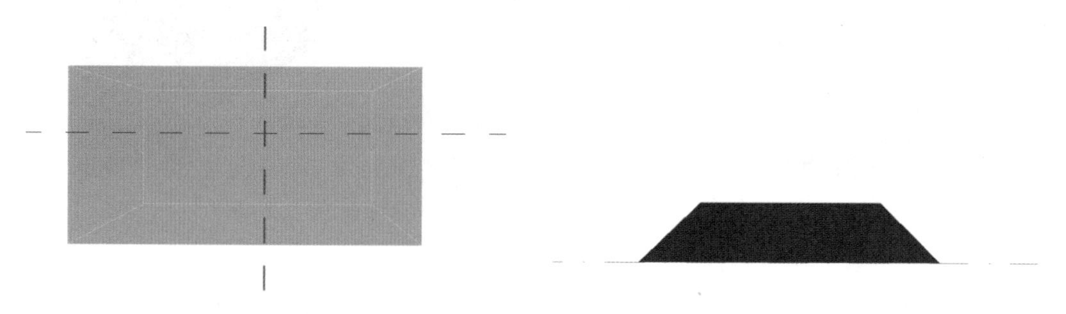
图 9-14

点击“修改”选项卡“几何图形”面板中的“剪切几何形体”工具,再单击融合体与楼板,完成剪切。点击“完成模型”,完成绘制(图 9-15)。

图 9-15

第 10 章　扶手、楼梯和坡道

本章采用功能命令和案例讲解相结合的方式,详细介绍扶手、楼梯和坡道的创建和编辑方法,并对项目应用中可能遇到的各类问题进行细致的讲解。此外,结合案例介绍楼梯和栏杆扶手的拓展应用是本章的亮点。

10.1　扶手

10.1.1　扶手的创建

点击“建筑”选项卡“楼梯坡道”面板中的“栏杆扶手”按钮,进入绘制栏杆扶手轮廓模式。

用“线”绘制工具绘制连续的扶手轮廓线(楼梯扶手的平段和斜段要分开绘制),点击“完成扶手”按钮创建扶手,如图 10-1 所示。

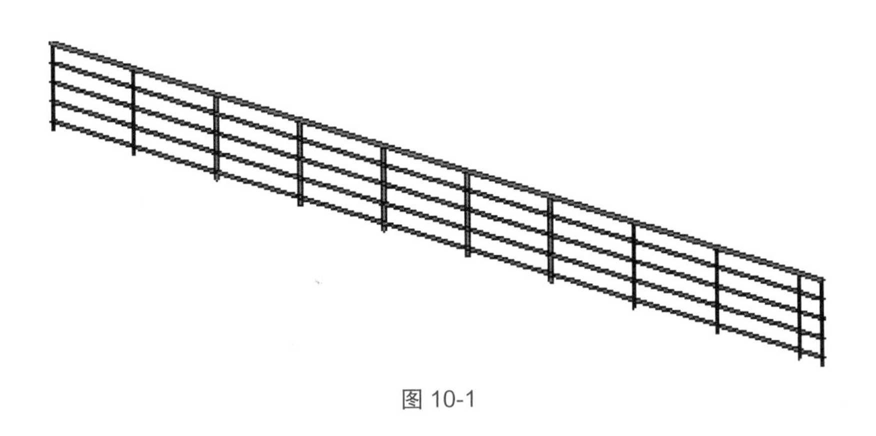

图 10-1

10.1.2　扶手的编辑

选择扶手,然后点击“修改栏杆扶手”选项卡“模式”面板中的“编辑路径”按钮,编辑扶手轮廓线的位置。

属性编辑:自定义扶手。点击“插入”选项卡“从库中载入”面板中的“载入族”按钮,载入需要的扶手、栏杆族。点击“建筑”选项卡“楼梯坡道”面板中的“栏杆扶手”按钮,在“属性”面板中点击“编辑类型”,弹出“类型属性”对话框,编辑类型属性,如图 10-2 所示。点击“扶栏结构(非连续)”后的“编辑”按钮,弹出“编辑扶手(非连续)”对话框,然后编辑扶手结构:插入新扶手或复制现有扶手,设置扶手的名称、高度、偏移、轮廓、材质等参数,调整扶手的上下位置,如图 10-3 所示。

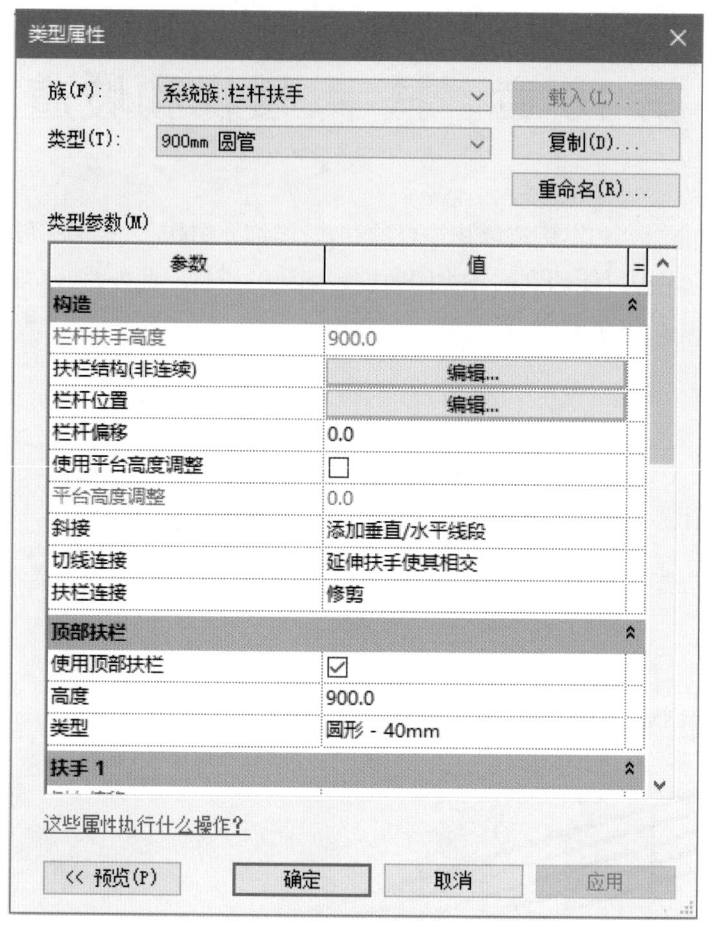

图 10-2

点击“栏杆位置”后的“编辑”按钮,弹出“编辑栏杆位置”对话框,然后编辑栏杆位置:设置主栏杆样式和支柱样式,设置主栏杆和支柱的栏杆族、底部、底部偏移、顶部、顶部偏移、相对前一栏杆的距离、偏移等参数,点击“确定”后创建新的扶手样式、主栏杆样式并且按图中的样式设置各参数,如图 10-4 所示。

10.1.3 扶手连接设置

Revit 允许用户控制扶手的连接形式,扶手的类型属性参数包括“斜接”“切线连接”“扶栏连接”。

斜接:如果两段扶手在平面内相交,但没有垂直连接, Revit 既可添加垂直或水平线段进行连接,也可不添加连接件保留间隙,这样即可创建连续扶手,且从平台向上延伸的楼梯梯段的起点无法由一个踏板宽度显示,如图 10-5 所示。

切线连接:如果两段扶手在平面内共线或相切,但没有垂直连接, Revit 既可添加垂直或水平线段进行连接,也可不添加连接件保留间隙,这样即可在修改了平台的扶手高度,或扶手延伸至楼梯末端之外的情况下创建光滑的连接,如图 10-6 所示。

图 10-3

扶栏连接:包括修剪、结合两种类型。如果要控制单独的扶手接点,可以忽略整体的属性。选择扶手,点击“编辑”面板中的“编辑路径”按钮,进入编辑扶手草图模式,点击“工具”面板中的“编辑扶手连接”按钮,单击需要编辑的连接点,在选项栏的“扶手连接”下拉列表中选择需要的连接方式,如图 10-7 所示。

10.2　楼梯

10.2.1　直梯

1. 用“梯段”命令创建楼梯

点击“建筑”选项卡“楼梯坡道”面板中的“楼梯”按钮,进入绘制楼梯草图模式。激活“创建楼梯草图”选项卡,点击“绘制”面板中的“梯段”按钮,不进行其他设置即可开始直接绘制楼梯。

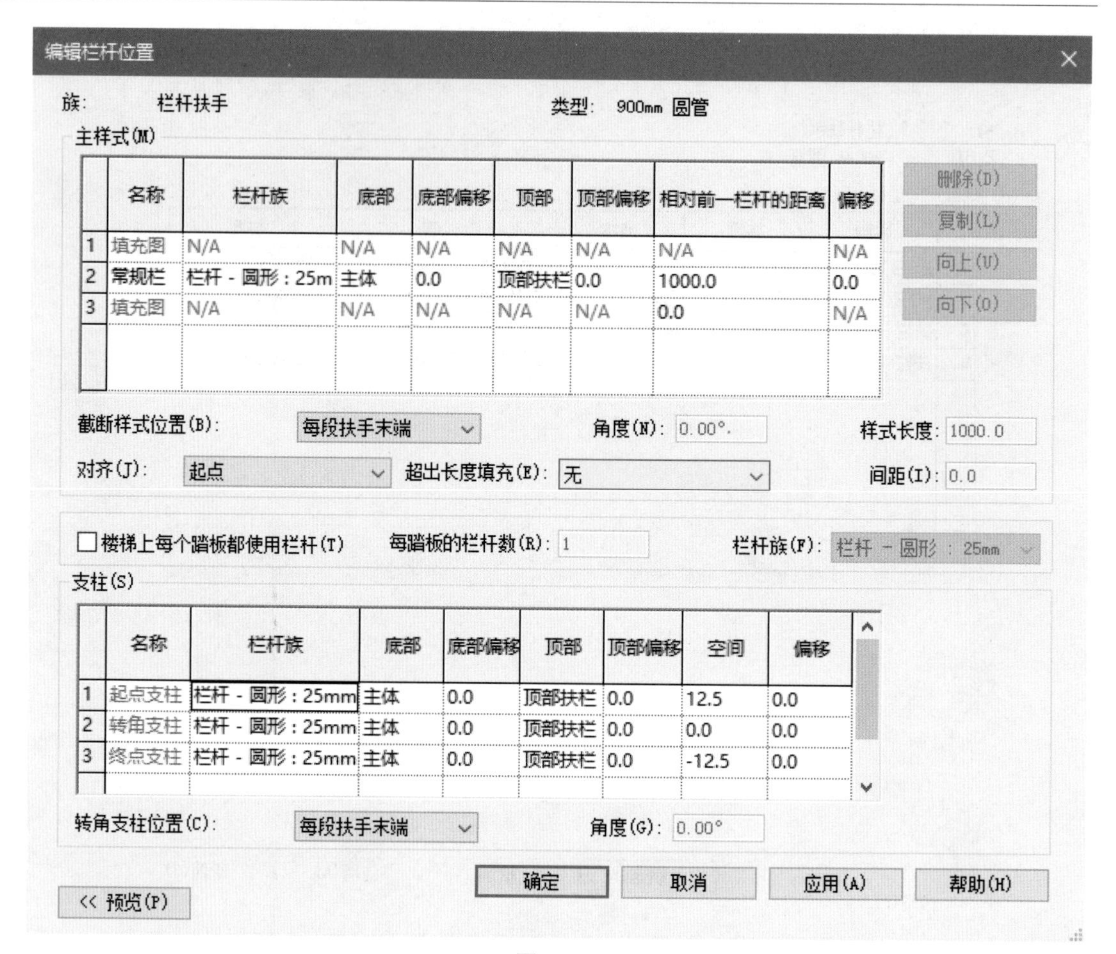

图 10-4

族(F): 系统族: 栏杆扶手 　　载入(L)...

类型(T): 栏杆-金属立杆 　　复制(D)...

重命名(R)...

类型参数

参数	值
构造	
栏杆扶手高度	1050.0
扶栏结构(非连续)	编辑...
栏杆位置	编辑...
栏杆偏移	-25.0
使用平台高度调整	是
平台高度调整	100.0
斜接	添加垂直/水平线段
切线连接	延伸扶手使其相交
扶栏连接	修剪

图 10-5

族(F):
系统族：栏杆扶手
载入(L)...
类型(T):
栏杆-金属立杆
复制(D)...
重命名(R)...
类型参数
参数
值
构造
栏杆扶手高度
1050.0
扶栏结构(非连续)
编辑...
栏杆位置
编辑...
栏杆偏移
-25.0
使用平台高度调整
是
平台高度调整
100.0
斜接
添加垂直/水平线段
切线连接
添加垂直/水平线段
扶栏连接
添加垂直/水平线段
无连接件
延伸扶手使其相交
标识数据
类型图像

图 10-6

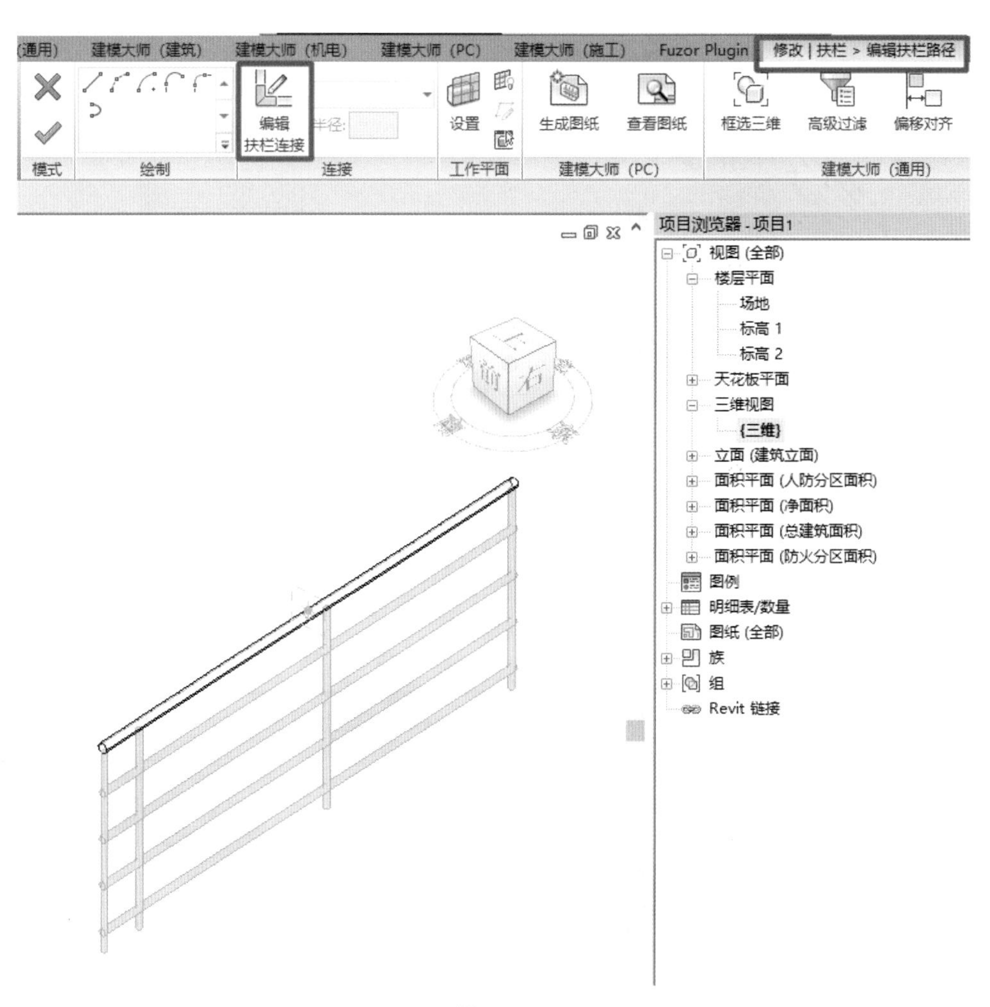
(通用)
建模大师（建筑）
建模大师（机电）
建模大师（PC）
建模大师（施工）
Fuzor Plugin
修改 | 扶栏 > 编辑扶栏路径
编辑
扶栏连接
半径:
设置
生成图纸
查看图纸
框选三维
高级过滤
偏移对齐
模式
绘制
连接
工作平面
建模大师（PC）
建模大师（通用）
项目浏览器 - 项目1
视图 (全部)
楼层平面
场地
标高 1
标高 2
天花板平面
三维视图
{三维}
立面 (建筑立面)
面积平面 (人防分区面积)
面积平面 (净面积)
面积平面 (总建筑面积)
面积平面 (防火分区面积)
图例
明细表/数量
图纸 (全部)
族
组
Revit 链接

图 10-7

在“属性”面板中点击“编辑类型”,弹出“类型属性”对话框,创建楼梯样式,设置类型属性参数:踏板、踢面、梯边梁等的位置、高度、厚度、材质、文字等,然后点击“确定”按钮。

在“属性”面板中设置楼梯的宽度、标高、偏移等参数,系统自动计算实际的踏步高度和踏步数,点击“确定”按钮。

点击“梯段”按钮,捕捉每跑楼梯的起点、终点位置绘制梯段。注意梯段草图下方的提示:创建了 10 个踢面,剩余 0 个。

调整休息平台边界位置,完成绘制,楼梯扶手自动生成,如图 10-8 所示。

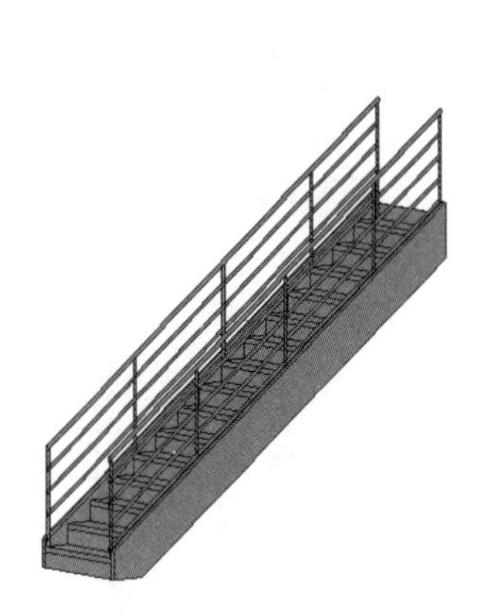

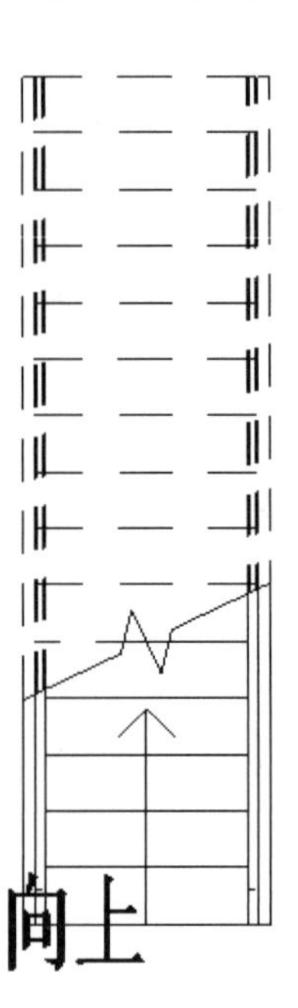

图 10-8

绘制梯段时是以梯段中心为定位线开始绘制的。根据不同的楼梯形式(单跑、双跑 L 形、双跑 U 形、三跑楼梯等)绘制不同数量、位置的参照平面,以方便楼梯精确定位,并绘制相应的梯段,如图 10-9 所示。

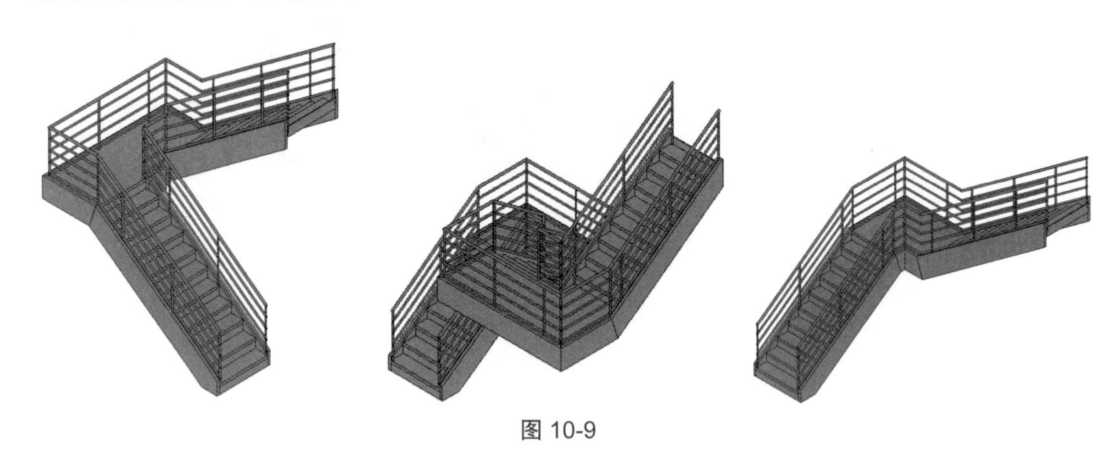

图 10-9

2. 用“边界”和“踢面”命令创建楼梯

点击“边界”按钮，分别绘制楼梯踏步和休息平台边界。

踏步和平台的边界线需分段绘制，否则软件将把平台当作长踏步来处理。

点击“踢面”按钮，绘制楼梯踏步线。同前，注意梯段草图下方的提示，“剩余 0 个”即表示楼梯跑到了预定的层高位置，如图 10-10 所示。

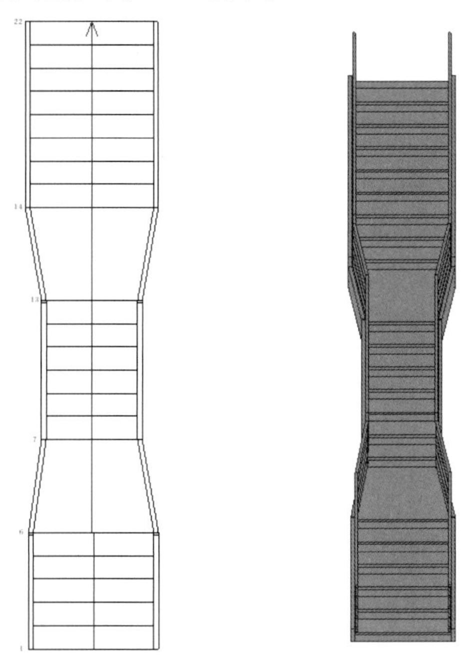

图 10-10

对于比较规则的异型楼梯，如带弧形踏步边界、弧形休息平台的楼梯等，可以先用“梯段”命令绘制常规梯段，然后删除原来的直线边界或踢面线，再用“边界”和“踢面”命令绘制即可，如图 10-11 所示。

10.2.2　弧形楼梯

点击“建筑”选项卡“楼梯坡道”面板中的“楼梯”按钮，进入绘制楼梯草图模式。点击“楼梯属性”— “编辑类型”，创建楼梯样式，设置类型属性参数：踏板、踢面、梯边梁等的高度、厚度、材质、文字等。在“属性”面板中设置楼梯的宽度、基准偏移等参数，系统自动计算实际的踏步高度和踏步数。

绘制中心点、半径、起点位置参照平面，以精确定位。点击“绘制”面板中的“梯段”按钮，选择“中心 - 端点弧”开始创建弧形楼梯。捕捉弧形楼梯梯段的中心点、起点、终点绘制梯段，注意梯段草图下方的提示。如有休息平台，应分段绘制梯段，完成楼梯的绘制，如图 10-12 所示。

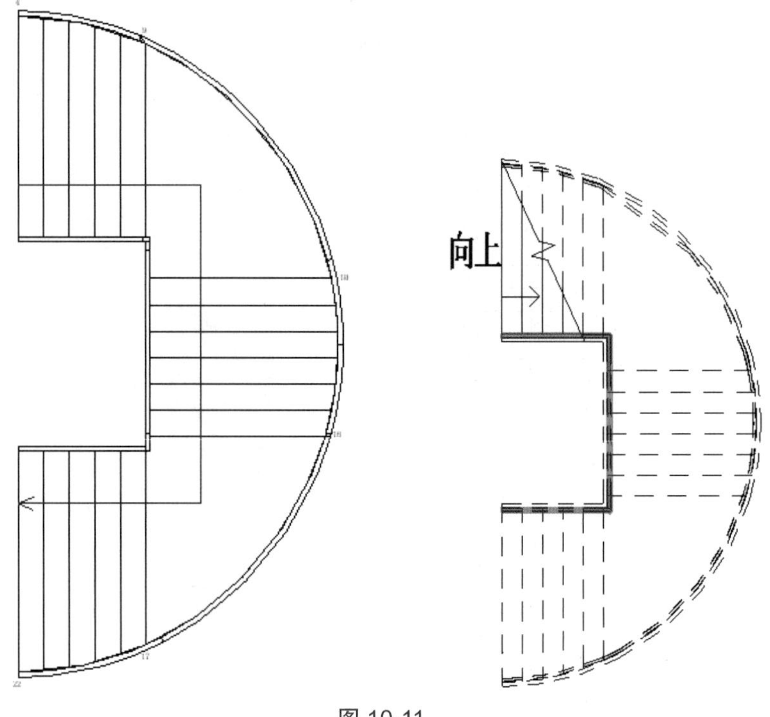

图 10-11

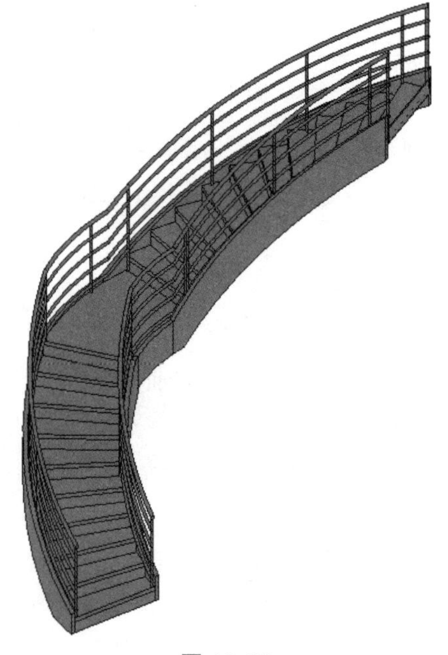

图 10-12

10.2.3 旋转楼梯

点击“建筑”选项卡“楼梯坡道”面板中的“楼梯”按钮,进入绘制楼梯草图模式。点击

“楼梯属性”— “编辑类型”，使用“复制”命令创建旋转楼梯并设置其属性：踏板、踢面、梯边梁等的高度、厚度、材质、文字等。在“属性”面板中设置楼梯的宽度、基准偏移等参数，系统自动计算实际的踏步高度和踏步数。点击“绘制”面板中的“梯段”按钮，选择“中心 - 端点弧”开始创建旋转楼梯。捕捉旋转楼梯梯段的中心点、起点、终点绘制梯段，如图 10-13 所示。

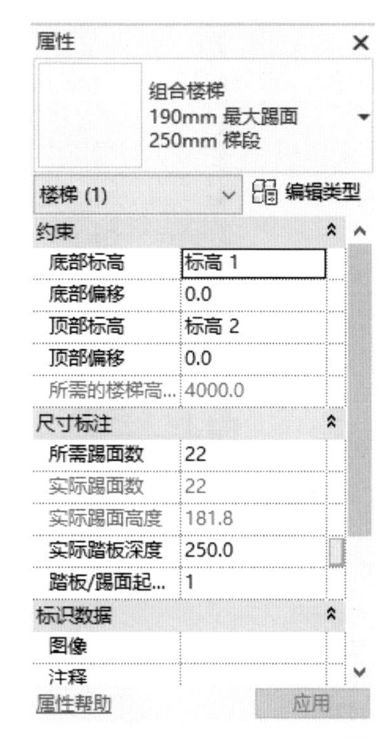

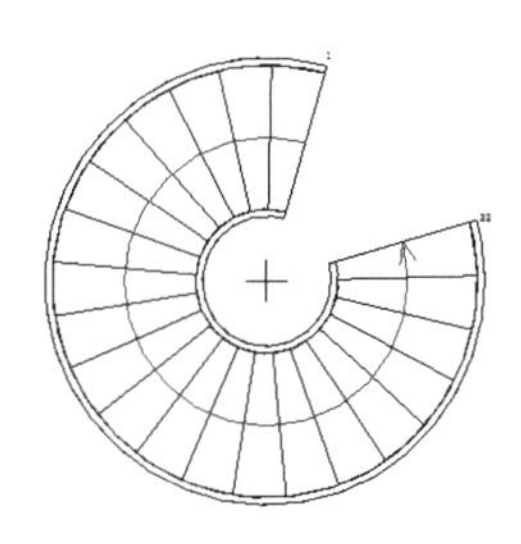

图 10-13

绘制旋转楼梯时，中心点到梯段中心点的距离一定要大于或等于楼梯宽度的一半，因为绘制楼梯时都是以梯段中心线开始绘制的，楼梯宽度的默认值一般为 1 000 mm，所以旋转楼梯的绘制半径要大于或等于 500 mm。

完成旋转楼梯的绘制，如图 10-14 所示。

10.2.4　楼梯平面显示控制

首层楼梯绘制完毕，其平面显示如图 10-15 所示。按照规范的要求，通常要设置它的平面显示。

点击“视图”选项卡“图形”面板中的“可见性 / 图形”按钮。在列表中单击“栏杆扶手”前的“+”号展开，取消勾选“< 高于 > 扶手”“< 高于 > 栏杆扶手截面线”“< 高于 > 顶部扶栏”复选框。在列表中单击“楼梯”前的“+”号展开，取消勾选“< 高于 > 剪切标记”“< 高于 > 支撑”“< 高于 > 楼梯前缘线”“< 高于 > 踢面线”“< 高于 > 轮廓”复选框，点击“确定”按钮，如图 10-16 所示。

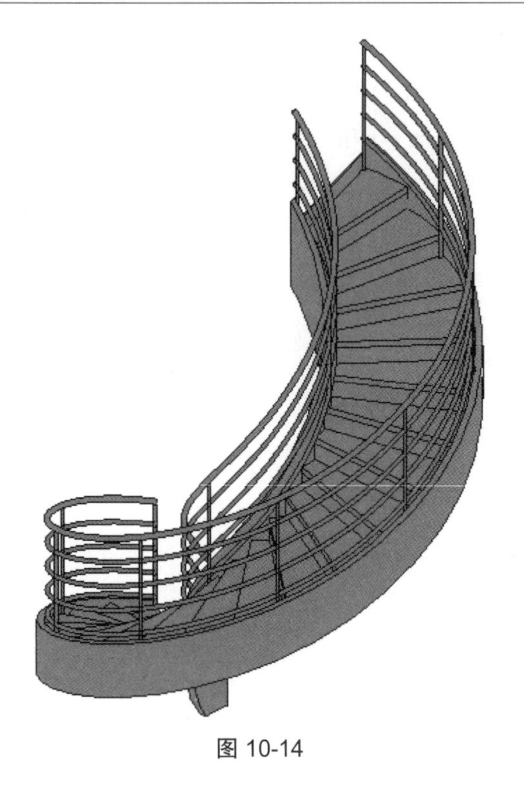

图 10-14

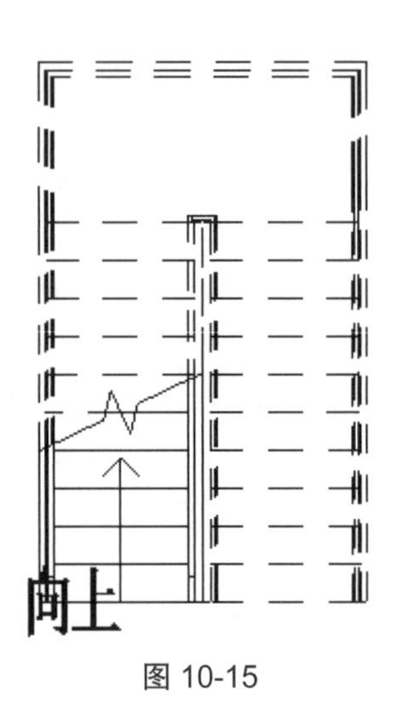

图 10-15

- ☑ 栏杆扶手
  - ☐ <高于> 扶手
  - ☐ <高于> 栏杆扶手截...
  - ☐ <高于> 顶部扶栏
  - ☑ 扶手
  - ☑ 扶栏
  - ☑ 支座
  - ☑ 栏杆
  - ☑ 终端
  - ☑ 隐藏线
  - ☑ 顶部扶栏

- ☑ 楼梯
  - ☐ <高于> 剪切标记
  - ☐ <高于> 支撑
  - ☐ <高于> 楼梯前缘线
  - ☐ <高于> 踢面线
  - ☐ <高于> 轮廓
  - ☑ 剪切标记
  - ☑ 支撑
  - ☑ 楼梯前缘线
  - ☑ 踢面/踏板
  - ☑ 踢面线
  - ☑ 轮廓
  - ☑ 隐藏线

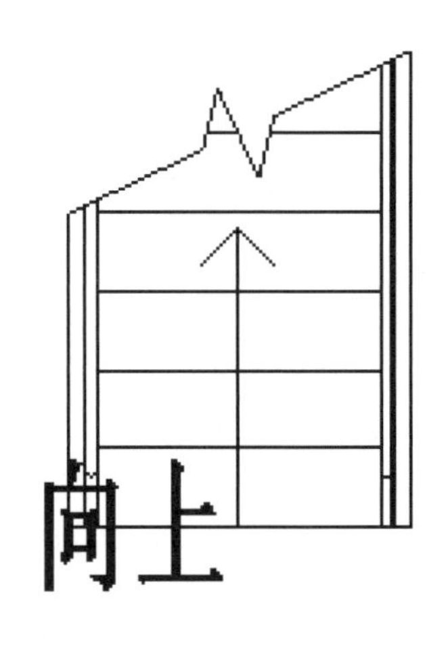

图 10-16

可以根据设计需要可以自由调整视图的投影条件,以满足平面显示的要求。点击“视图”选项卡“图形”面板中的“视图属性”按钮,弹出“属性”对话框,点击“范围”选项区域中“视图范围”后的“编辑”按钮,弹出“视图范围”对话框。调整“主要范围”选项区域中“剖切面”的值,修改楼梯的平面显示,如图 10-17 所示。

“剖切面”的值不能低于“底部”的值,也不能高于“顶部”的值。

属性
楼层平面
楼层平面: 标高 1
编辑类型
默认分析显示... 无
日光路径
底图
范围: 底部标高 无
范围: 顶部标高 无边界
基线方向 俯视
范围
裁剪视图
裁剪区域可见
注释裁剪
视图范围 编辑...
相关标高 标高 1
范围框 无
截剪裁 不剪裁
标识数据
视图样板 <无>
视图名称 标高 1
相关性 不相关

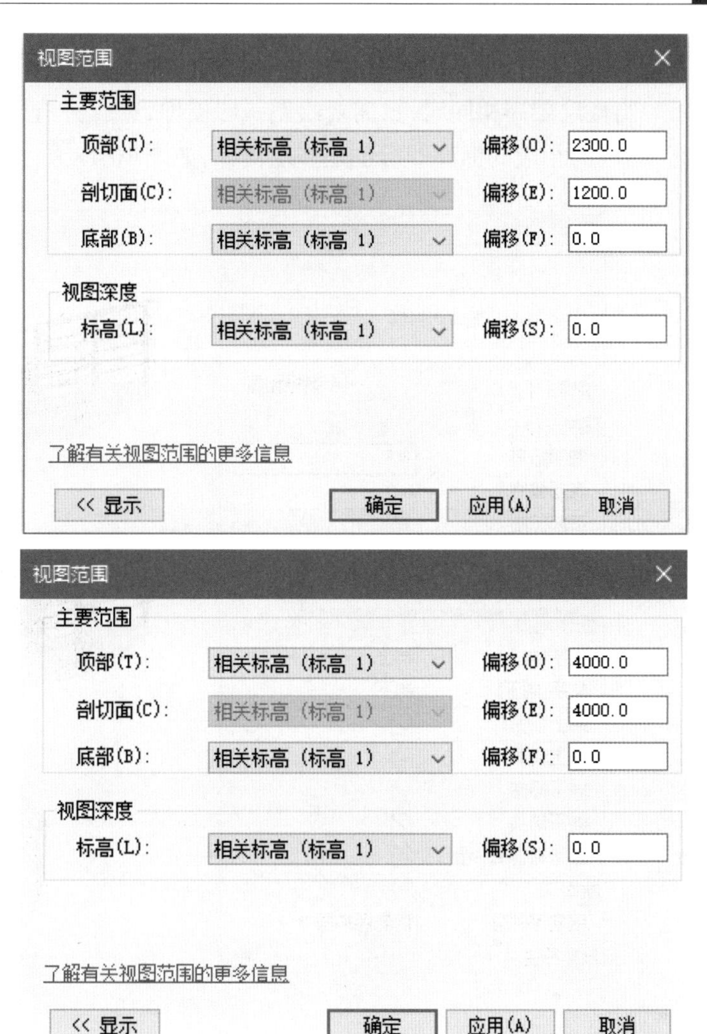
视图范围
主要范围
顶部(T): 相关标高 (标高 1) 偏移(O): 2300.0
剖切面(C): 相关标高 (标高 1) 偏移(E): 1200.0
底部(B): 相关标高 (标高 1) 偏移(F): 0.0
视图深度
标高(L): 相关标高 (标高 1) 偏移(S): 0.0
了解有关视图范围的更多信息
<< 显示
确定
应用(A)
取消
视图范围
主要范围
顶部(T): 相关标高 (标高 1) 偏移(O): 4000.0
剖切面(C): 相关标高 (标高 1) 偏移(E): 4000.0
底部(B): 相关标高 (标高 1) 偏移(F): 0.0
视图深度
标高(L): 相关标高 (标高 1) 偏移(S): 0.0
了解有关视图范围的更多信息
<< 显示
确定
应用(A)
取消

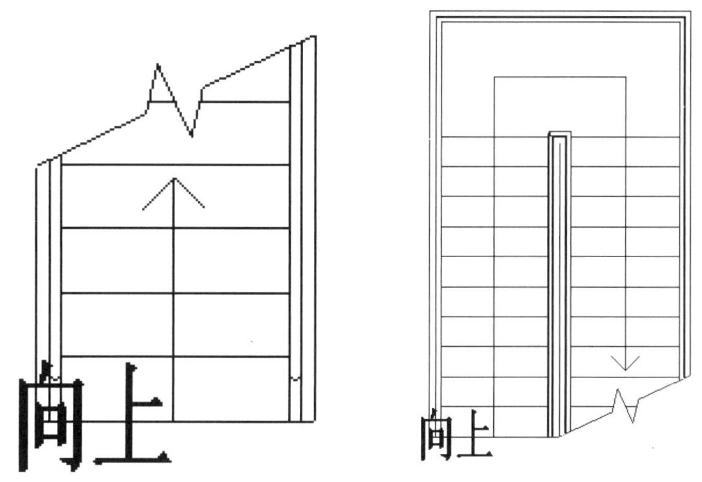
向上
向上

图 10-17

10.2.5 多层楼梯

当楼层层高相同时,只需要绘制一层楼梯,然后将“楼梯属性”的实例参数“多层顶部标高”修改为相应的标高即可创建多层楼梯,如图 10-18 所示。

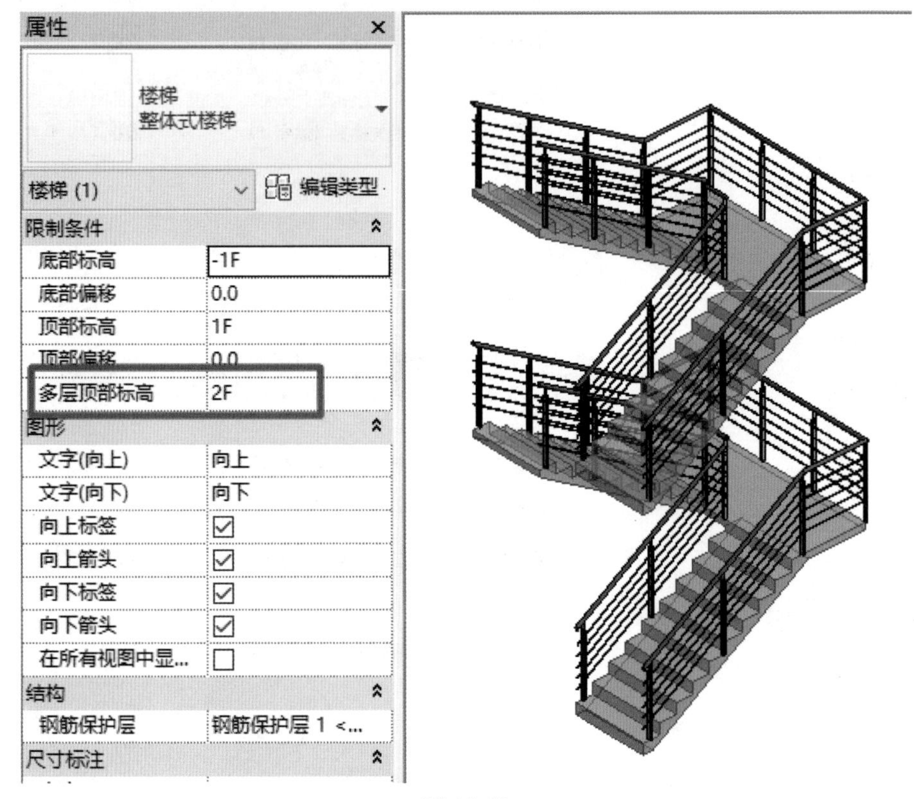

图 10-18

多层顶部标高可以设置为顶部标高的下面一层标高,因为顶层的平台栏杆需要进行特殊处理。设置了“多层顶部标高”参数的各层楼梯仍是一个整体,当修改楼梯和扶手的参数后所有楼层的楼梯均会自动更新。楼梯扶手自动生成,但可以单独编辑其属性、类型属性,创建不同的扶手样式。

10.3 坡道

10.3.1 直坡道

点击“建筑”选项卡“楼梯坡道”面板中的“坡道”按钮,进入绘制坡道草图模式,点击“属性”面板中的“编辑类型”按钮,在弹出的“类型属性”对话框中点击“复制”按钮,创建坡道样式,设置类型属性参数(坡道的厚度、材质、最大坡度等),点击“完成坡道”按钮。

在“属性”面板中设置坡道的宽度、底部标高、底部偏移、顶部标高和顶部偏移等参数,系统自动计算坡道的长度,点击“应用”按钮(图 10-19)。

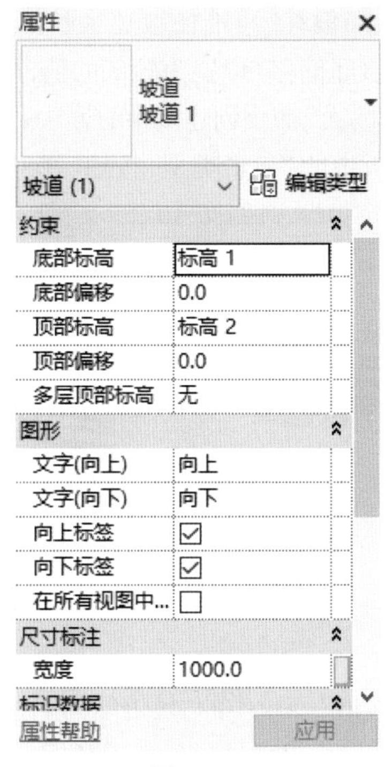

图 10-19

绘制参照平面，根据参照平面确定坡道起跑位置、休息平台位置、坡道宽度，点击“梯段”按钮，捕捉每跑楼梯的起点、终点位置绘制梯段，完成后如图 10-20 所示。注意梯段草图下方的提示。

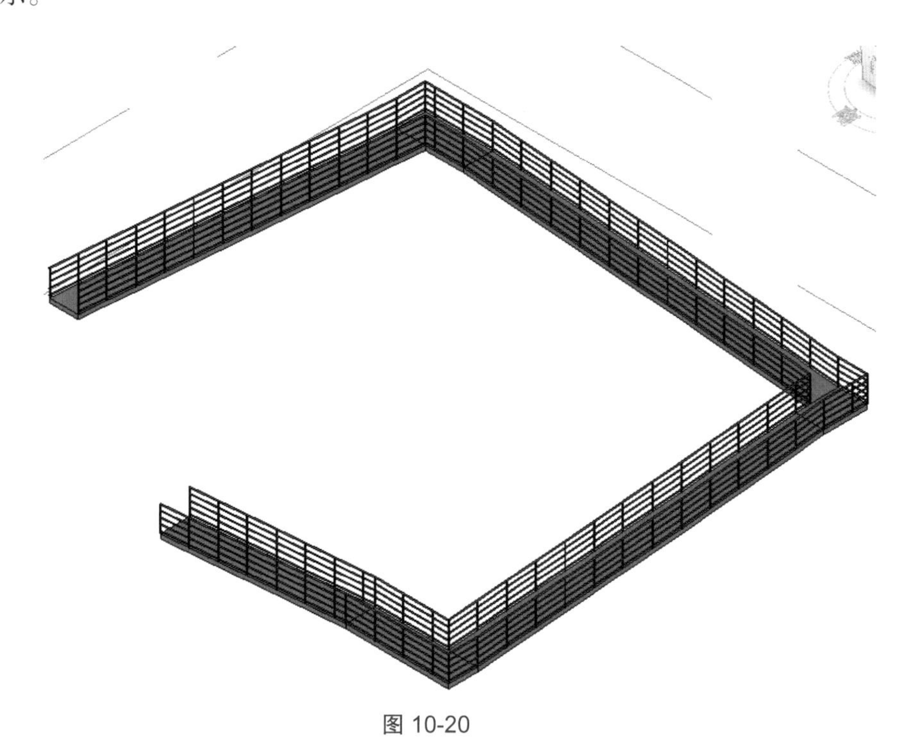

图 10-20

默认的“顶部标高”和“顶部偏移”可能使坡道太长。建议将“顶部标高”和“底部标高”都设置为当前标高,并将“顶部偏移”设置为较低的值,可以用“边界”和“踢面”命令绘制特殊坡道,参考用“边界”和“踢面”命令创建楼梯的方法。

选择坡道,点击“属性”面板中的“编辑类型”按钮,弹出“类型属性”对话框。若将“其他”参数下的“造型”设置为“实体”,则如图 10-21(a)所示;若设置为“结构板”,则如图 10-21(b)所示。

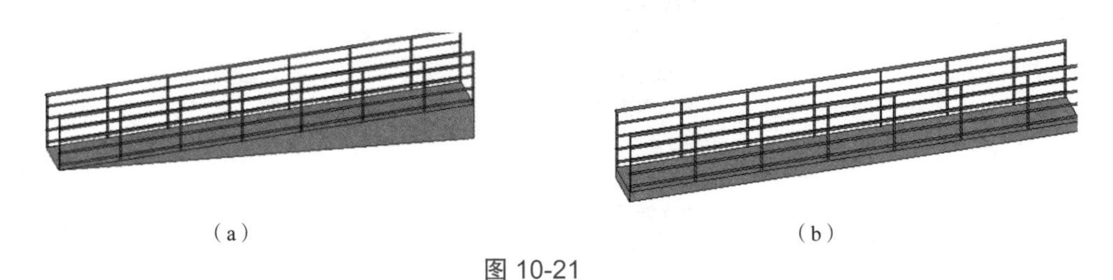

(a) (b)

图 10-21

10.3.2 弧形坡道

弧形坡道

点击“建筑”选项卡“楼梯坡道”面板中的“坡道”按钮,进入绘制楼梯草图模式。同前所述,在“属性”面板中设置坡道的类型、实例参数。绘制中心点、半径、起点位置参照平面,以精确定位。点击“梯段”按钮,选择选项栏中的“中心 - 端点弧”选项创建弧形坡道。

捕捉弧形坡道的中心点、起点、终点绘制弧形梯段,如有休息平台,应分段绘制梯段。可以删除弧形坡道的原始边界和踢面,并用“边界”和“踢面”命令绘制新的边界和踢面,创建特殊的弧形坡道。点击“完成坡道”按钮创建弧形坡道,如图 10-22 所示。

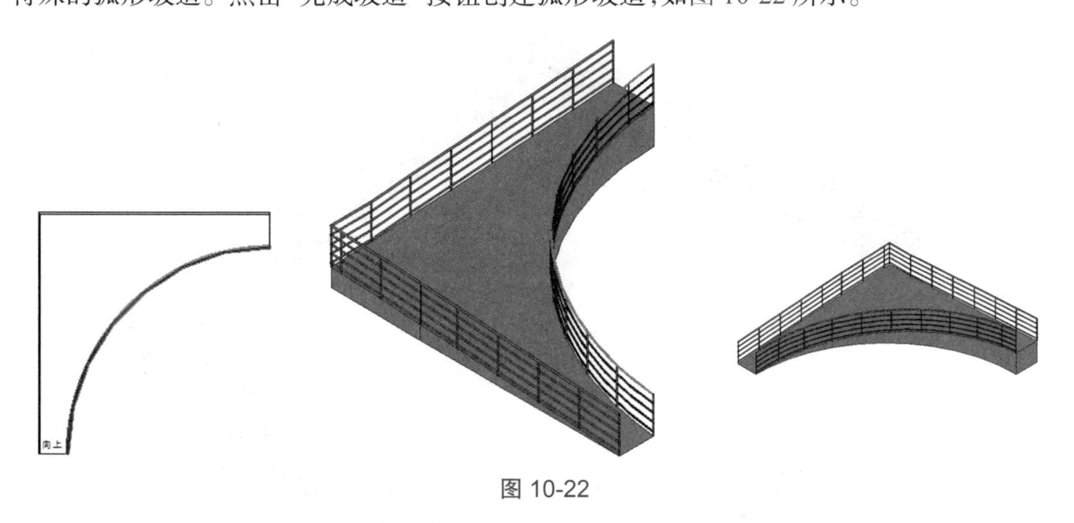

图 10-22

10.4 技术总结

根据建筑设计规范的要求,楼板洞口的防护栏杆宜设置成带楼板翻边的栏杆。具体做法：选择“扶手”命令，点击“扶手属性”，将“类型属性”的“扶手结构”中一个扶手的“轮廓”设置为“楼板翻边”，设置扶手轮廓的位置，绘制扶手。最终效果如图 10-23 所示。

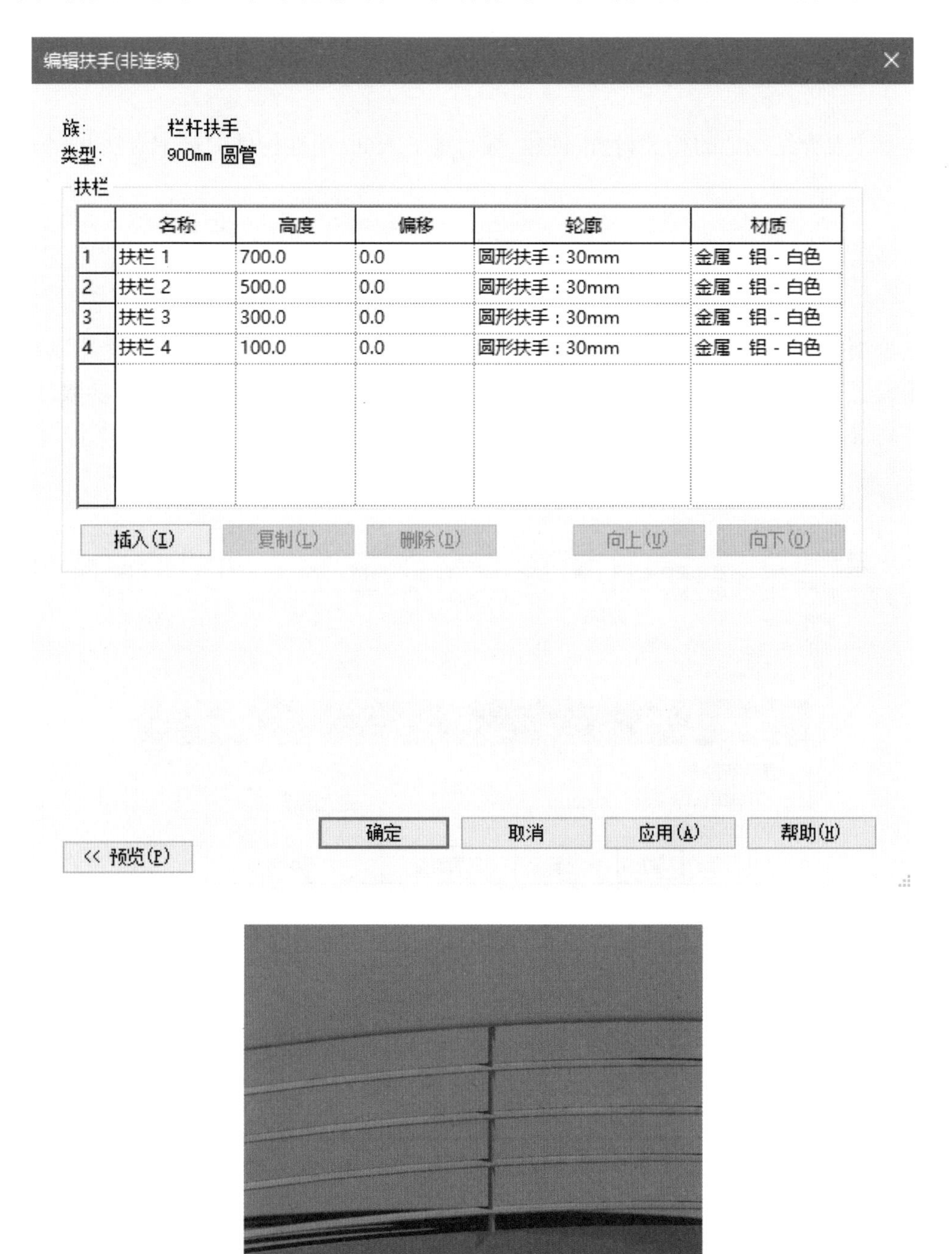

	名称	高度	偏移	轮廓	材质
1	扶栏 1	700.0	0.0	圆形扶手：30mm	金属 - 铝 - 白色
2	扶栏 2	500.0	0.0	圆形扶手：30mm	金属 - 铝 - 白色
3	扶栏 3	300.0	0.0	圆形扶手：30mm	金属 - 铝 - 白色
4	扶栏 4	100.0	0.0	圆形扶手：30mm	金属 - 铝 - 白色

图 10-23

第 11 章　场地

本章主要介绍场地的相关设置，创建、编辑地形表面、场地构件的基本方法和相关应用技巧。

11.1　场地的设置

点击“体量和场地”选项卡“场地建模”面板中的下拉按钮，弹出“场地设置”对话框。在其中设置等高线间隔、经过高程、剖面填充样式、基础土层高程、角度显示等参数，添加自定义等高线，如图 11-1 所示。

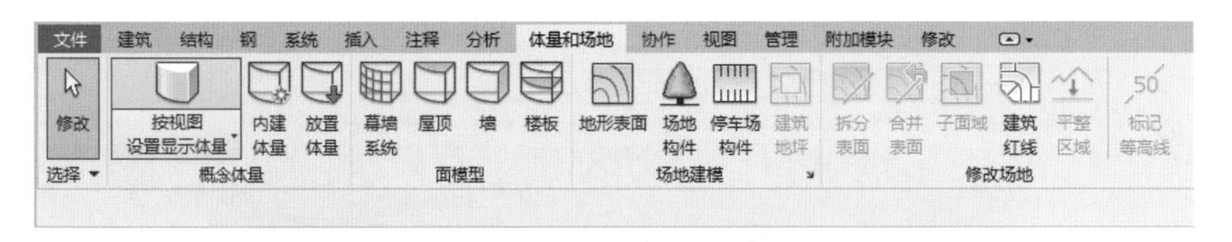

图 11-1

11.2　地形表面的创建

11.2.1　拾取点创建

打开“场地”平面视图，点击“体量和场地”选项卡“场地建模”面板中的“地形表面”按钮，进入绘制模式。修改高程值，放置其他点，点击“表面属性”，设置材质，如图 11-2 所示。

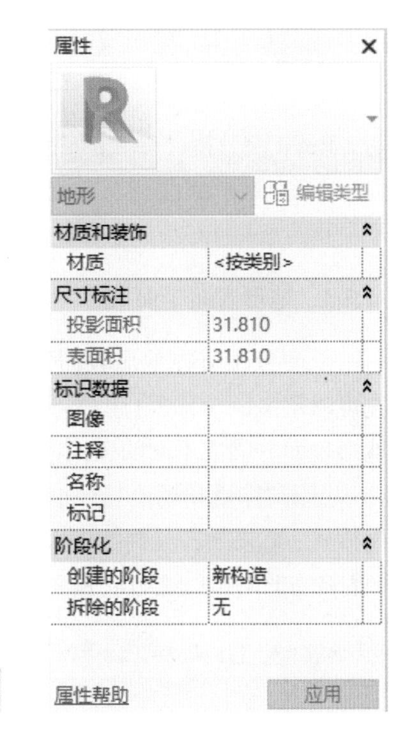

图 11-2

11.2.2　导入地形表面

打开“场地”平面视图，点击“插入”选项卡“导入”面板中的“导入 CAD”按钮，如果有 CAD 格式的三维等高线数据，也可以导入三维等高线数据，如图 11-3 所示。

图 11-3

点击“体量和场地”选项卡“场地建模”面板中的“地形表面”按钮，进入绘制模式。

点击“通过导入创建”下拉按钮，在弹出的下拉列表中选择“选择导入实例”选项，选择已导入的三维等高线数据，如图 11-4 所示。

系统会自动生成所选择绘图区域中已导入的三维等高线数据，弹出“从所选图层添加点”对话框,选择要应用高程点的图层,并点击“确定”按钮。

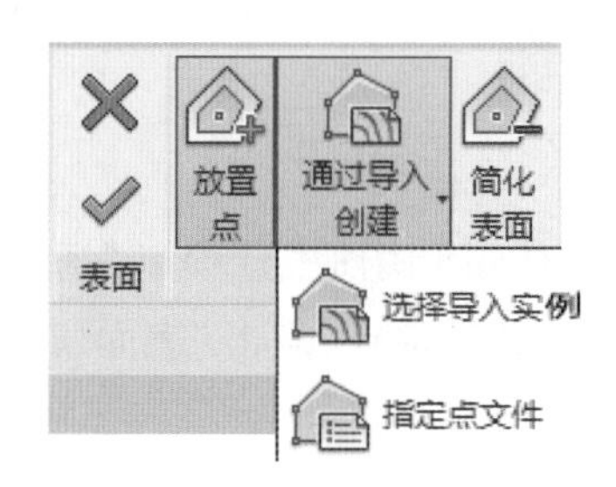

图 11-4

Revit 会分析已导入的三维等高线数据,并根据沿等高线放置的高程点生成一个地形表面。点击“地形属性”按钮,设置材质,完成地形表面的创建。

指定点文件是根据来自土木工程软件应用程序的点文件创建地形表面(图 11-5)。

11.2.3 地形表面子面域

地形表面子面域

子面域用于在地形表面定义一个面积。子面域不能定义单独的表面,它可以定义一个面积,用户可以为该面积定义不同的属性,如材质等。要将地形表面分隔成不同的表面,可使用“拆分表面”工具。

点击“体量和场地”选项卡“修改场地”面板中的“子面域”按钮,进入绘制模式,点击“线”绘制按钮,绘制子面域的边界轮廓线并修剪。在“属性”栏中设置子面域的材质如图 11-6、图 11-7 所示,完成子面域的绘制。

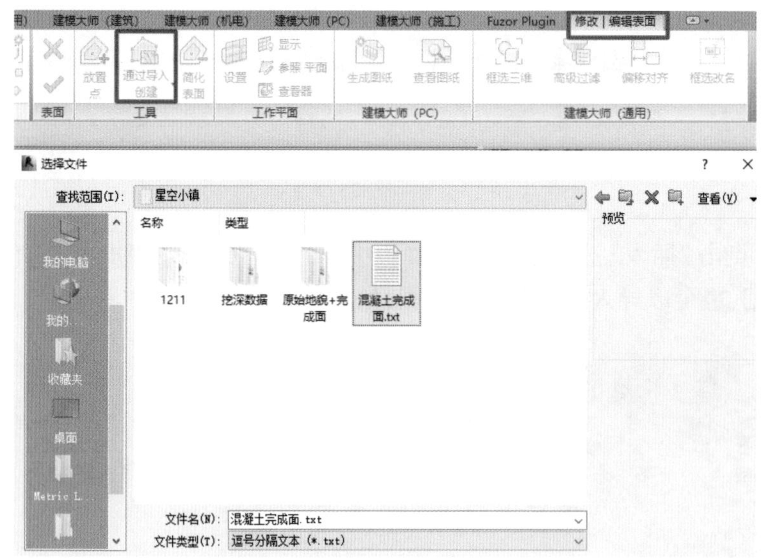

图 11-5

图 11-6

图 11-7

场地不支持表面填充图案。

11.3 地形的编辑

11.3.1 拆分表面

将地形表面拆分成两个不同的表面，便可以独立编辑每个表面。拆分之后，可以将不同的表面分配给这些表面，以表示道路、湖泊，也可以删除地形表面的一部分。如果要在地形表面框出一个面积，则无须拆分表面，用子面域即可。

打开“场地”平面视图或三维视图，点击“体量和场地”选项卡“修改场地”面板中的“拆分表面”按钮（图 11-8），选择要拆分的地形表面进入绘制模式。

图 11-8

点击“线”绘制按钮，绘制表面的边界轮廓线。在“属性”栏中设置新表面的材质，完成绘制。

11.3.2 合并表面

点击“体量和场地”选项卡“修改场地”面板中的“合并表面”按钮，勾选选项栏中的“删除公共边上的点”复选框。先选择要合并的主表面，再选择次表面，将两个表面合二为一。

合并后表面的材质与先前选择的主表面相同。

11.3.3 平整区域

打开“场地”平面视图，点击“体量和场地”选项卡“修改场地”面板中的“平整区域”按钮，在“编辑平整区域”对话框中选择下列选项之一：“创建与现有地形表面完全相同的新地形表面”或“仅基于周界点新建地形表面”，如图 11-9 所示。选择地形表面进入绘制模式，进行添加或删除点、修改点的高程或简化表面等编辑，完成绘制。

完成场地平整区域后将自动创建新的阶段，所以需要将视图属性中的阶段修改为新构造。

11.3.4 建筑地坪

点击“体量和场地”选项卡“场地建模”面板中的“建筑地坪”按钮，进入绘制模式，点击“拾取墙”或“线”绘制按钮，绘制封闭的地坪轮廓线。点击“属性”按钮设置相关参数，完成建筑地坪的绘制，如图 11-10 所示。

编辑平整区域

请选择要平整的地形表面。您要如何编辑此地形表面?

现有地形表面被拆除，并在当前阶段创建一个匹配的地形表面。

编辑新地形表面以创建所需的平整表面。

→ 创建与现有地形表面完全相同的新地形表面

将复制内部点和周界点。

→ 仅基于周界点新建地形表面

对内部地形表面区域进行平滑处理。

取消

单击此处以了解更多信息

图 11-9

图 11-10

11.3.5 应用技巧

应用技巧

有时需对地形进行挖方或填方,为切口添加边坡,如图 11-11 所示。Revit 软件没有添加边坡的工具,可以编辑地形,通过在建筑地坪轮廓线或轮廓线附件中添加与建筑地坪高度接近的高程点来实现,如图 11-12 所示。

图 11-11

图 11-12

隐藏等高线的显示:选择“视图”选项卡“图形”面板中的“可见性 / 图形”命令,按图 11-13 所示设置,而非在场地设置中进行设置。

⊟ ☑ 地形							☐	按视图
☐ 三角形边缘								
☐ 主等高线								
☑ 内部点								
☐ 次等高线								
☑ 边界点								
☑ 隐藏线								

图 11-13

11.4 建筑红线

11.4.1 绘制建筑红线

点击“体量和场地”选项卡“修改场地”面板中的“建筑红线”按钮,在弹出的下拉列表中选择“通过绘制来创建”选项进入绘制模式,如图 11-14 所示。

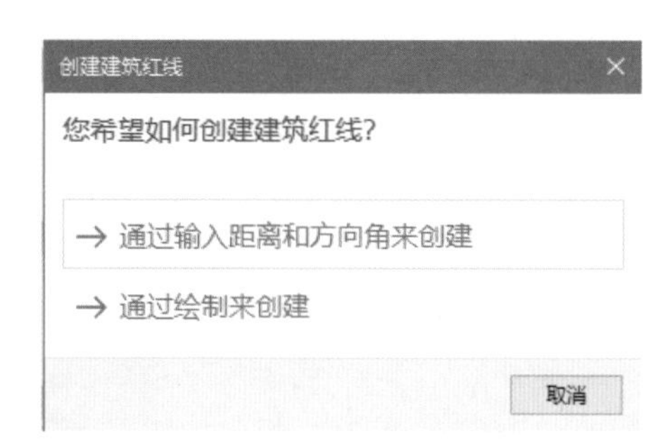

图 11-14

点击“线”绘制按钮(图 11-15),绘制封闭的建筑红线轮廓线。

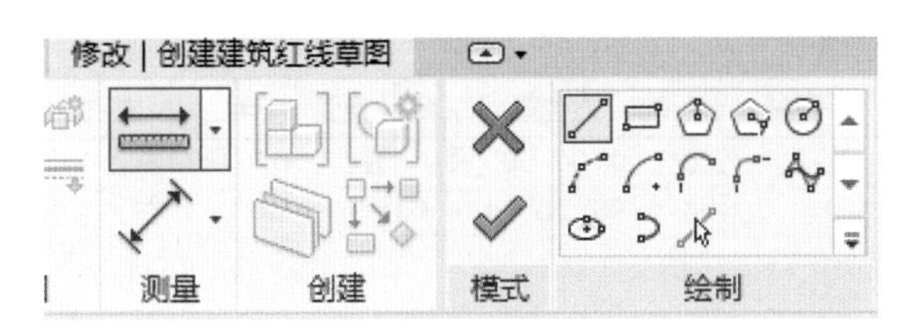

图 11-15

要将绘制的建筑红线转换为基于表格的建筑红线,可通过选择绘制的建筑红线并点击“编辑表格”按钮来实现。

11.4.2　用测量数据创建建筑红线

点击“体量和场地”选项卡“修改场地”面板中的“建筑红线”按钮,在弹出的下拉列表中选择“通过输入距离和方向角来创建”,如图 11-14 所示。

点击“插入”按钮(图 11-16),添加测量数据,并设置直线、弧线边界的距离、方向、半径等参数,调整顺序,如果边界没有闭合,点击“添加线以封闭”按钮,如图 11-17 所示。

点击“确定”按钮后选择红线移动到所需的位置。

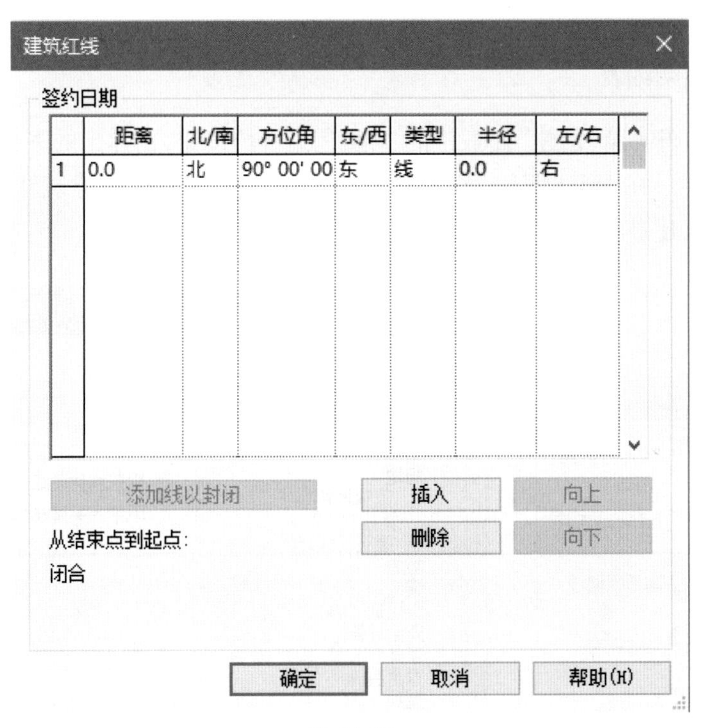

图 11-16

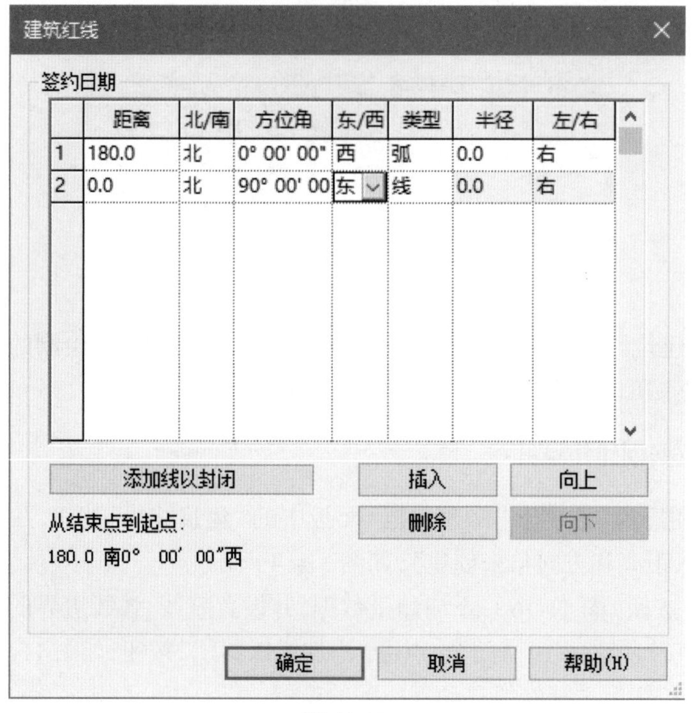

图 11-17

11.4.3 建筑红线明细表

点击“视图”选项卡“创建”面板中的“明细表”下拉按钮,在弹出的下拉列表中选择“明细表 / 数量”选项。在“新建明细表”对话框中选择“建筑红线”、“建筑红线线段”选项,可以创建建筑红线、建筑红线线段明细表,如图 11-18 所示。

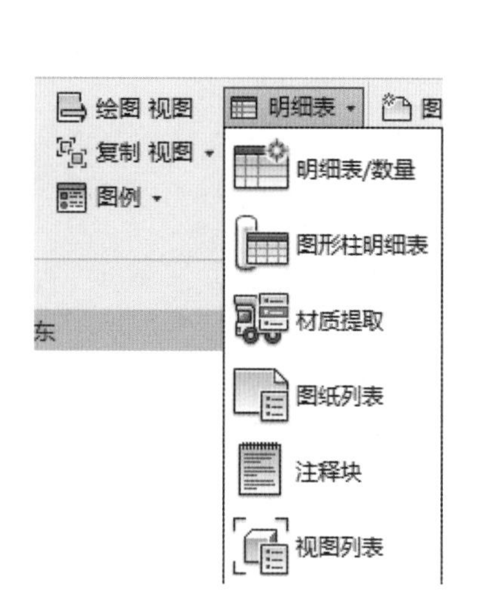

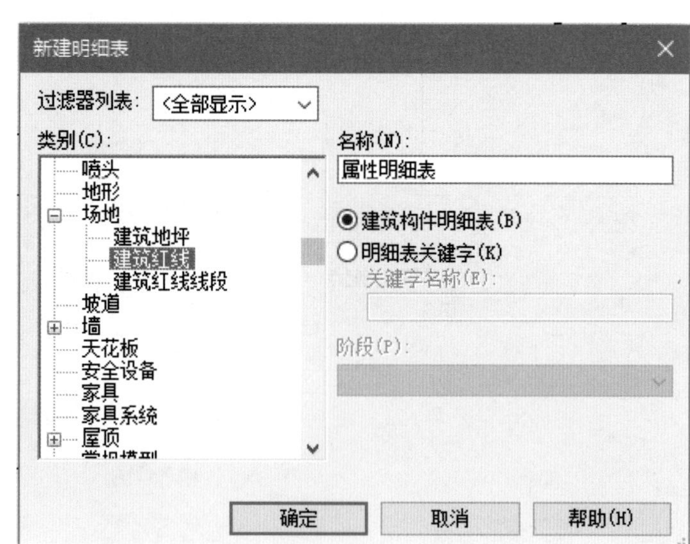

图 11-18

11.5　场地构件

11.5.1　添加场地构件

打开“场地”平面视图，点击“体量和场地”选项卡“场地建模”面板中的“场地构件”按钮，在弹出的下拉列表中选择所需的构件，如树木、人物等，单击放置构件。

如列表中没有需要的构件，可从库中载入，也可定义场地构件族文件，如图 11-19 所示。

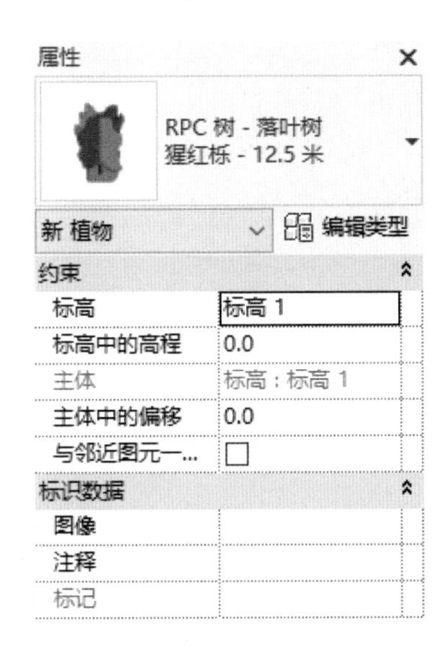

图 11-19

11.5.2　停车场构件

打开“场地”平面视图，点击“体量和场地”选项卡“场地建模”面板中的“停车场构件”按钮，在弹出的下拉列表中选择所需的停车场构件，单击放置构件。可以用“复制”“阵列”命令放置多个停车场构件。选择所有停车场构件，然后点击“主体”面板中的“拾取新主体”按钮，选择地形表面，停车场构件将附着到表面上。

11.5.3　标记等高线

打开“场地”平面视图，点击“体量和场地”选项卡“修改场地”面板中的“标记等高线”按钮，绘制一条和等高线相交的线条，自动生成等高线标签。

标记等高线

选择等高线标签，出现一条亮显的虚线，用鼠标拖曳虚线的端点控制柄调整虚线的位置，等高线标签自动更新，如图 11-20 所示。

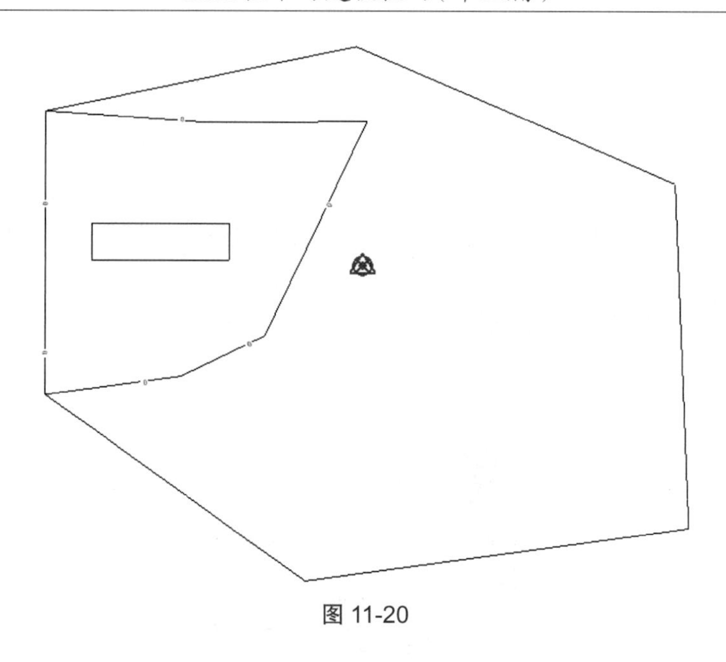

图 11-20

11.6 技术总结

问题:希望在有起伏的地形表面上创建一块水域,如果先创建子面域再赋予其材质会使得水面与地形表面起伏一致,不能体现出水面的特性,有什么方法可以创建水域吗?

如图 11-21 所示,在创建地形表面后用建筑地坪绘制水域的边界线。

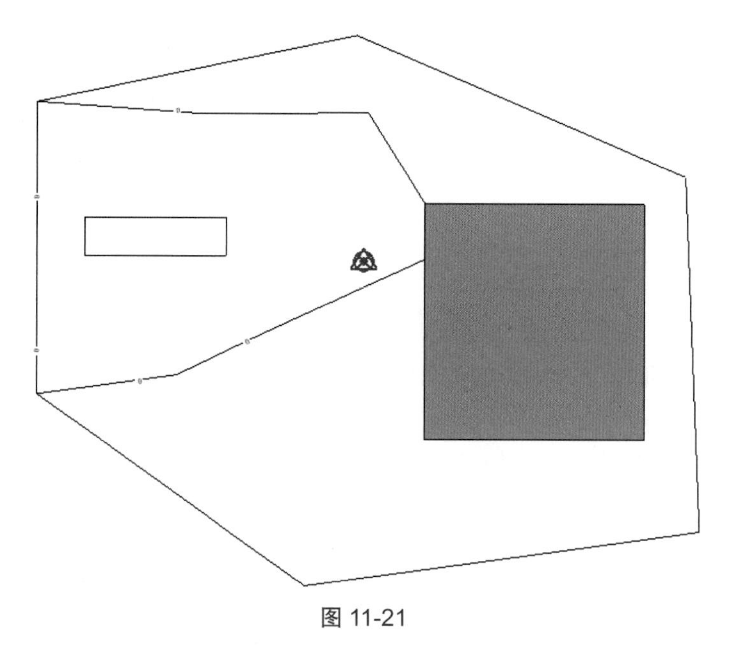

图 11-21

如图 11-22 和图 11-23 所示,设置建筑地坪的类型属性和实例属性,并在结构中将其材质改为水,完成后即可实现如图 11-24 所示的水面效果。

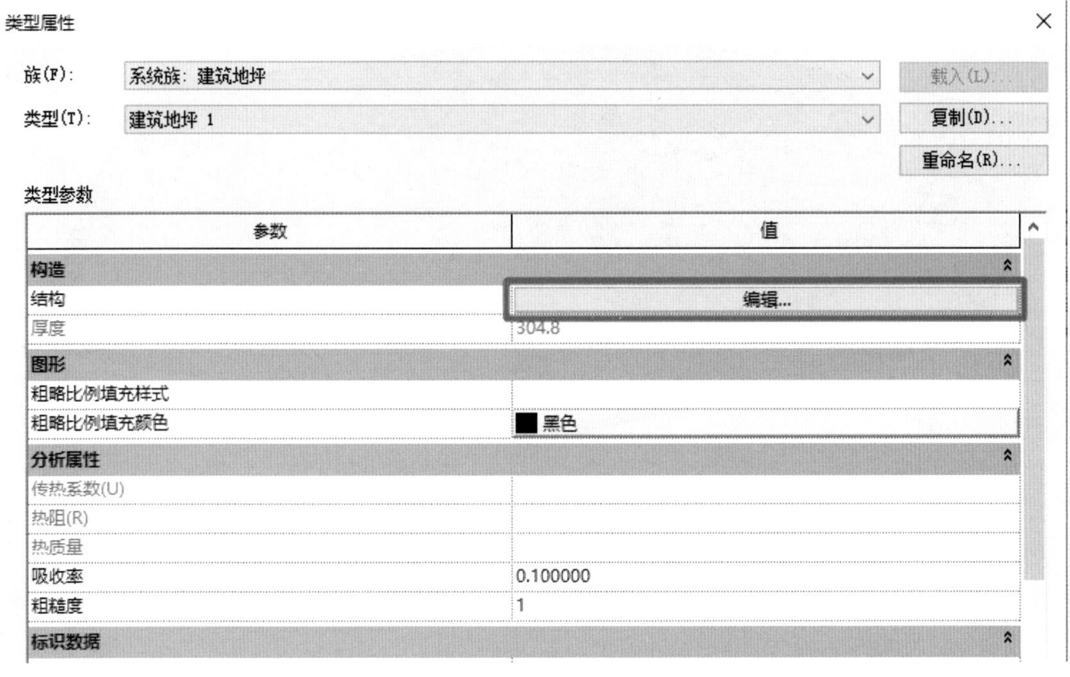
类型属性
族(F):
系统族：建筑地坪
载入(L)...
类型(T):
建筑地坪 1
复制(D)...
重命名(R)...
类型参数
参数
值
构造
结构
编辑...
厚度
304.8
图形
粗略比例填充样式
粗略比例填充颜色
黑色
分析属性
传热系数(U)
热阻(R)
热质量
吸收率
0.100000
粗糙度
1
标识数据

图 11-22

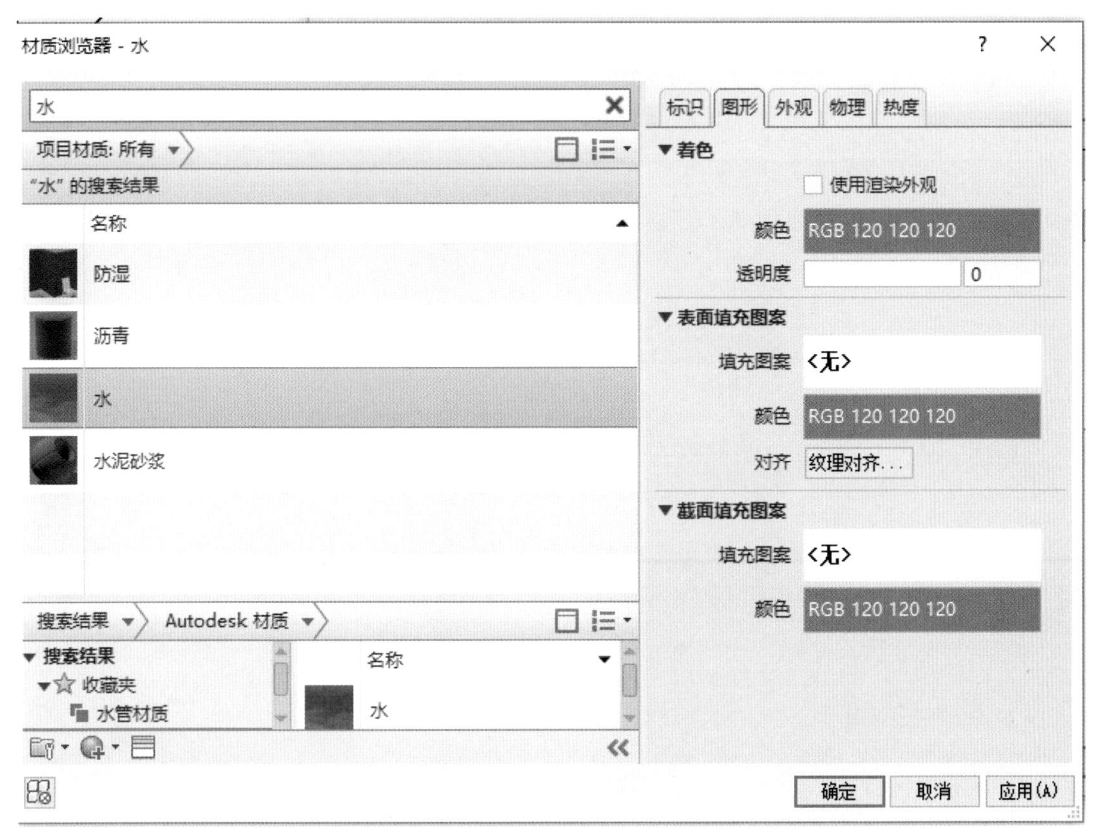
材质浏览器 - 水
水
项目材质: 所有
"水" 的搜索结果
名称
防湿
沥青
水
水泥砂浆
搜索结果
Autodesk 材质
搜索结果
收藏夹
水管材质
名称
水
标识
图形
外观
物理
热度
着色
使用渲染外观
颜色
RGB 120 120 120
透明度
0
表面填充图案
填充图案
<无>
颜色
RGB 120 120 120
对齐
纹理对齐...
截面填充图案
填充图案
<无>
颜色
RGB 120 120 120
确定
取消
应用(A)

图 11-23

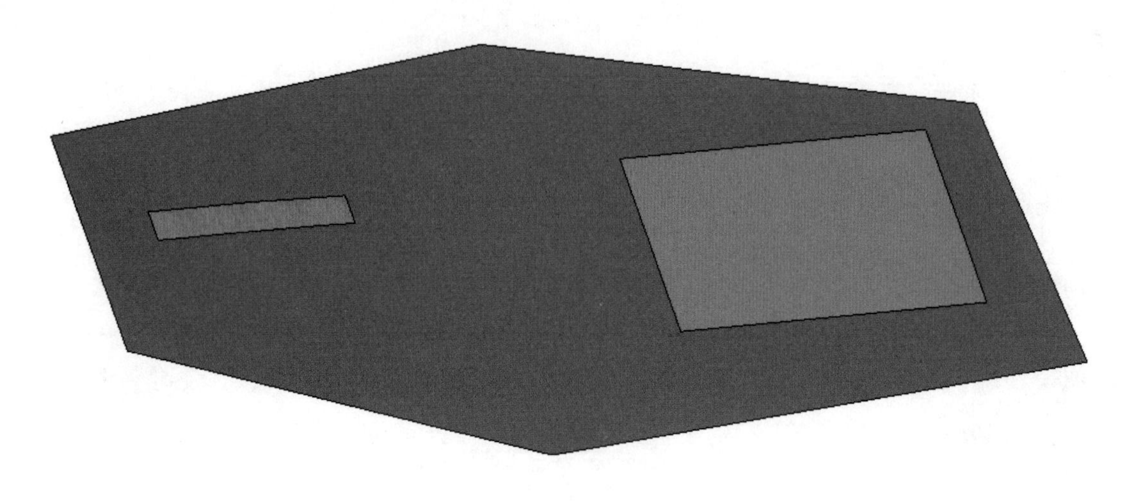

图 11-24

第 2 部分
建模能力提升篇

第 12 章　详图大样

Revit 软件可以通过详图索引工具直接索引绘制出平面、立面、剖面的详图大样，而且修改详图大样的出图比例，相关的文字标注、注释符号等也会自动缩放与之相匹配。此外，在绘制详图大样时，Revit 软件不仅提供了详图线工具（所绘制的线仅在当前视图中可见）、模型线工具（所绘制的模型在各视中图都可见）、编辑剖面轮廓工具，还提供了多种允许用户自行调整的详图构件和注释符号。这些功能可以使用户在 Revit 软件中绘制详图大样时事半功倍，制作出更加符合项目独特性需求的施工设计图纸。

主要学习内容：掌握详图索引的创建和编辑方法；掌握详图视图的创建和编辑方法。

Revit 中有两种建筑详图设计工具：详图索引和绘图视图。

（1）详图索引：通过截取平面、立面或者剖面视图中的部分区域，进行更精细的绘制，提供更多的细节。

（2）绘图视图：与已经绘制的模型无关，在空白的详图视图中运用详图绘制工具进行操作。

12.1　创建详图索引

点击“视图”选项卡中的“详图索引”按钮，在选项栏中选择是否“参照其他视图”，如图 12-1、图 12-2 所示。

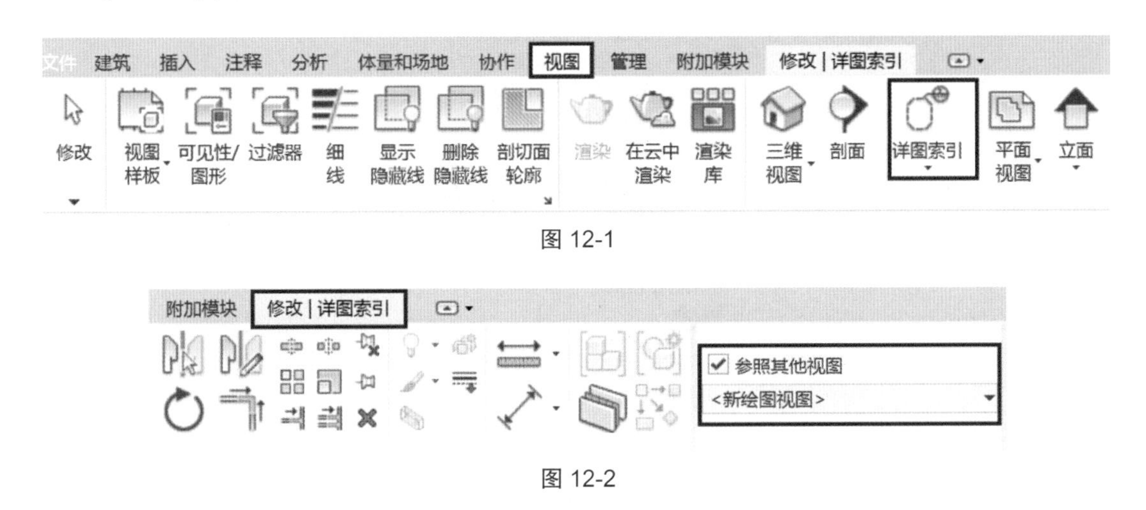

图 12-1

图 12-2

在平面、立面、剖面或详图视图中绘制一个矩形，添加详图索引符号。选择详图索引符号，用鼠标拖曳蓝色控制柄，可以调整矩形大小和标头位置，如图 12-3 所示。

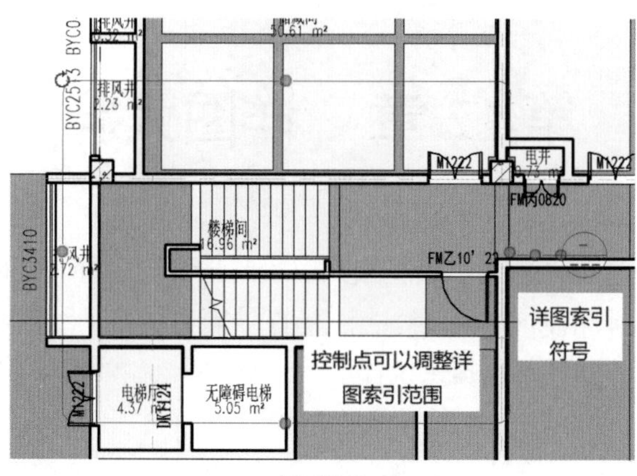

图 12-3

在创建详图索引符号时,系统同步生成详图索引图。在“项目浏览器”中单击“结构平面”选项前的“+”,在展开的列表中显示了详图的名称,其形式为“楼层 - 详图的名称”,如“一层平面图 - 详图索引 1”,如图 12-4 所示。

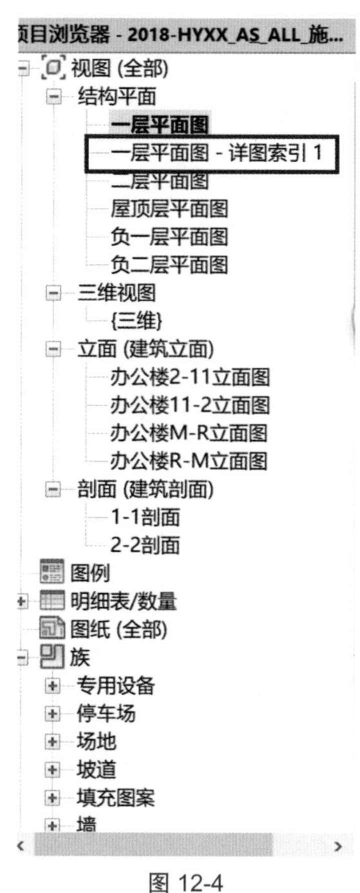

图 12-4

双击详图的名称,打开详图索引图,如图 12-5 所示。选择详图轮廓线,显示控制符号和视图截断符号,选择并单击符号,即可以对详图执行相关指定的操作。

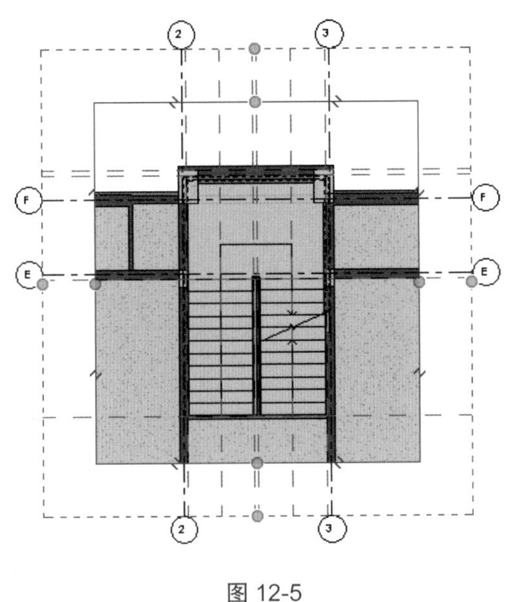

图 12-5

将光标置于“垂直视图截断”符号上,可以预览详图在垂直方向上截断的效果,如图 12-6 所示。同理,将光标置于“水平视图截断”符号上,可预览水平截断效果,如图 12-7 所示。

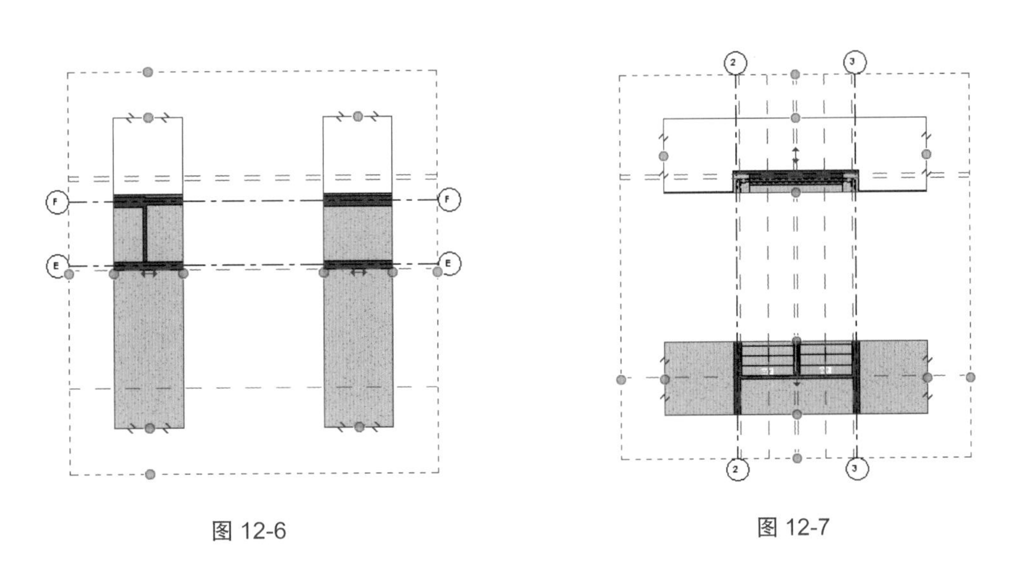

图 12-6　　图 12-7

注意:用以上方法创建的详图内容仅在当前视图中显示。

12.2　草图工具

选择“视图”选项卡,点击“详图索引”按钮,在列表中选择“草图”选项,启用“草图”工具,如图 12-8 所示。在平面视图中依次单击指定详图索引的轮廓线,如图 12-9 所示。

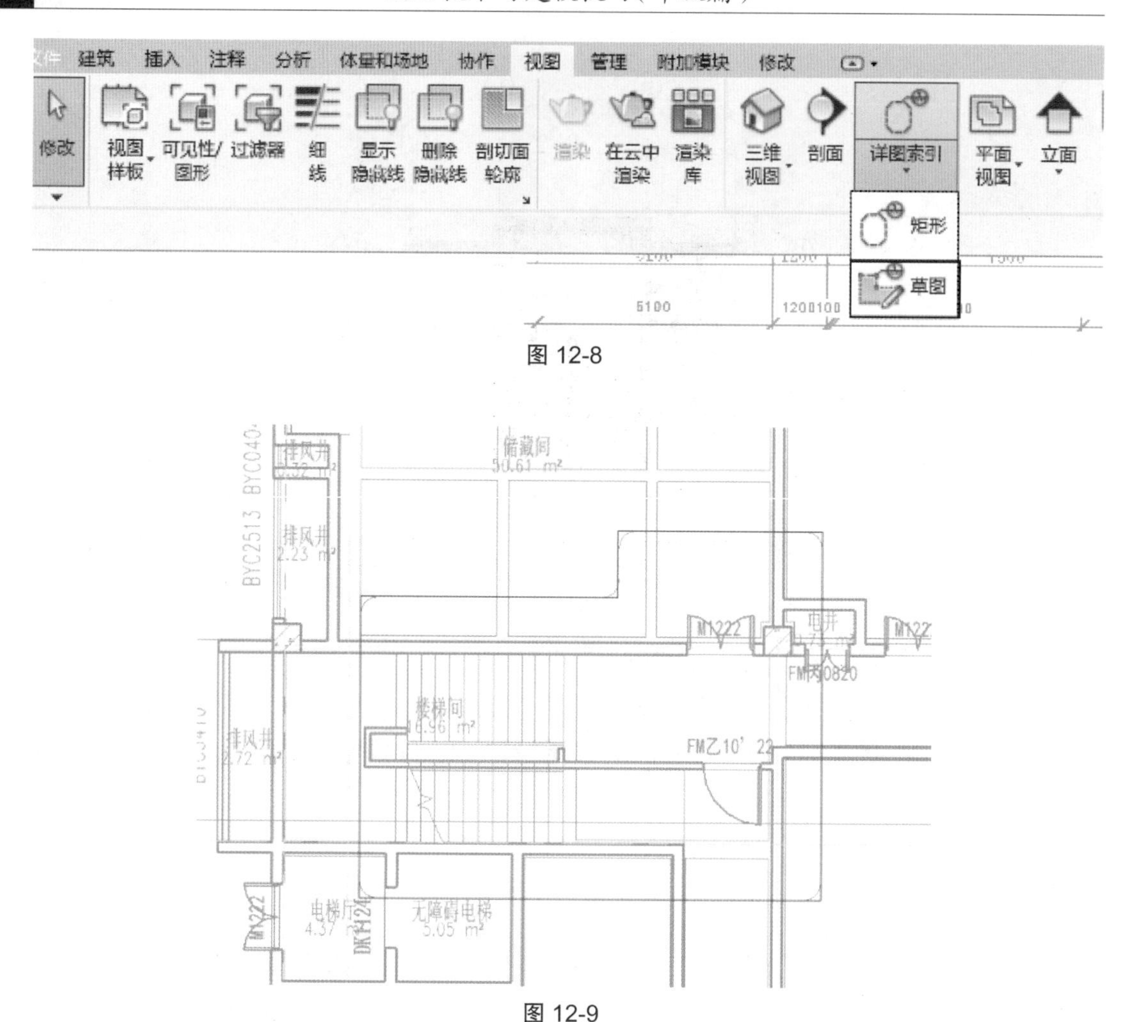

图 12-8

图 12-9

注意:在实际工作中,当需要创建形状不规则的详图索引轮廓线时,通常启用“草图”工具来绘制。

点击“完成编辑模式”按钮,退出命令,创建形状不规则的详图索引轮廓线,系统同步创建详图索引图,如图 12-10 所示。

12.3 绘图视图

创建平面详图索引时,有模型线和详图线两种工具可以使用。二者的区别在于:用模型线绘制的内容在各个视图中都显示,用详图线绘制的内容仅在当前视图中显示。

12.3.1 详图线

点击“注释”选项卡“详图”面板中的“详图线”按钮,在弹出的“线样式”面板中选择适当的线类型,用直线、矩形、多边形、圆、弧、椭圆、样条曲线等绘制工具绘制所需的详图图案,如图 12-11 所示。

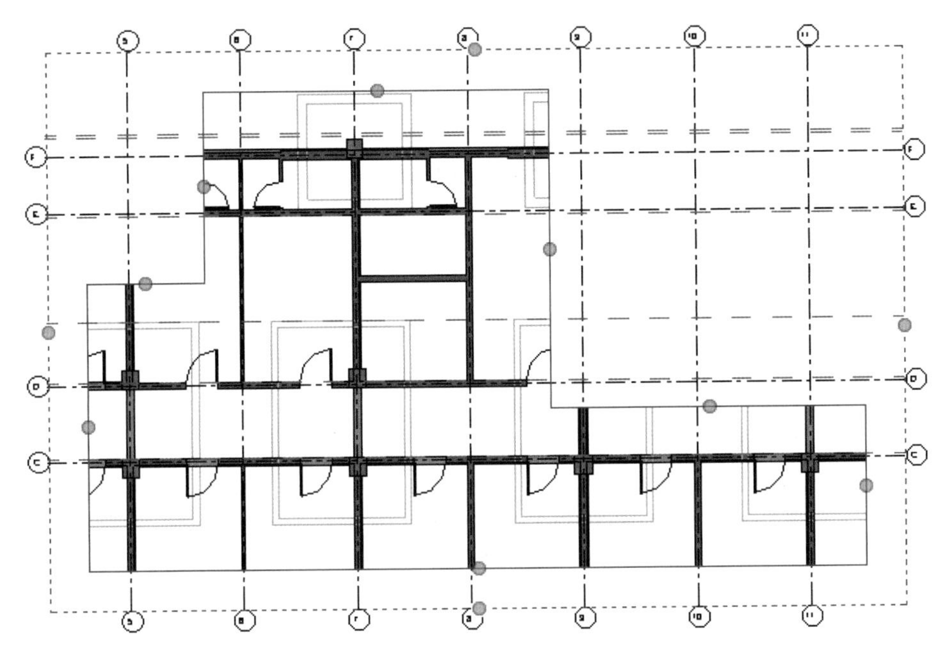

图 12-10

图 12-11

12.3.2　详图构件

详图构件是基于线的二维图元,可将其添加到详图视图或绘图视图中。详图构件仅在这些视图中才可见,并且会随模型调整其比例,而不是随图纸。详图构件与属于建筑模型的建筑图元不相关,它们在特定视图中提供详细构造信息或其他信息。

在将详图构件添加到视图中前,从族库中将所需的详图构件族载入项目。如果详图库中不包含所需的详图,可以修改现有的详图构件族或创建新的详图。

(1)点击“注释”选项卡— “详图”面板— “构件”下拉列表—(详图构件),从类型选择器中选择要放置的适当的详图构件,如截断线、观察孔、木板、混凝土过梁、不同规格的型钢剖面等。可通过“载入族”从库中载入所需的构件,或创建详图构件族文件。

(2)按【Space】键旋转构件的方向,单击放置详图构件。

(3)选择详图构件,点击“图元”面板中的“图元属性”按钮,修改参数值。

(4)选择详图构件,可以用鼠标拖曳控制柄调整构件的形状。

12.3.3 重复详图

使用“重复详图构件”工具可以绘制由两点定义的路径,用详图构件填充图案对该路径进行填充。

重复详图主要在详图视图和绘图视图中使用,其实质是详图构件阵列。

(1)点击“注释”选项卡— “详图”面板 — “构件”下拉列表—(重复详图)。

(2)绘制重复详图,然后点击“修改”。

(3)点击“修改 | 详图项目”选项卡— “属性”面板—(类型属性)。

(4)在“类型属性”对话框中点击“复制”,然后为重复详图类型输入名称。

(5)选择详图构件作为详图参数。

(6)为详图参数选择要重复的详图构件,设置重复详图的布局方式,根据不同的布局方式设置“内部”和“间距”参数,点击“确定”按钮,如图 12-12 和图 12-13 所示。

图 12-12

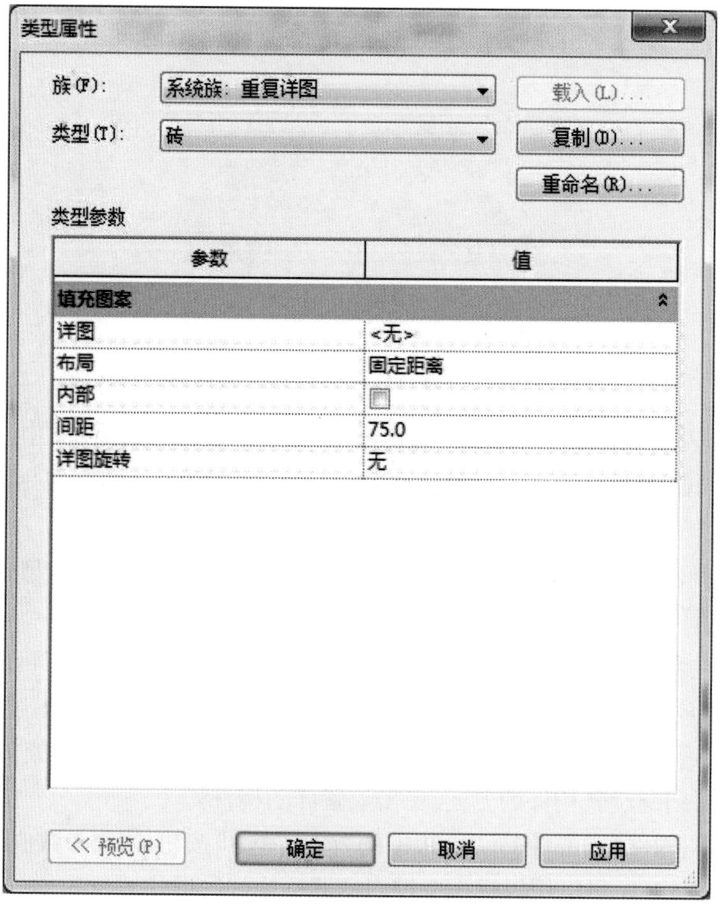

图 12-13

12.3.4　隔热层

点击“注释”选项卡—“详图”面板—“隔热层”按钮，在选项栏中完成相应的设置，如隔热层宽度、偏移量、定位线，用鼠标拾取两个点放置隔热层。选择隔热层，用鼠标拖曳控制点调整隔热层长度，修改“隔热层宽度”和“隔热层膨胀与宽度的比率（1/x）”参数，如图 12-14 所示。

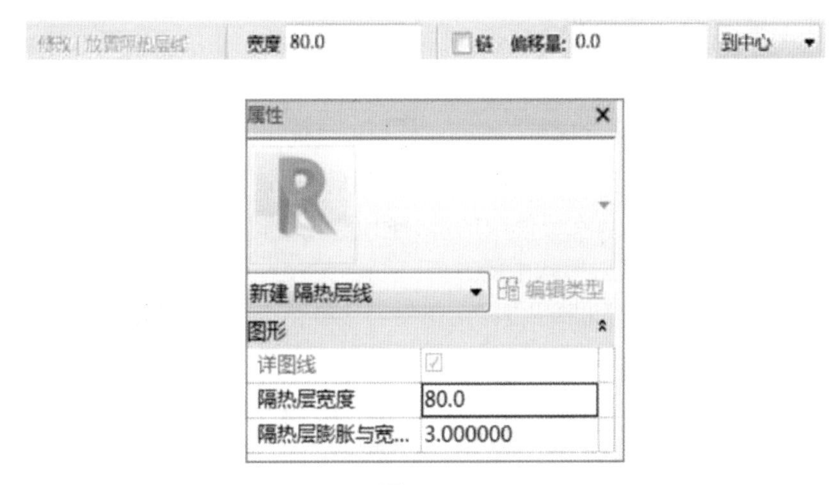

图 12-14

12.3.5　遮罩区域

启用“遮罩区域”工具可以创建遮罩项目或者图元。在创建二维族（注释、详图或标题栏）时，可以在项目或族编辑器中创建二维遮罩区域。在创建模型族时，可以在族编辑器中创建三维遮罩区域。

（1）点击“注释”选项卡—“详图”面板—“区域”下拉列表—（遮罩区域）。

（2）用“线”绘制工具绘制区域的封闭轮廓，选择边界线条，从“线样式”面板中选择需要的线样式，此时系统显示临时尺寸，表示遮罩边界与最近图元的尺寸关系，点击“完成编辑模式”按钮完成绘制，遮罩区域内的填充图案被删除，显示为白色，如图 12-15 所示。

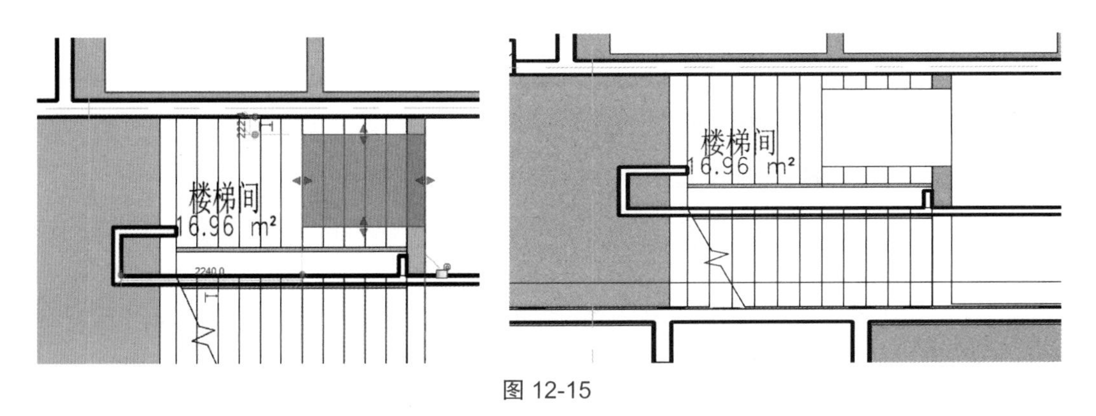

图 12-15

12.3.6 符号

点击“注释”选项卡“符号”面板中的“符号”按钮,可以在视图中添加剖断线、指北针等注释符号。该功能用于在当前视图中放置二维注释图形符号。符号是视图专有的注释图元,仅显示在当前视图中。

12.3.7 云线批注

在项目视图中,添加云线批注以指明已修改的设计区域。除三维视图以外,可以在所有视图中绘制云线批注。

(1)点击“注释”选项卡—“详图”面板—(云线批注)。

(2)“云线批注”工具用于将云线批注添加到当前视图或图纸中,以指明已修改的设计区域。在绘图区域中,将光标放在已修改的部分附近,并绘制云以环绕修改的区域。在绘制时按【Space】键以翻转圆弧在云形状中的方向。

(3)点击“修改 | 创建云线批注草图”选项卡—“模式”面板—(完成编辑模式)。选择一段云线,在云线的两端显示蓝色的夹点,如图 12-16 所示。调整夹点的位置以改变圆弧的形状,达到改变云线批注的形状的目的。但是在调整了一段云线的端点后,应该调整另外一段云线的端点与其相接,使云线始终保持闭合状态。

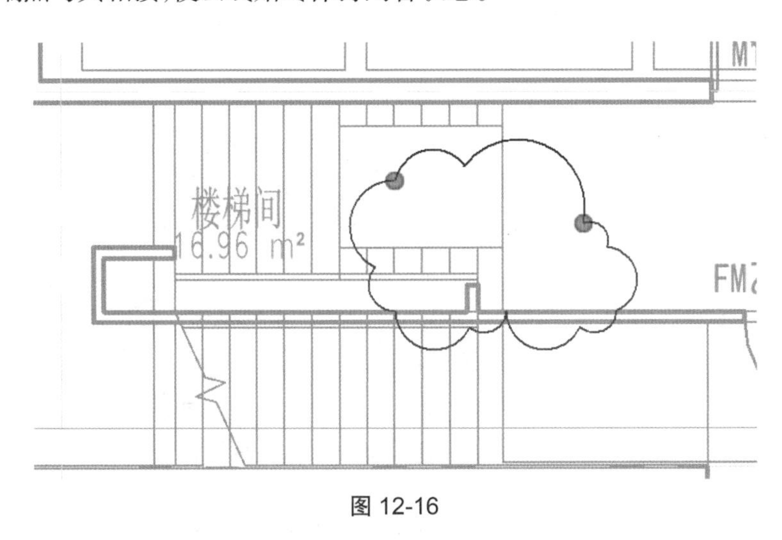

图 12-16

12.3.8 创建组

当计划在一个项目或者族中多次重复布局时,可以使用组来提高绘图效率。

(1)点击“注释”选项卡“详图”面板中的“详图组”下拉按钮,在弹出的下拉列表中有“创建组”“放置详图组”两个工具。“创建组”用于创建一组图元以便重复使用;“放置详图组”用于在视图中放置实例,如果未载入组,可点击“载入组”按钮把组载入当前 Revit 文件中,如图 12-17 所示。

图 12-17

（2）点击“详图组”下拉按钮，在弹出的下拉列表中点击“创建组”工具，弹出“创建组”对话框，在“组类型”选项区域中有“模型”和“详图”两个选项，“模型”组是由门窗、墙体等模型类图元组成的组，“详图”组是由高程点、云线批注等注释类图元组成的组，如图 12-18 所示。

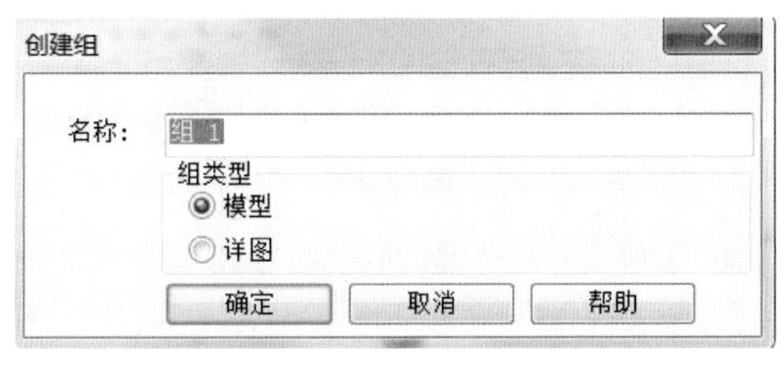

图 12-18

12.3.9　注释记号

注释记号可应用到图元，指定给材质或自定义编辑，以提供所需的信息。所有图元都具有注释记号类型参数。可以使用“类型属性”对话框预先设置这些参数，或在放置标记时选择这些参数。

（1）点击“注释”选项卡“标记”面板中的“注释记号”下拉按钮，在弹出的下拉列表中有“图元注释记号”“材质注释记号”“用户注释记号”“注释记号设置”四个选项，如图 12-19 所示。

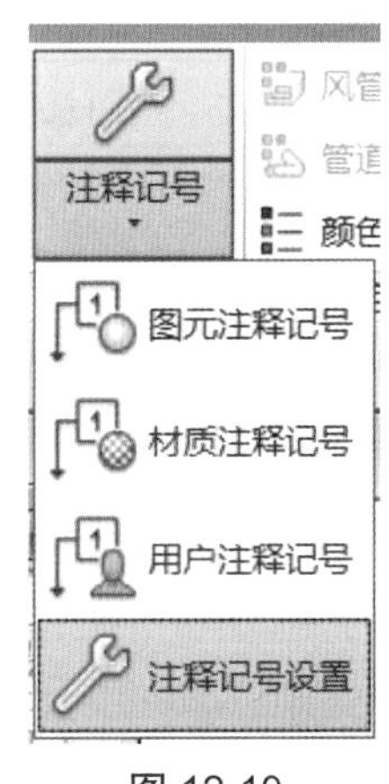

图 12-19

（2）选择“图元注释记号”选项，为图元类型指定的注释记号标记选定图元。要修改某种图元的注释记号，修改类型属性中“注释记号”字段的值。

（3）选择“材质注释记号”选项，为选定图元材质指定的注释记号标记选定图元。将注释记号指定给表面已填色的材质，或指定给已被指定给图元的构件图层的材质。系统不支持将材质注释记号用于隔热层绘图工具、详图构件线和填充区域、线框视图。当给材质指定一个注释记号值时，使用这种材质的对象将相应地继承这个注释记号值。

(4)选择“用户注释记号”选项,为选定的注释记号标记图元。激活该工具并选择图元时,将显示“注释记号”对话框,可以在该对话框中选择相应的注释记号。

12.3.10 导入 CAD 详图

原有的 CAD 详图二维图纸可以导入 Revit 软件,以提高建模效率,步骤如下。

(1)点击“插入”选项卡“导入”面板中的“导入 CAD”按钮,从外部图库中导入现有的“.dwg”详图或标准图库来创建详图。

(2)点击“视图”选项卡“创建”面板中的“绘图视图”按钮,在弹出的“新绘图视图”对话框中设置“名称”和“比例”,如图 12-20 所示。

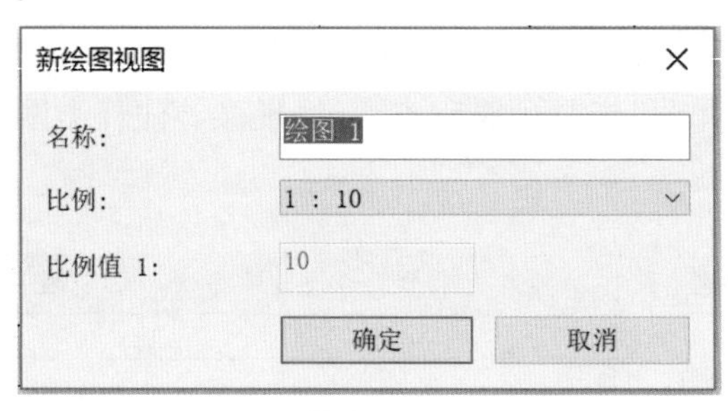

图 12-20

在 Revit 中链接 CAD 和导入 CAD 的区别:链接 CAD 类似于 AutoCAD 软件中的外部参照功能,一定要有 CAD 原文件,如果在外部将 CAD 原文件移动位置或者删除, Revit 中的 CAD 也会随之消失;导入 CAD 相当于直接把 CAD 文件变为 Revit 的文件,外部的 CAD 文件发生变化不会对 Revit 中的 CAD 文件产生影响。

12.3.11 添加文字注释

“文字”面板中包含了放置和编辑文字注释的工具,通过启用这些工具,可以放置和编辑文字注释,以保证注释图元符合使用要求。

(1)点击“注释”选项卡“文字”面板中的“文字”按钮,从下拉列表中选择合适的文字样式,点击“编辑类型”按钮,弹出“类型属性”对话框,点击“复制”按钮,创建新的文字样式。或直接打开文字的“类型属性”对话框,修改文字的基本参数和创建新的文字类型,如图 12-21 所示。

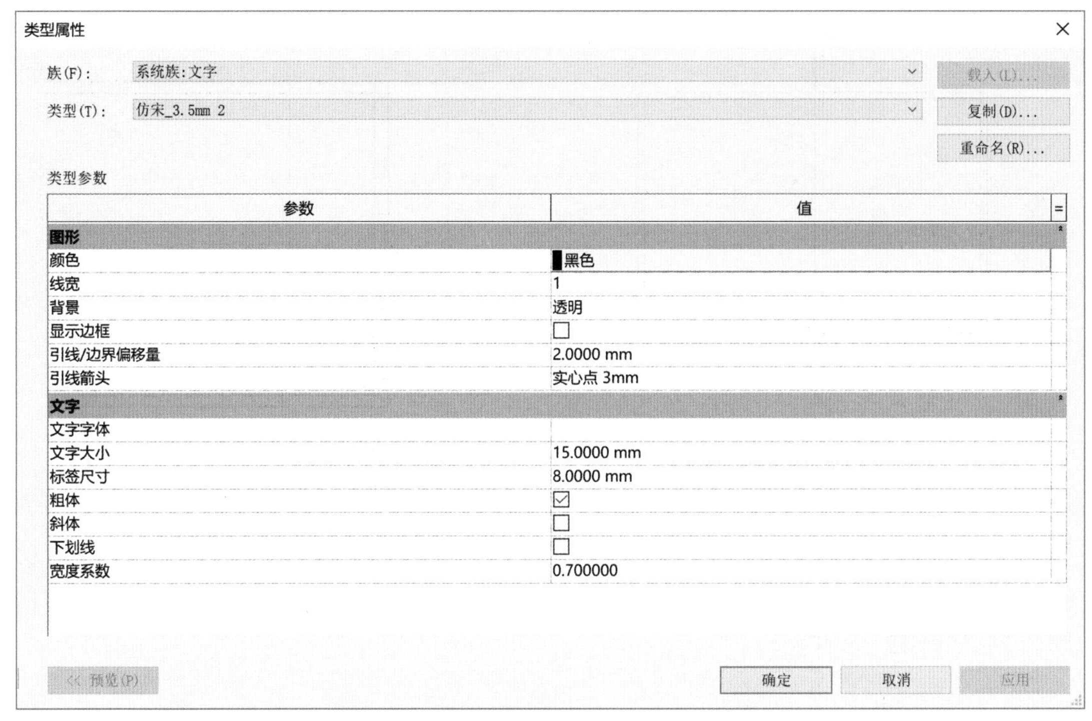

图 12-21

（2）在“修改 | 放置文字”面板中设置文字对齐方式和引线类型。单击放置引线箭头、引线、文本框，输入文字内容，如图 12-22 所示。

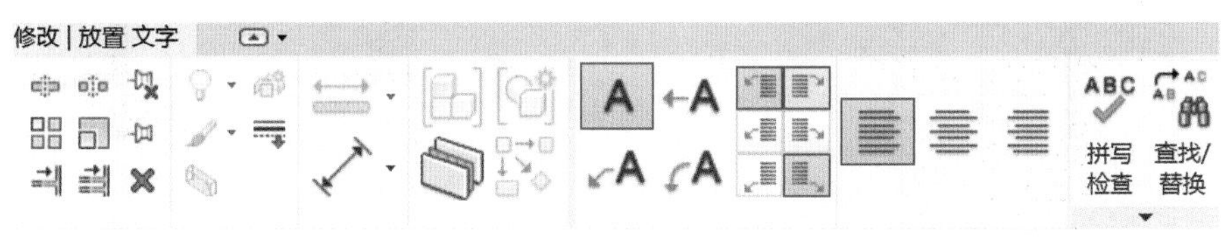

图 12-22

12.4　应用技巧

应用技巧

12.4.1　墙身大样的制作流程

（1）点击“视图”选项卡“创建”面板中的“剖面”按钮，在视图中绘制剖面，如图 12-23 所示。

（2）双击剖面标识，进入剖面视图，点击“视图”选项卡“创建”面板中的“详图索引”按钮，绘制详图区域，如图 12-24 所示。

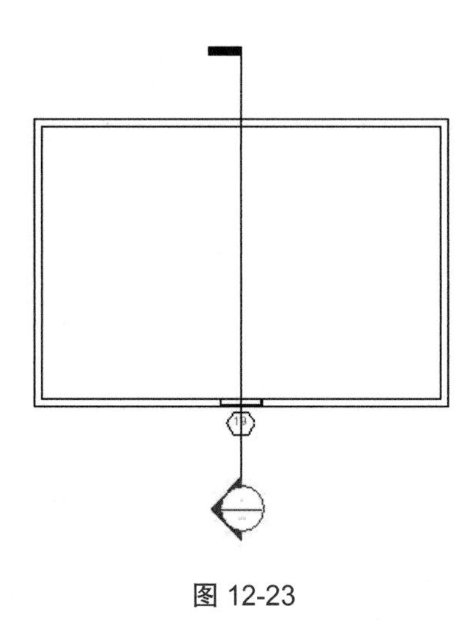

图 12-23

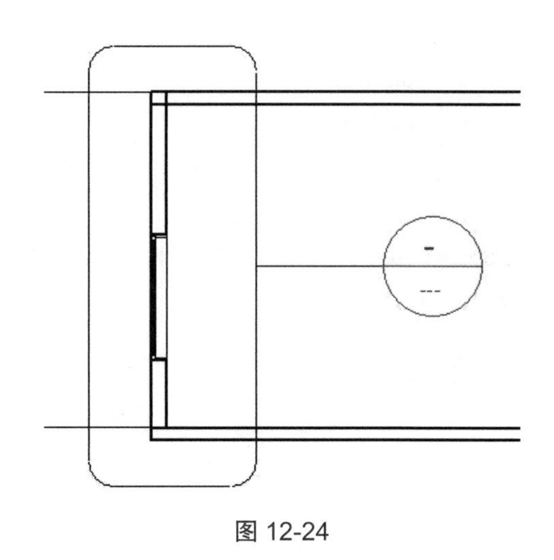

图 12-24

(3)双击详图大样标识,进入详图大样绘制模式,如图 12-25 所示,点击“打断”按钮,移动详图边框。在“属性”对话框中,将“视图比例”改为“1∶20”,“详细程度”设置为“精细”,结果如图 12-26 所示。

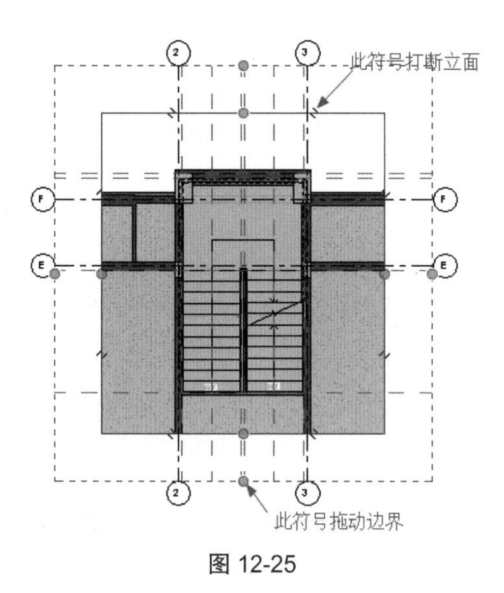

图 12-25

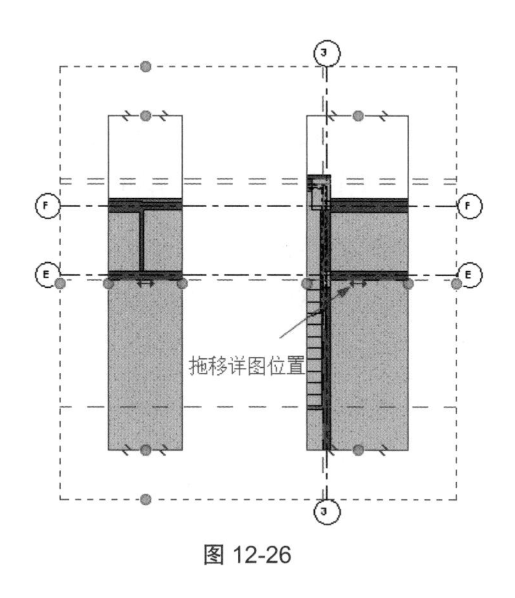

图 12-26

(4)选择详图边框并单击鼠标右键,在弹出的快捷菜单中选择“在视图中隐藏 | 图元”命令,可以在视图中隐藏详图边框,如图 12-27 所示。如果需要显示隐藏的图元,可以点击“视图控制栏”中的灯泡按钮,将以红色显示隐藏的图元,选择隐藏的图元并单击鼠标右键,在弹出的快捷菜单中选择“取消在视图中隐藏 | 图元”命令。

(5)连接墙体与楼板:点击“修改”选项卡“几何图形”面板中 的“连接”按钮,分别单击楼板与墙体,如图 12-28 所示。

(6)为详图添加尺寸标注:如图 12-29 所示,“打断”命令并不影响尺寸标注,所注释的距离都是实际尺寸。

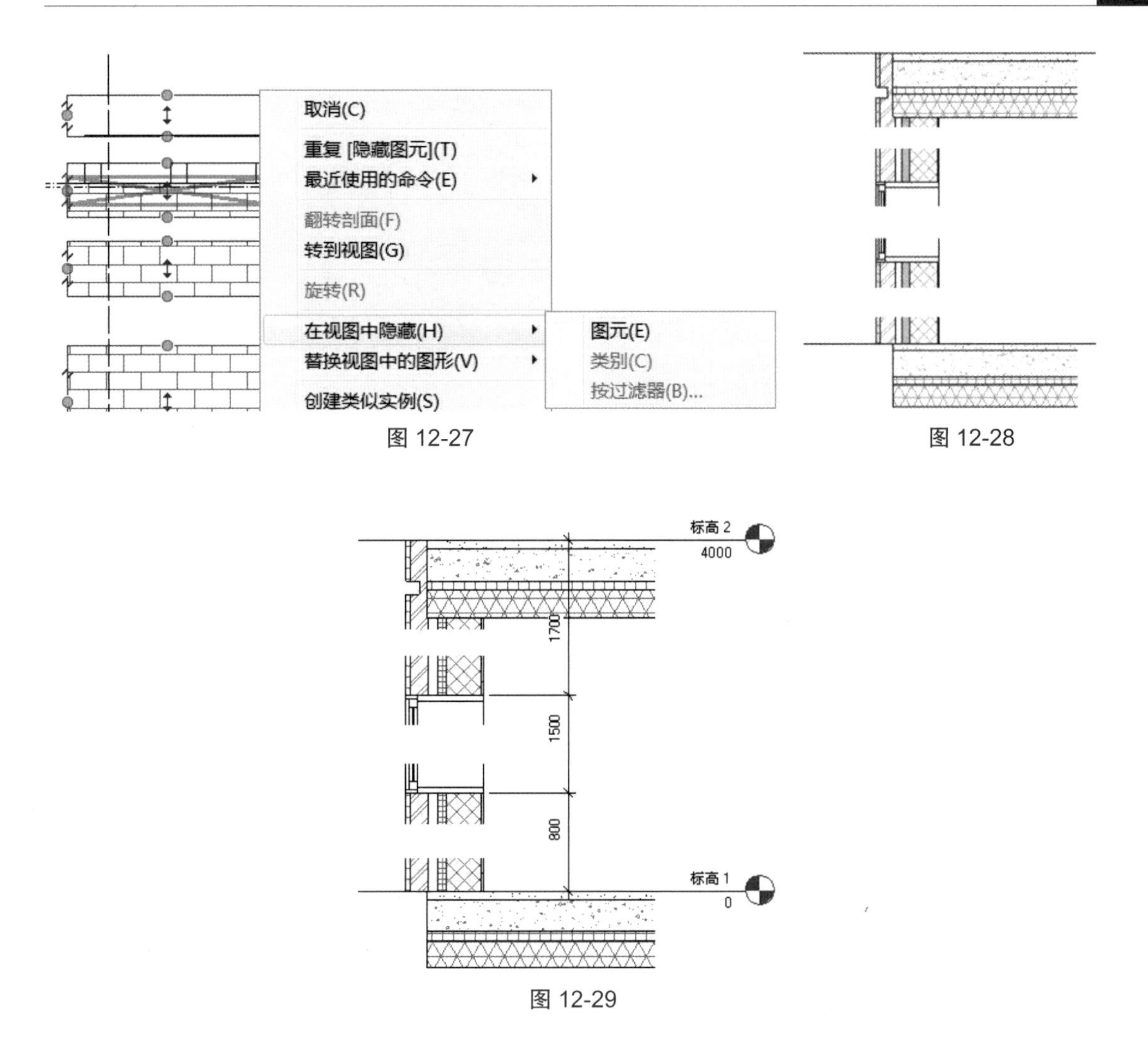

图 12-27

图 12-28

图 12-29

12.4.2　设定详图线与构件的约束关系

当详图线与构件是用拾取命令绘制时，它们之间存在的弱约束关系不能实现它们之间的关联效果，一般的做法是在它们之间添加尺寸，通过锁定尺寸来实现它们之间的关联效果。

12.4.3　参照 AutoCAD 中的平面详图

在 Revit Architecture 中生成构件大样时，需要引入已经在 AutoCAD 中绘制的详图索引大样图纸，如图 12-30 所示，以表达构件的详细做法大样。

在 Revit Architecture 中，除可以直接使用详图索引工具根据模型生成索引详图外，还可以引入在 AutoCAD 中绘制的详图大样。

使用详图索引工具时，在类型选择器中选择详图索引的类型，设置将要生成的详图索引的比例，勾选选项栏中的“参照其他视图”，在其后的下拉列表中选择“新绘图视图”选项，在视图中绘制要的详图索引范围，Revit Architecture 会生成空白详图索引视图。

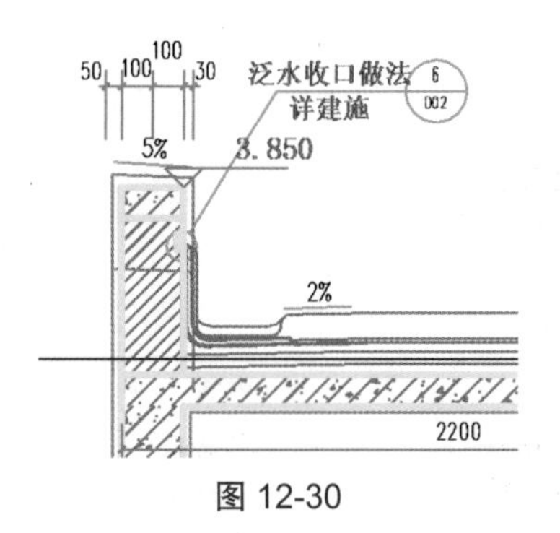

图 12-30

注意:在绘制索引轮廓前勾选“参照其他视图”,如图 12-31 所示。

图 12-31

切换至详图索引视图,选择“插入 | 导入 CAD”命令,弹出“导入 CAD 格式”对话框,找到需要导入的用 AutoCAD 绘制的“.dwg”大样图纸,设置导入单位和放置位置,点击“确定”按钮,即可将“.dwg”格式的文件导入详图索引视图中,如图 12-32 所示。

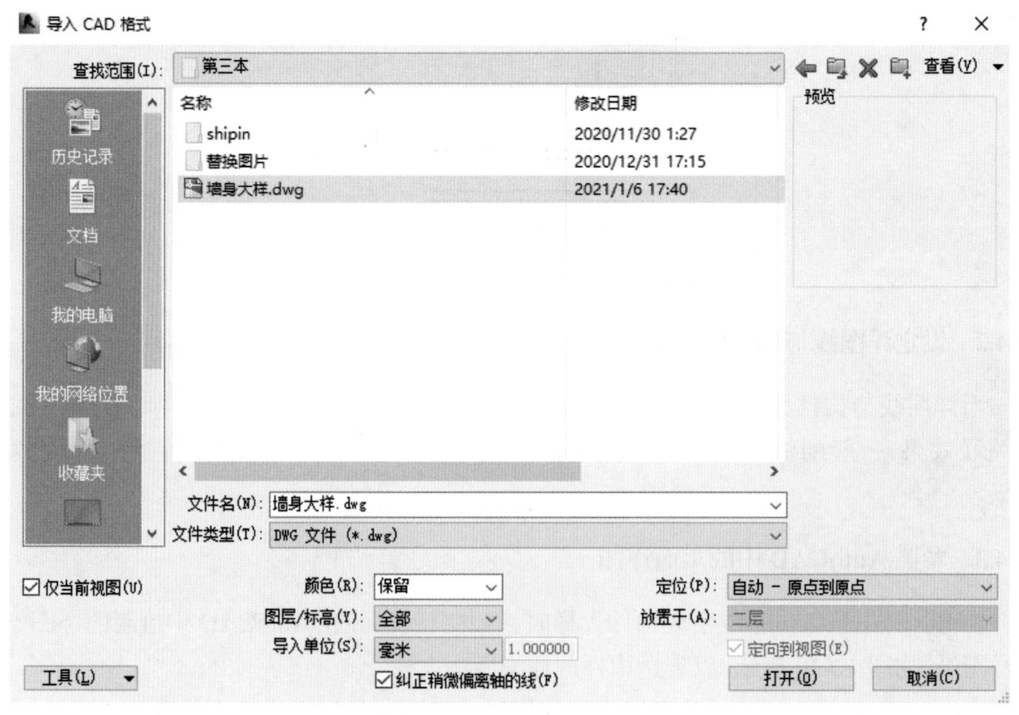

图 12-32

注意:使用导入的“.dwg”文件生成的详图视图与详图索引视图的模型不再关联,无论如何修改详图索引的位置,导入的“.dwg”文件都不会自动修正,除非重新导入对应的详图索引文件。

第 13 章　渲染与漫游

在 Revit Architecture 中，可以利用现有的三维模型创建效果图和漫游动画，全方位展示建筑师的创意和设计成果。因此，在一个软件中既完成了从施工图设计到可视化设计的所有工作，又避免了以往在几个软件中操作所带来的重复劳动、数据流失等弊端，提高了设计效率。

Revit Architecture 集成了 Mental Ray 渲染器，可以生成建筑模型的照片级真实感图像，在其中可以及时看到设计效果，从而可以向客户展示设计或将它与团队成员分享。Revit Architecture 的渲染设置非常容易操作，只需要设置真实的地点、日期、时间和灯光即可渲染三维和相机透视图视图；只需要设置相机路径，即可创建漫游动画，动态查看与展示项目设计。

本章将重点讲解设计表现内容，包括材质的设置，赋予构件材质，创建室内外相机透视图，室内外渲染场景的设置和渲染，项目漫游的创建与编辑方法。

13.1　渲染

在渲染之前，一般要先创建相机透视图，生成渲染场景。

13.1.1　透视图的创建

打开一个平面视图、剖面视图或立面视图，并且平铺窗口。在“视图”选项卡“创建”面板的“三维视图”下拉列表中选择“相机”选项，如图 13-1 所示。

图 13-1

在平面视图绘图区域中单击放置相机并将光标拖曳到目标点。

如果清除选项栏中的“透视图”选项，则创建的视图是正交三维视图，不是透视图，如图

13-2 所示。

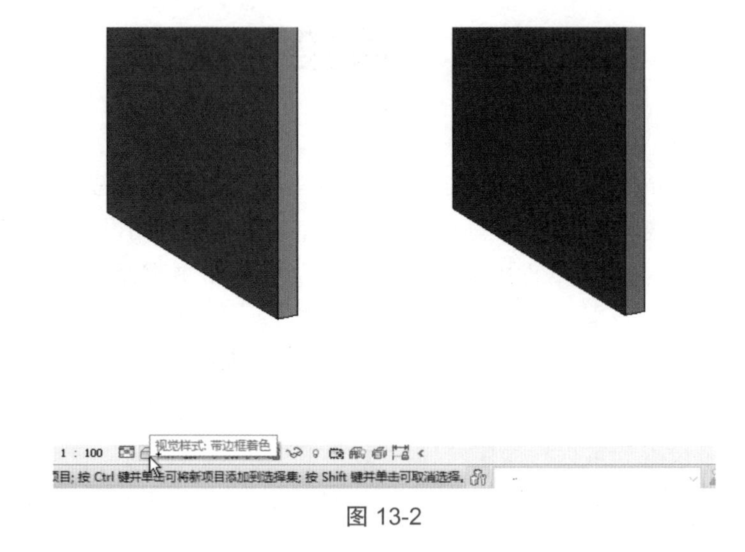

图 13-2

光标向上移动,超过建筑最上端,单击放置相机视点。选择三维视图的视口,视口各边出现四个蓝色的控制点,单击上边的控制点向上拖曳,直至超过屋顶,单击拖曳左右两边的控制点,超过建筑后释放鼠标,则视口被放大。这样就创建了一个正面相机透视图,如图 13-3 所示。

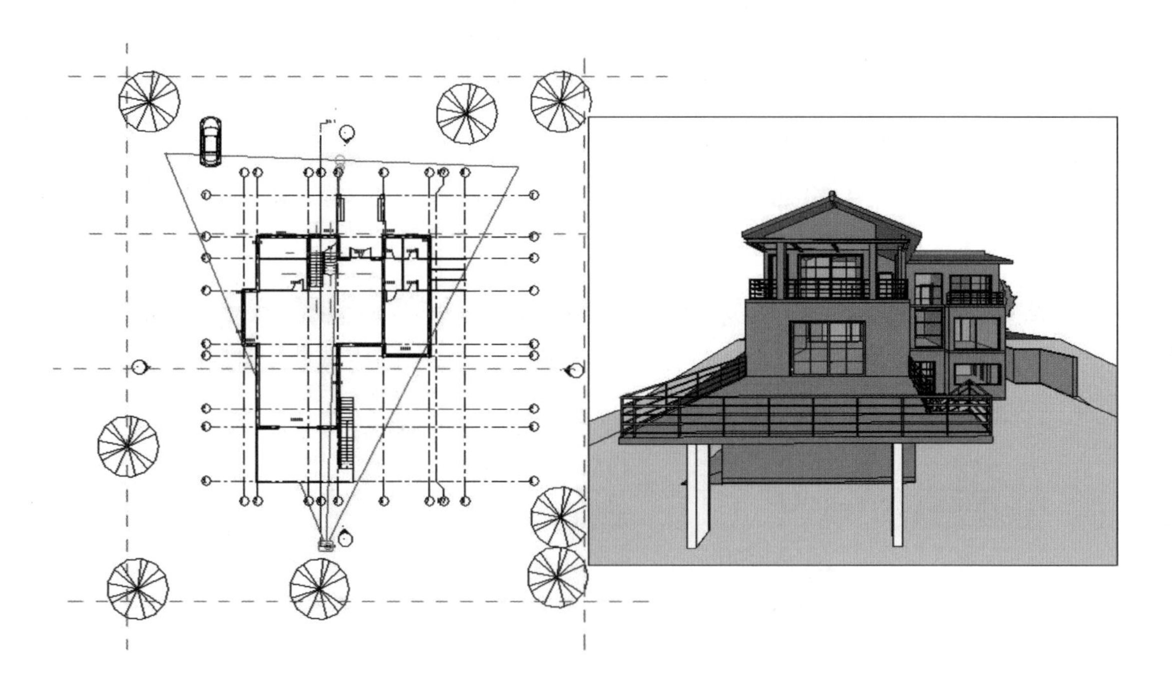

图 13-3

在立面视图中按住相机上下移动,相机的视口也会跟着上下摆动,这样就可以创建鸟瞰透视图或者仰视透视图，如图 13-4 所示。使用同样的方法在室内放置相机就可以创建室内三维透视图，如图 13-5 所示。

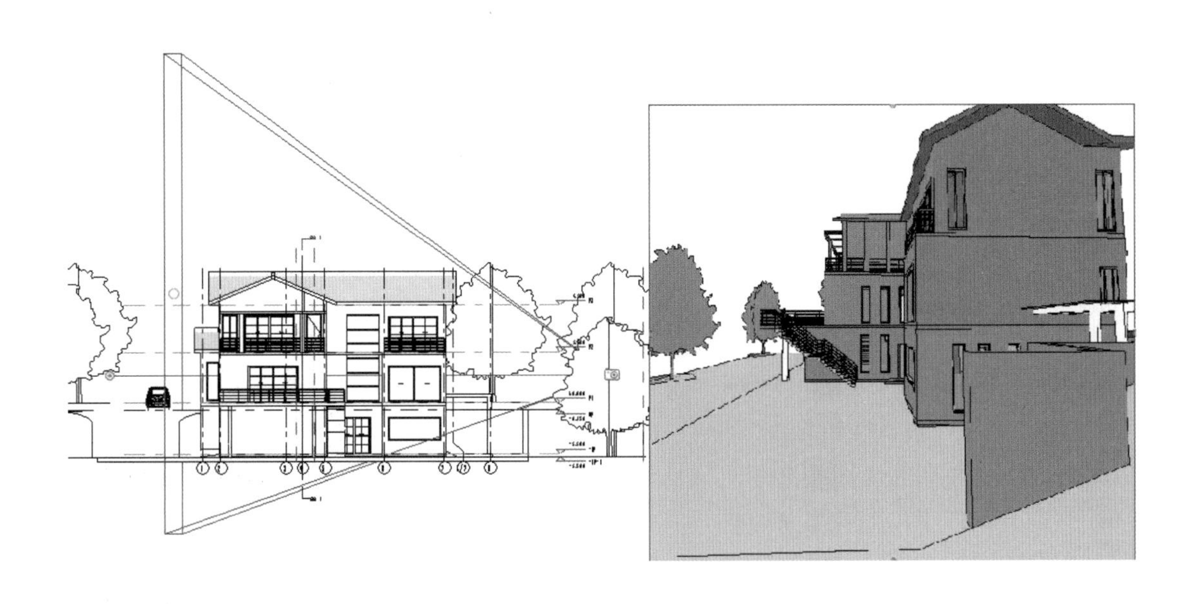

图 13-4

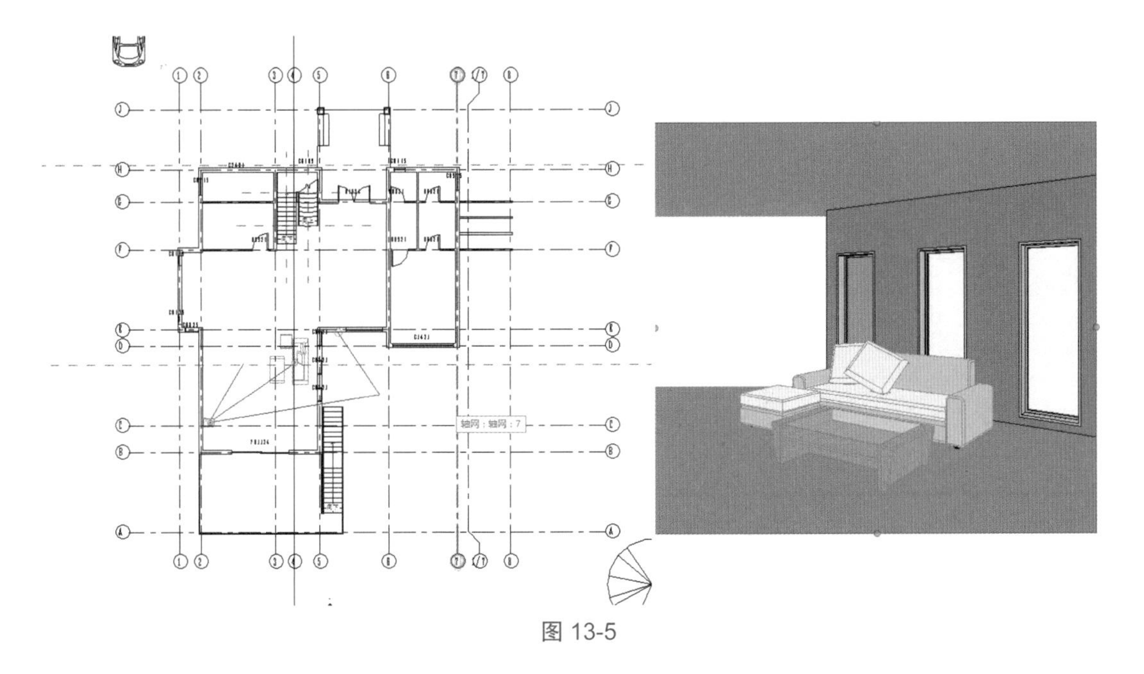

图 13-5

13.1.2　材质的设置

在渲染之前，需要给构件设置材质。材质用于定义建筑模型中图元的外观，Revit Architecture 提供了默认的材质库，用户可以从中选择材质，也可以新建自己所需的材质。

点击“管理”选项卡“设置”面板中的“材质”按钮,弹出“材质浏览器”对话框,如图 13-6 所示。

图 13-6

在“材质浏览器”对话框左侧的材质列表中选择物理性质类似的材质——“砖石建筑 - 砖”,然后点击“材质浏览器”对话框左下角的“复制选定的材质”按钮,弹出如图 13-7 所示的对话框。

图 13-7

材质名称默认为“砖石建筑 - 砖(1)”,输入新名称“饰面砖”,点击“确定”按钮,创建新的材质名称。

复制现有材质也可在材质列表中的现有材质上单击鼠标右键,在弹出的快捷菜单中选择“复制”命令。

在材质列表中选择上一步创建的材质“饰面砖”,对话框右边将显示该材质的属性。点击“着色”下面的灰色图标,可打开“颜色”对话框,选择着色状态下的构件颜色。点击选择“基本颜色”中的倒数第三个浅灰色,“RGB”为“192-192-192”,点击“确定”按钮,如图 13-8 所示。

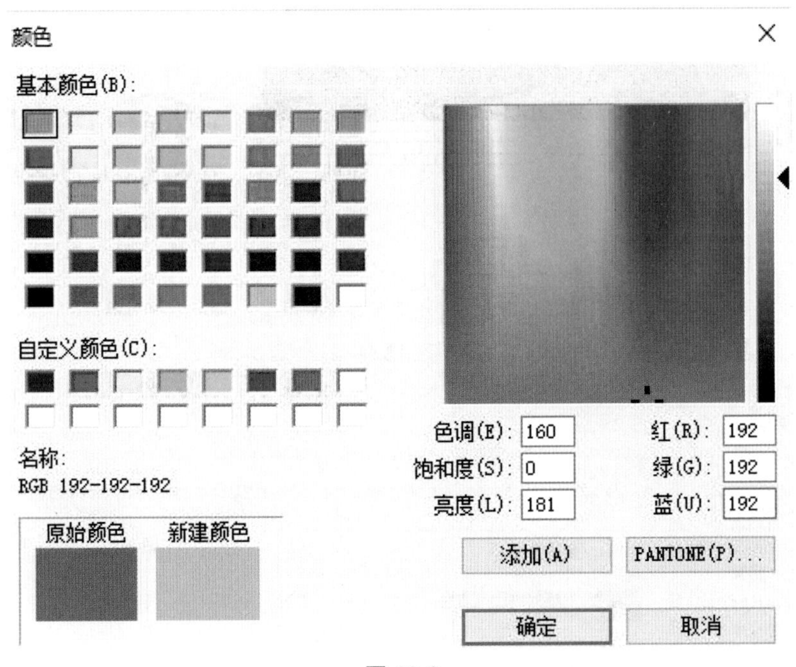

图 13-8

此颜色与渲染后的颜色无关,只决定着色状态下的构件颜色。

点击材质属性中的“表面填充图案”后的“填充图案”按钮,弹出“填充样式”对话框,如图 13-9 所示。在下方的“填充图案类型”选项区域中选择“模型”单选框,在“填充图案”样式列表中选择“砌体 - 砌块 225 × 450 m”,点击“确定”按钮回到“材质浏览器”对话框。

“表面填充图案”指 Revit 绘图空间中模型的表面填充样式,在三维视图和各立面视图中都可以显示,但与渲染无关。

点击“截面填充图案”后的“填充图案”按钮,同样弹出“填充样式”对话框,点击左下角的“无填充图案”按钮,关闭“填充样式”对话框。

“截面填充图案”指构件在剖面图中被剖切时显示的截面填充图案,如剖面图中的墙体需要实体填充时,要设置该墙体的“截面填充图案”为“实体填充”,而不是设置“表面填充图案”。平面图上需要黑色实体填充的墙体也要将“截面填充图案”设置为“实体填充”,因为平面图默认为标高向上 1 200 mm 的横切面(详细程度为中等或精细时才可见)。

选择“材质浏览器”左下角的“打开/关闭资源浏览器”选项卡,切换为“资源浏览器”,如图 13-10 所示。

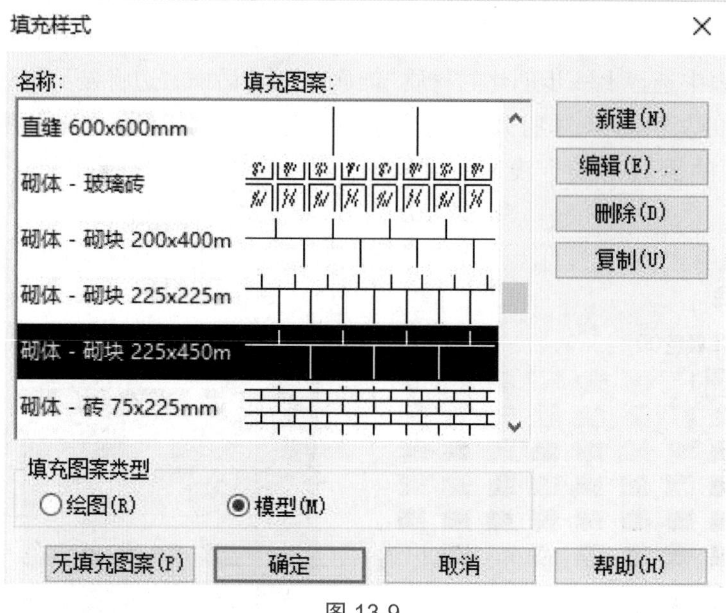

图 13-9

图 13-10

选择“1 英寸方形 - 蓝色马赛克”，如图 13-11 所示，点击“确定”按钮关闭对话框。

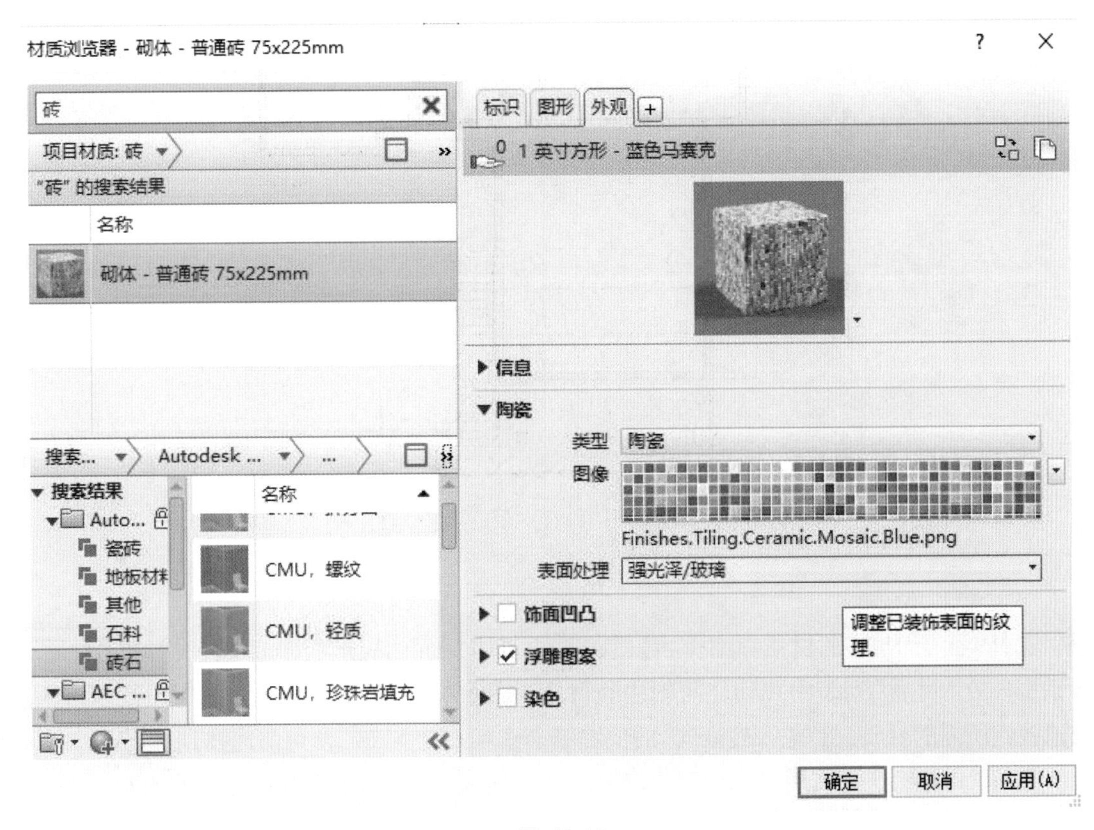

图 13-11

在“材质浏览器”对话框中点击“确定”按钮，完成材质“饰面砖”的创建，保存文件。在上述操作中设置了材质的名称、表面填充图案、截面填充图案和渲染外观。

切换到“图形”选项卡（图 13-12），勾选“着色”选项区域中的“使用渲染外观”复选框，在着色模式下构件的颜色将与所设置的渲染外观的纹理图片颜色一致。例如，刚刚设置的渲染外观纹理为“饰面砖”，颜色为蓝色，当勾选“使用渲染外观”复选框时，附着了“饰面砖”的构件在着色状态下将显示为蓝色，之前设置的此项颜色将不起作用，如图 13-12 所示。

图 13-12

下面给构件设置材质，选择模型中的一面外墙，如图 13-13 所示。在“属性”面板中点击

“编辑类型”按钮,弹出“编辑类型”对话框。点击“结构数”后的“编辑”按钮,弹出“编辑部件”对话框。

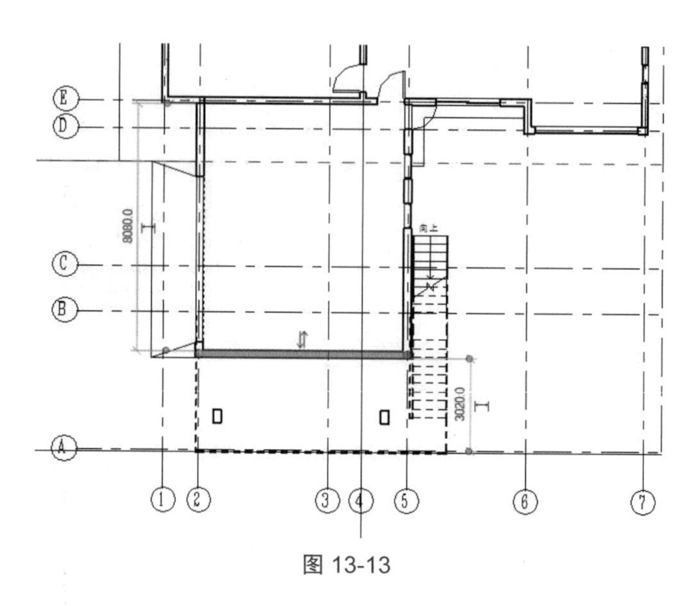

图 13-13

选择“面层 1[4]”的材质“墙体 - 普通砖”,再点击后面的矩形“浏览”按钮,弹出“材质”对话框。在“材质”列表中找到之前创建的材质“饰面砖”。“材质”列表中的材质很多,无法快速找到所需的材质,在“输入搜索词”的位置单击输入关键字“砖”便可快速找到。

选择“饰面砖”材质后,同样可以和材质设置阶段一样复制材质或直接编辑材质的属性,如“表面填充图案”“截面填充图案”等特性。

点击“确定”按钮关闭所有对话框,完成材质的设置。此时为选中的墙体设置了“饰面砖”材质。点击快速访问工具栏中的“默认三维视图”按钮,打开三维视图查看效果,如图 13-14 所示。

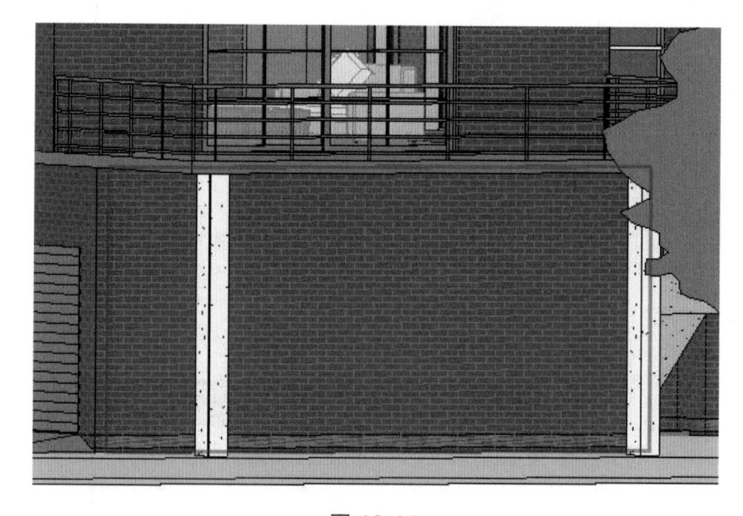

图 13-14

如需为窗设置材质，可在任意视图中选择窗，在类型属性中可以看到“窗框材质”“玻璃材质”等材质参数，单击现有材质，点击材质后的“浏览”按钮，打开“材质”对话框，即可选择材质或创建新材质。门、家具等设置材质的方法与窗相同。

13.1.3　渲染的设置

点击“视图”选项卡“图形”面板中的“渲染”按钮，弹出“渲染”对话框，如图 13-15 所示。

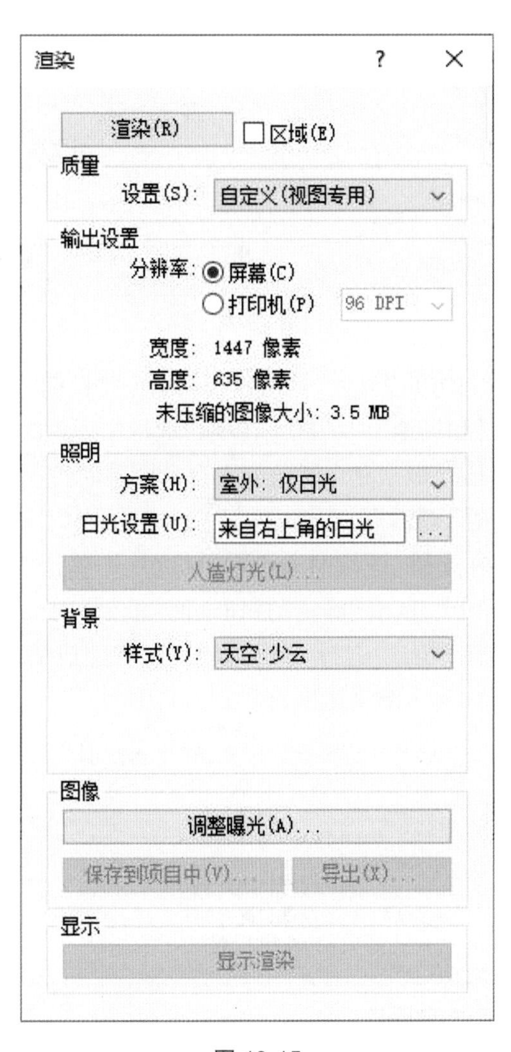

图 13-15

在“渲染”对话框“照明”选项区域的“方案”下拉列表中选择“室外：仅日光”选项。

在“日光设置”下拉列表中选择“编辑 / 新建”选项，打开“日光设置”对话框，“日光研究”选择“静止”，如图 13-16 所示。

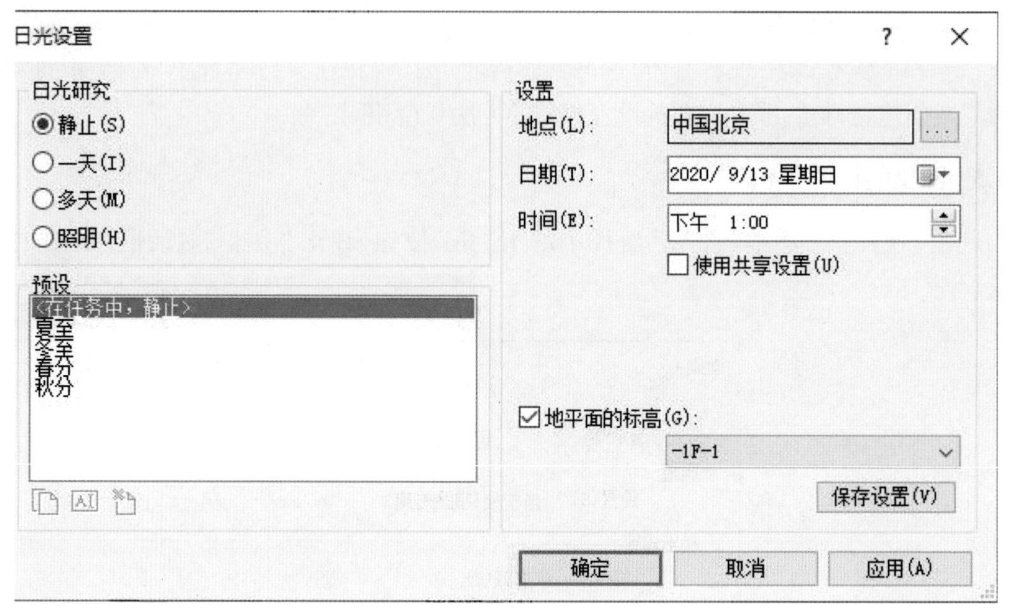

图 13-16

在“日光设置”对话框右边的“设置”栏中选择“地点”“日期”和“时间”，点击“地点”后面的按钮，弹出“位置、气候和场地”对话框。在项目地址中搜索“北京，中国”，经度、纬度将自动调整为北京的信息，勾选“根据夏令时的变更自动调整时钟”复选框。点击“确定”按钮关闭对话框，回到“日光设置”对话框。

点击“日期”后的下拉按钮，设置日期为“2013/6/1”，单击“时间”的小时数值，输入“14”，单击分钟数值，输入“0”，点击“确定”按钮返回“渲染”对话框。在“渲染”对话框“质量”选项区域的“设置”下拉列表中选择“高”选项。设置完成后点击“渲染”按钮，开始渲染，弹出“渲染进度”对话框，显示渲染进度，如图 13-17 所示。

渲染进度
10 %
取消
渲染时间：0:00:00:02
人造灯光：0
采光口：0
警告：
当渲染完成时关闭对话框

图 13-17

可随时点击“取消”按钮或按快捷键【Esc】结束渲染。

勾选“渲染进度”对话框中的“当渲染完成时关闭对话框”复选框，渲染完成后此对话框将自动关闭，渲染结果如图 13-18 所示，图 13-18 和图 13-19 为渲染前后对比。图 13-19 所示为其他渲染练习的效果。

图 13-18

图 13-19

13.2　漫游

在“项目浏览器”中进入 1F 平面视图。在“视图”选项卡“创建”面板中选择“三维视图”下拉菜单中的“漫游”命令。

在选项栏中可以设置路径的高度，默认值为 1 750，可单击修改。

将光标移至绘图区域，在 1F 平面视图中别墅南面的中间位置单击，开始绘制路径，即漫游所要经过的路径，路径围绕别墅一周后，点击选项栏中的“完成”按钮或按【Esc】键完成漫游路径的绘制，如图 13-20(a)所示。

完成路径的绘制后，“项目浏览器”中出现“漫游”项，双击“漫游”项，显示的名称是“漫游 1”，双击打开漫游视图。

打开“项目浏览器”中的“楼层平面”项，双击“1F”，打开一层平面视图，在功能区选择“窗口 | 平铺”命令，此时绘图区域同时显示楼层平面图、漫游视图和三维视图。

单击漫游视图中的边框线，将显示模式设置为“着色”，选择漫游视口的边框线，单击视口四边上的控制点，按住鼠标左键向外拖曳，放大视口，如图 13-20(b)所示。

选择漫游视口边界，点击“漫游”面板中的“编辑漫游”按钮，在 1F 平面视图上单击，此时选项栏中的工具可以用来设置漫游，如图 13-21 所示。在“帧”文本框中输入“1”，按【Enter】键确认。“控制”中的“活动相机”选项处于可调节状态时，1F 平面视图中的相机处于可编辑状态，此时可以拖曳相机视点改变相机方向，直至观察三维视图该帧的视点合适。在“控制”下拉列表中选择“路径”选项即可编辑每帧的位置，在 1F 平面视图中关键帧变为可拖曳位置的蓝色控制点。

第一个关键帧编辑完毕后点击选项栏中的“下一关键帧”按钮，逐帧编辑漫游，使每帧的视线方向和关键帧位置合适，得到完美的漫游。

如果关键帧过少，可以在“控制”下拉列表中选择“添加关键帧”选项，就可以在现有的两个关键帧中间直接添加新的关键帧；“删除关键帧”则是删除多余的关键帧的工具。

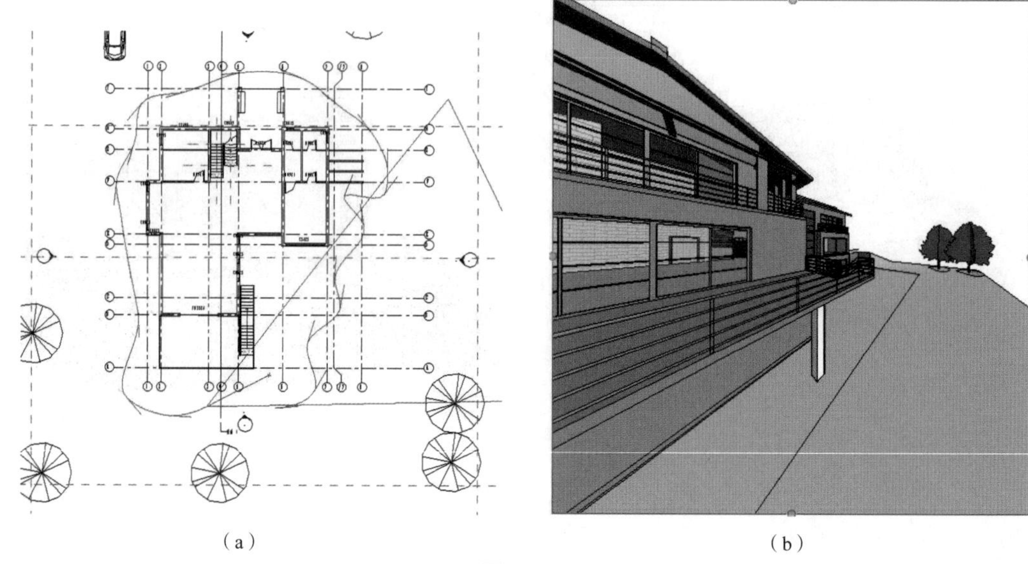

(a)　　(b)

图 13-20

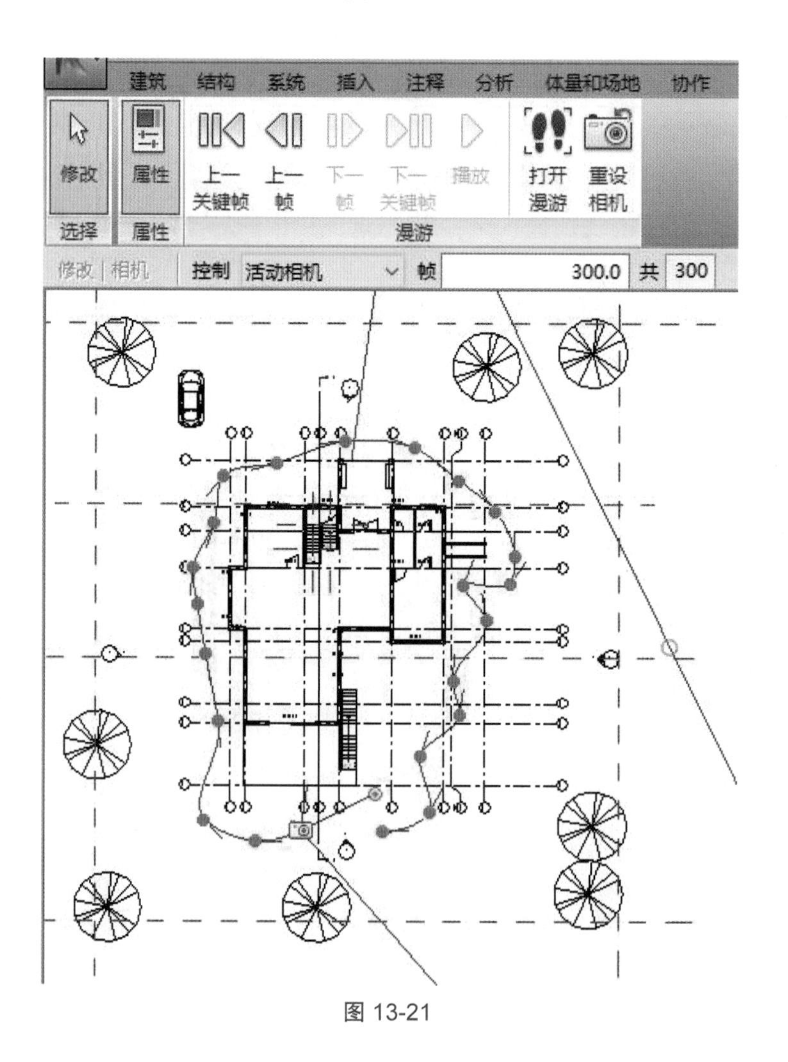

图 13-21

为使漫游更顺畅，Revit 在两个关键帧之间创建了很多非关键帧。

编辑完成后可点击选项栏中的“播放”按钮，播放刚刚创建的漫游。

如需创建上楼的漫游，如从 1F 到 2F，可从 1F 起绘制漫游路径，沿楼梯平面向前绘制。当路径走过楼梯后，可将选项栏中的“自”设置为“1F”，路径即从 1F 向上，至 2F。同时可以配合选项栏中的“偏移值”，每向前几个台阶，将偏移值增大，以绘制较流畅的上楼漫游。也可以在编辑漫游时打开楼梯剖面图，将选项栏中的“控制”设置为“路径”，在剖面上修改每一帧位置，创建上下楼的漫游。

漫游创建完成后选择“文件”—“导出”—“漫游”命令，弹出“长度 / 格式”对话框，如图 13-22 所示。

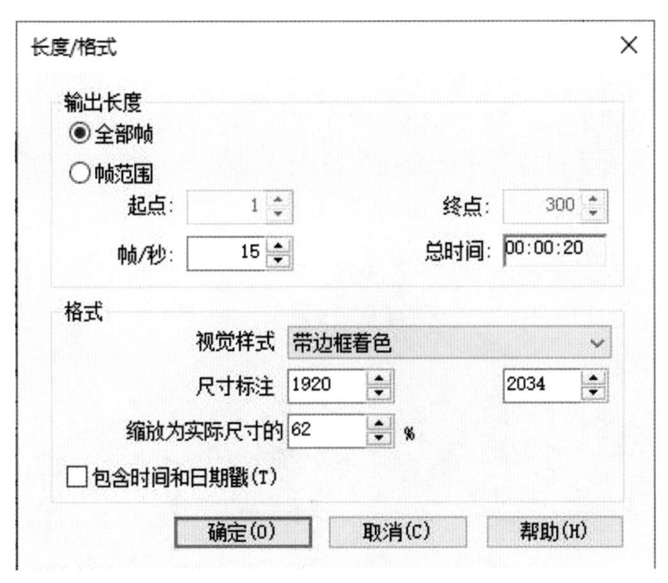

图 13-22

其中“帧 / 秒”选项用于设置导出后漫游的速度为每秒多少帧，默认为 15 帧 / 秒，播放速度比较快，建议设置为 3 帧 / 秒或 4 帧 / 秒，速度比较合适。点击“确定”按钮后会弹出“导出漫游”对话框，输入文件名并选择路径，点击“保存”按钮，弹出“视频压缩”对话框。在该对话框中默认压缩模式为“全帧（非压缩的）”，产生的文件会非常大，建议在下拉列表中选择压缩模式为“ Microsoft video1”，此模式为大部分系统可以读取的模式，同时可以减小文件的大小，点击“确定”按钮将漫游文件导出为外部 AVI 文件。

13.3　技术总结

技术总结

问题：在设置完楼板的表面填充图案以后，在三维视图中旋转模型，图案不跟随楼板旋转。这个问题怎么解决？（图 13-23）

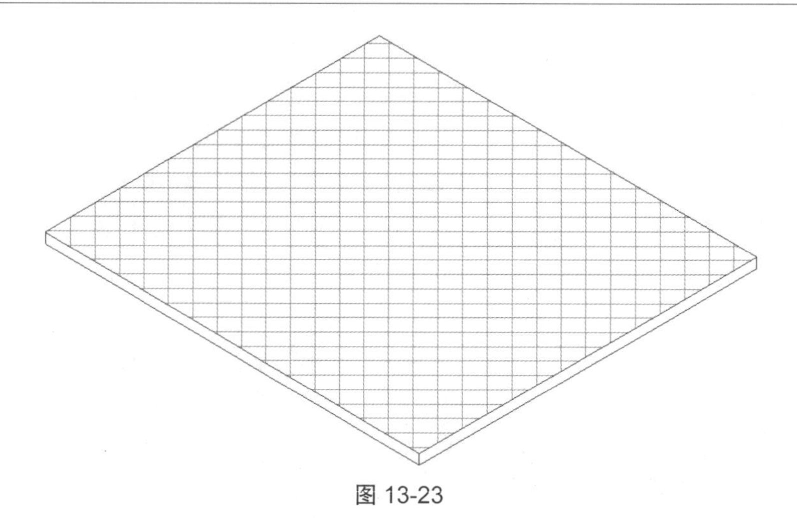

图 13-23

遇到这种情况要知道绘图填充与模型填充的区别。创建一块楼板(图 13-24),为楼板添加面层并将面层的材质设置为水磨石(图 13-25),点击面层材质后面的小方框打开材质框,再点击材质框后面的下拉框,如图 13-26 所示。

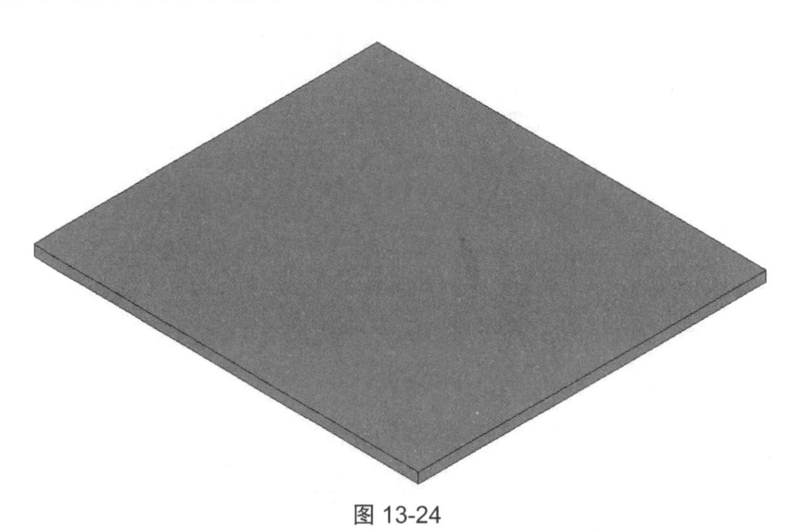

图 13-24

	功能	材质	厚度	包络	结构材质	可变
1	结构 [1]	默认为新材质…	10.0	☐	☐	☐
2	**核心边界**	**包络上层**	**0.0**			
3	结构 [1]	<按类别>	150.0	☐	☑	☐
4	**核心边界**	**包络下层**	**0.0**			
5	结构 [1]	默认为新材质	10.0	☐	☐	☐

图 13-25

在“填充样式”对话框中“填充图案类型”有“绘图”和“模型”两个选项。若选用“绘图”填充,填充的图案不会在旋转模型时同步旋转;若选用“模型”填充,填充的图案会随模型一同旋转。

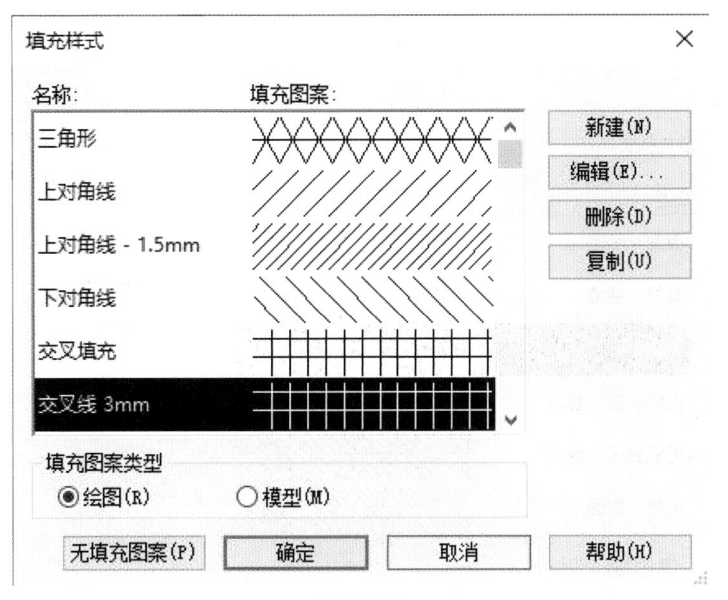

图 13-26

在绘图填充时,因为视图的比例是 1 ∶ 100,而图案填充的比例是 1 ∶ 1,所以新建所需要的填充方式时要按比例放大 100 倍。例如,地砖是 600 的,就要创建“方格 6*6”的地砖填充方式,如图 13-27 所示。

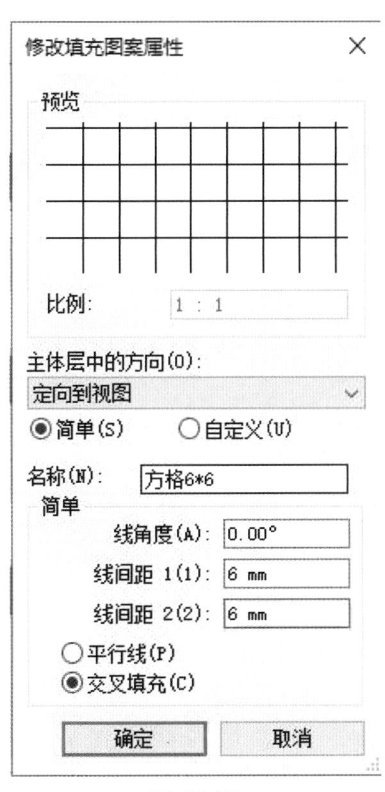

图 13-27

图 13-28 中的“方格 6*6”即刚刚创建的新的填充样式。填充完图案的平面显示如图 13-29 所示,填充完图案的三维显示如图 13-30 所示。由图 13-30 可以看到填充图案没有跟着模型旋转。

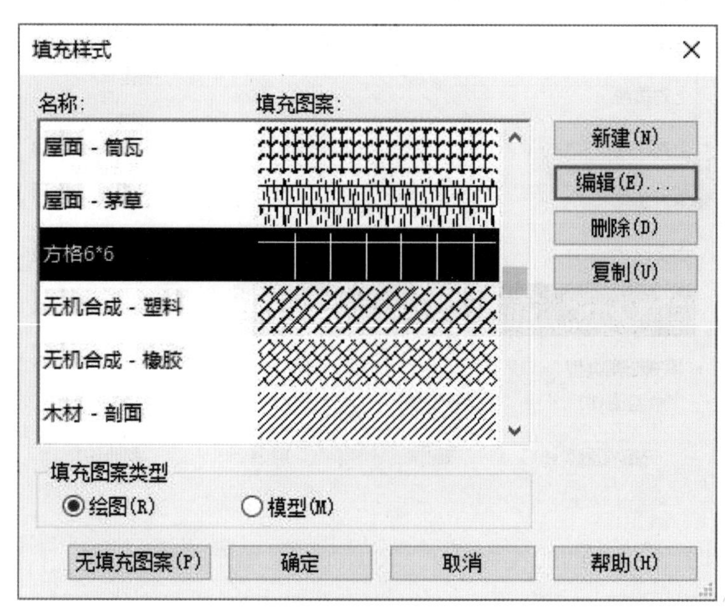

图 13-28

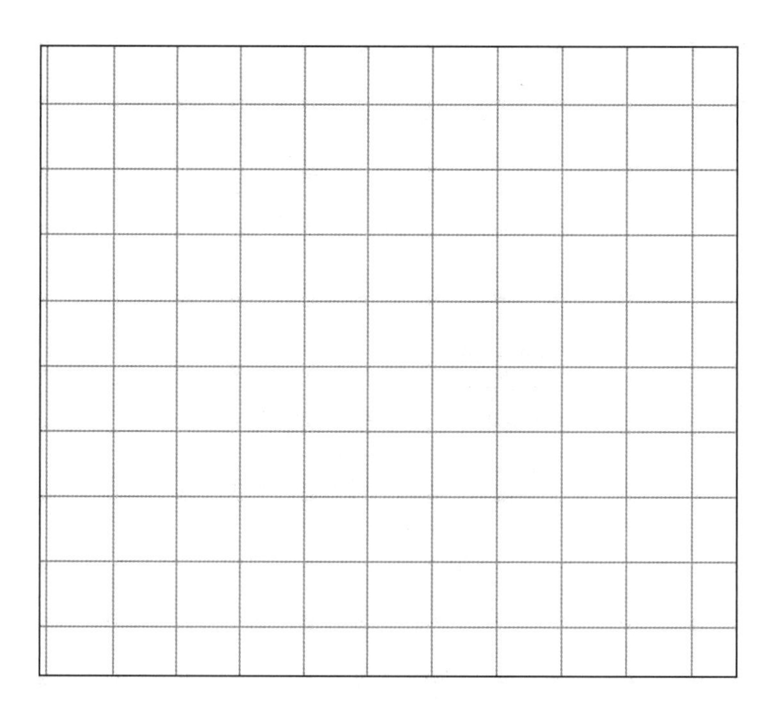

图 13-29

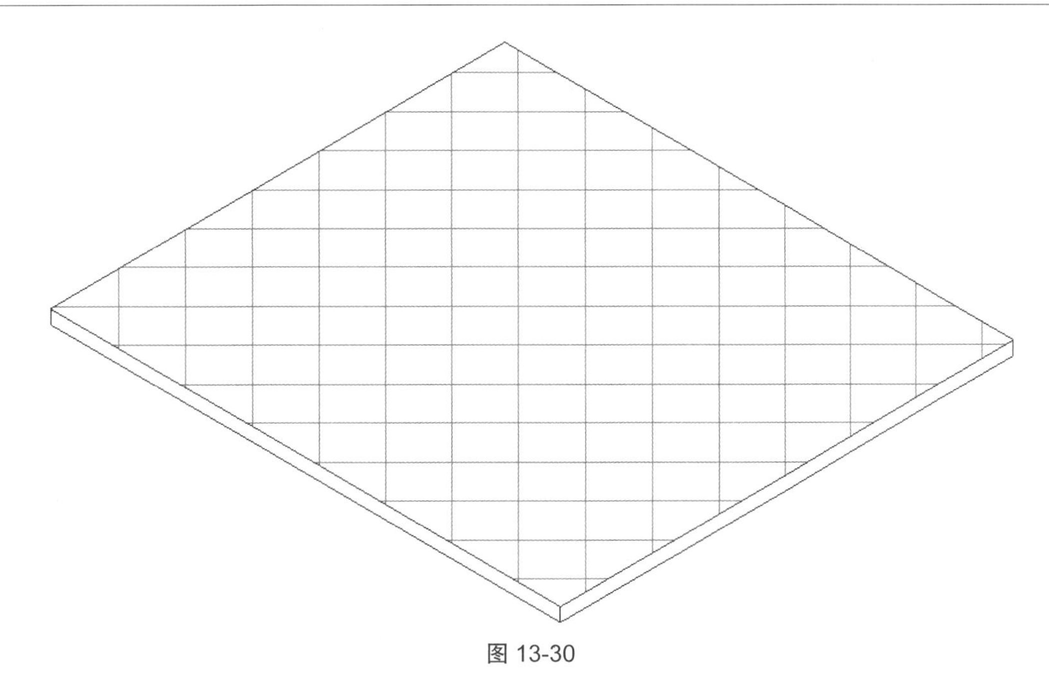

图 13-30

因为模型填充是按照实际尺寸填充的，所以在填充时用实际数值即可，如图 13-31 所示。

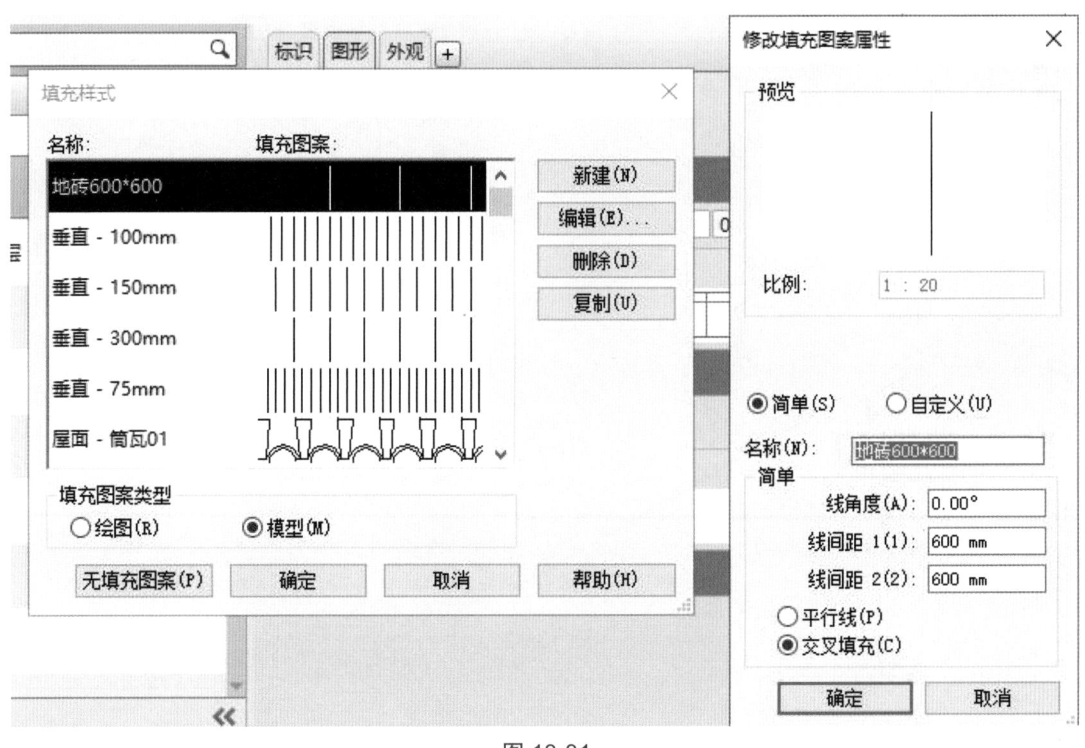

图 13-31

“地砖 600*600”即刚刚创建的新的填充样式，填充完图案的平面显示如图 13-32 所示。

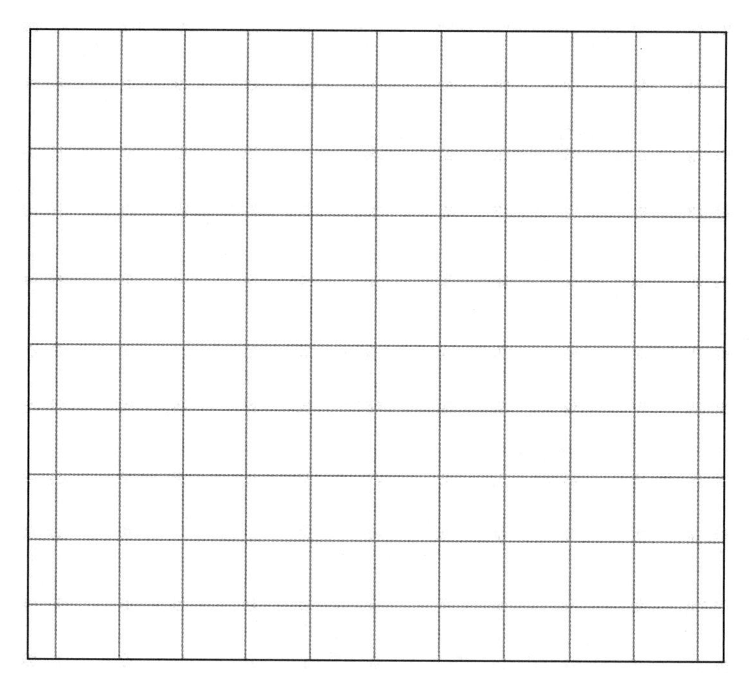

图 13-32

填充完图案的三维显示如图 13-33 所示,可以看到填充图案跟模型一起旋转了。

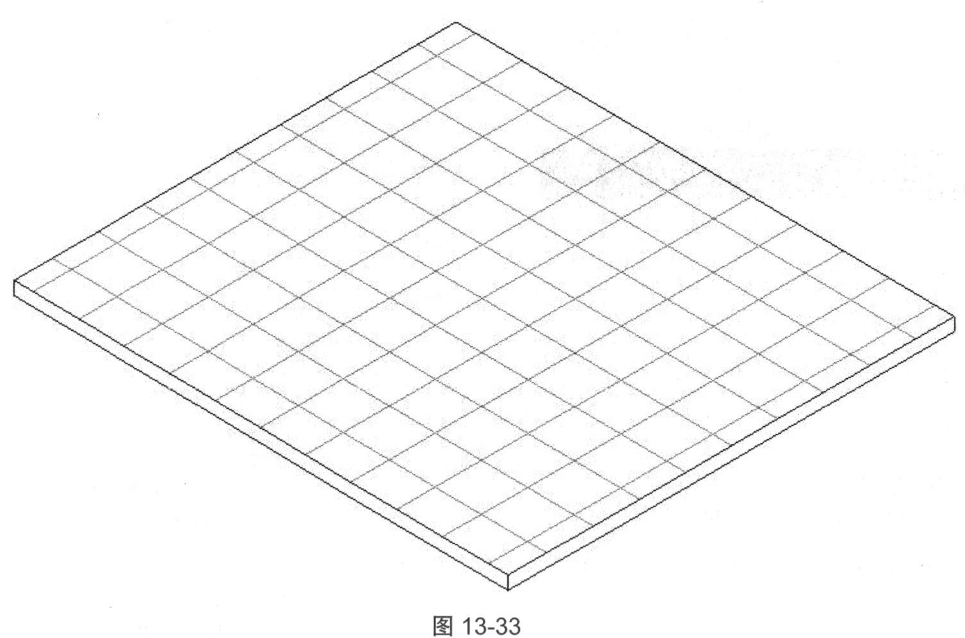

图 13-33

第 14 章　成果输出

14.1　创建图纸与设置项目信息

14.1.1　创建图纸

点击“视图”选项卡“图纸组合”面板中的“图纸”按钮，在弹出的“新建图纸”对话框中点击“载入”会得到相应的图纸。这里选择载入“A1 公制”，点击“确定”按钮，完成图纸的创建，如图 14-1 所示。

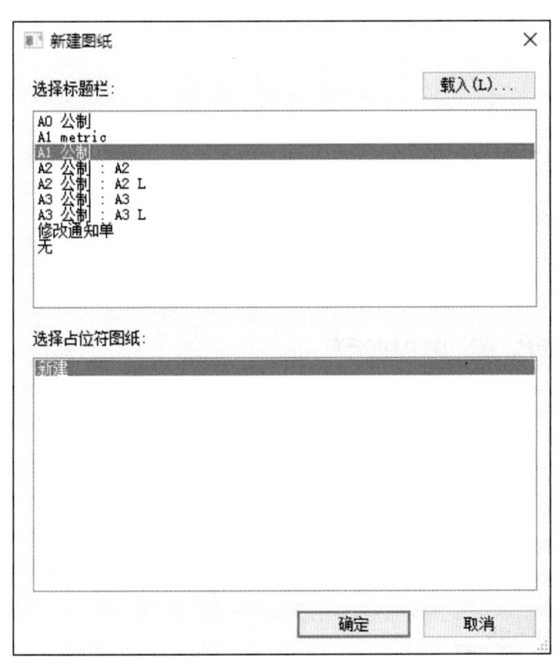

图 14-1

创建的图纸如图 14-2 所示，创建图纸后，“项目浏览器”的“图纸”项下自动增加了图纸“J0-1- 未命名”。

14.1.2　设置项目信息

点击“管理”选项卡“设置”面板中的“项目信息”按钮，按图示内容录入项目信息，点击“确定”按钮完成录入，如图 14-3 所示。

图纸中的审核者、设计者等内容可在图纸属性中进行修改，如图 14-4 所示。

至此即完成了图纸的创建和项目信息的设置。

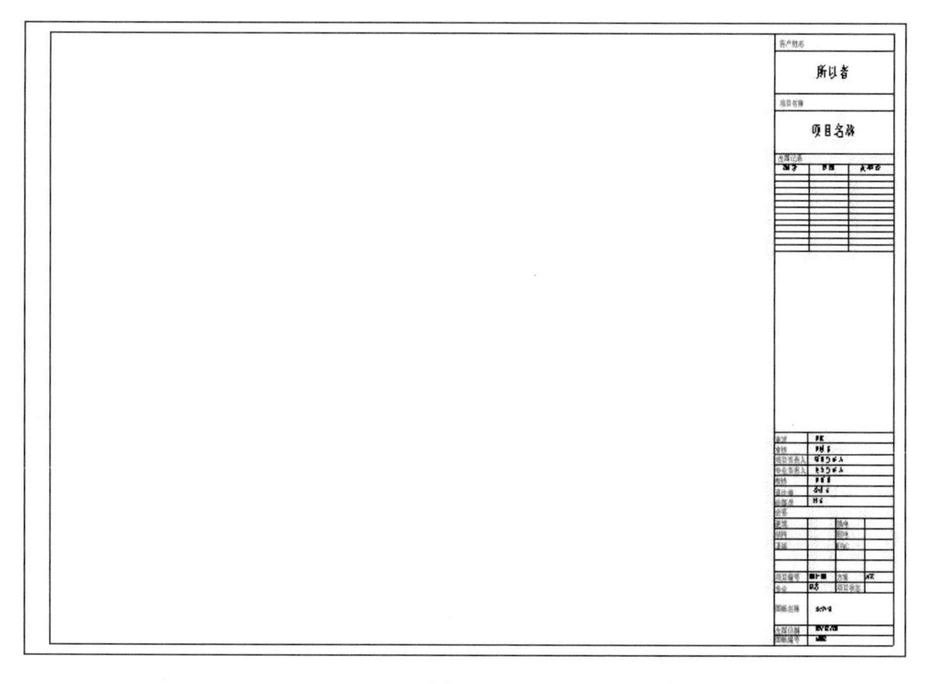

图 14-2

项目信息

族(F)：系统族：项目信息　　载入(L)...

类型(T)：　　编辑类型(E)...

实例参数 － 控制所选或要生成的实例

参数	值
标识数据	
组织名称	
组织描述	
建筑名称	
作者	
能量分析	
能量设置	编辑...
其他	
项目发布日期	出图日期
项目状态	项目状态
客户姓名	所以者
项目地址	Enter address here
项目名称	项目名称
项目编号	

确定　取消

图 14-3

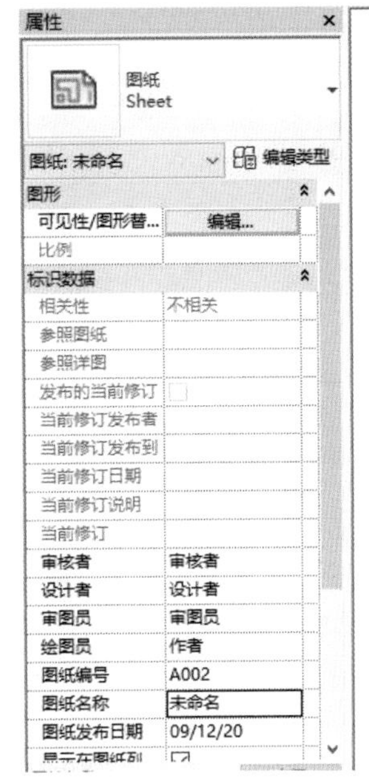

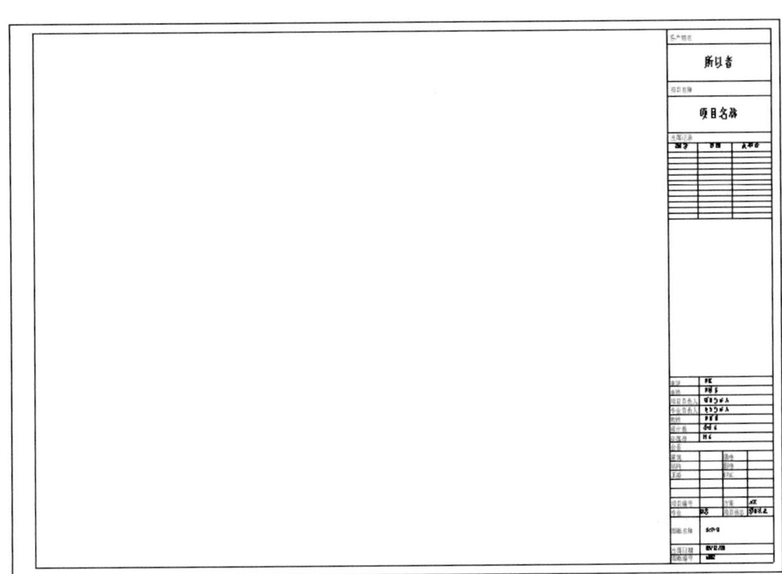

图 14-4

14.2　制作图例视图

创建图例视图：点击“视图”选项卡“创建”面板中“图例”右侧的下拉按钮，在弹出的下拉列表中选择“图例”选项，在弹出的“新图例视图”对话框中输入名称“图例 1”，点击“确定”按钮完成图例视图的创建，如图 14-5 所示。

图 14-5

选取图例构件：进入新建的图例视图，点击“注释”选项卡“详图”面板中“构件”右侧的下拉按钮，在弹出的下拉列表中选择“图例构件”选项，按图示内容进行选项栏的设置，完成后在视图中放置图例，如图 14-6 所示。

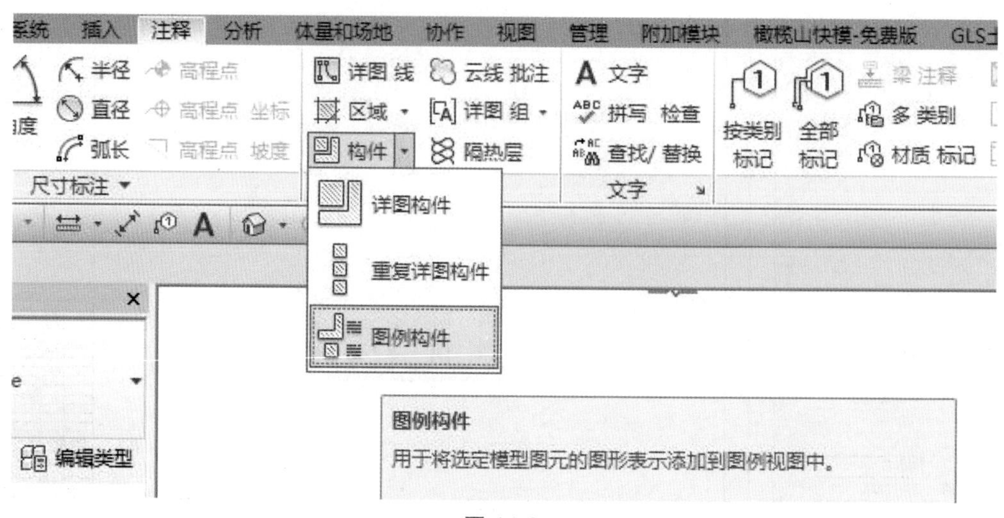

图 14-6

重复上述操作，分别将选项栏中的族修改为“墙：基本墙：NQ200 隔”“墙：基本墙：NQ200 剪”“墙：基本墙：WQ50+（200）剪”，在图中进行放置，如图 14-7 所示。

图 14-7

添加图例注释：使用文字工具，按图示内容为图例添加注释说明，如图 14-8 所示。

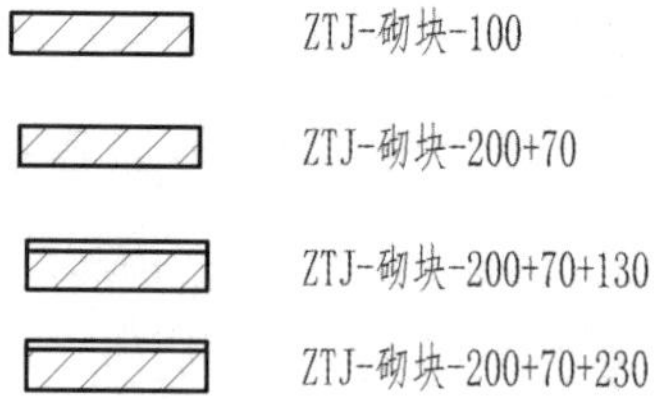

ZTJ-砌块-100

ZTJ-砌块-200+70

ZTJ-砌块-200+70+130

ZTJ-砌块-200+70+230

图 14-8

14.3 布置视图

创建了图纸后，即可在图纸中添加建筑的一个或多个视图，包括楼层平面、场地平面、天花板平面、立面、三维视图、剖面、详图视图、绘图视图、图例视图、渲染视图和明细表视图等。将视图添加到图纸中后还需要对图纸位置、名称等视图标题信息进行设置。

14.3.1　布置视图的步骤

定义图纸编号和名称：在“项目浏览器”中展开“图纸”选项，用鼠标右键单击图纸“01 未命名”，在弹出的快捷菜单中选择“重命名”命令，弹出“图纸标题”对话框，按图 14-9 所示的内容定义。

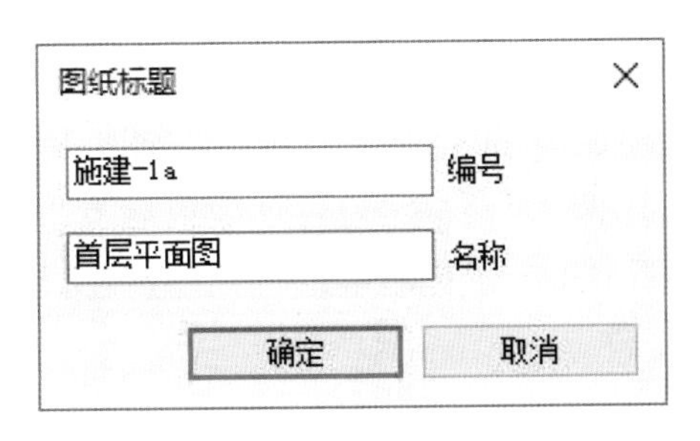

图 14-9

放置视图：在“项目浏览器”中按住鼠标左键将楼层平面“F1”拖曳到“建施 -1a”图纸中。

添加图名：选择拖进来的平面视图“1F”，在“属性”中将“图纸上的标题”修改为“首层平面图”，如图 14-10 所示。按相同的操作将平面视图“2F”属性中的“图纸上的标题”修改为“二层平面图”。将图纸标题拖曳到合适的位置，并将标题文字的底线调整到适合标题的长度。

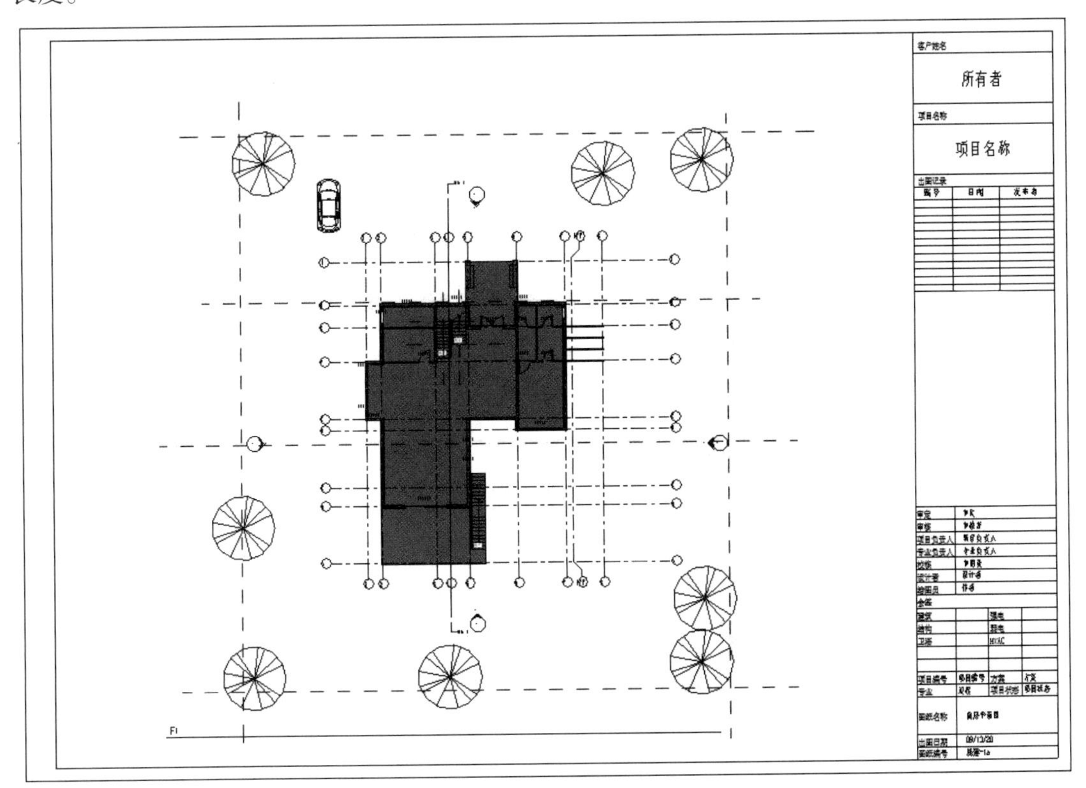

图 14-10

每张图纸中可布置多个视图,但每个视图仅可以放置到一张图纸中。要在项目的多张图纸中添加特定视图,可在“项目浏览器”中该视图的名称上单击鼠标右键,在弹出的快捷菜单中选择“复制视图”“复制作为相关”。创建视图副本,可将副本布置于不同图纸中。除图纸视图外,明细表视图、渲染视图、三维视图等也可以直接拖曳到图纸中。

改变图纸比例:如需修改视口比例,可在图纸中选择“F1”视图并单击鼠标右键,在弹出的快捷菜单中选择“激活视图”命令。此时图纸标题栏灰显,单击绘图区域左下角的视图控制栏中的比例,弹出比例列表,如图 14-11 所示。可选择列表中的任意比例,也可选择“自定义”选项,在弹出的“自定义比例”对话框中设置好数值后点击“确定”按钮,如图 14-12 所示。比例设置完成后,在视图中单击鼠标右键,在弹出的快捷菜单中选择“取消激活视图”命令完成比例的设置,保存文件。

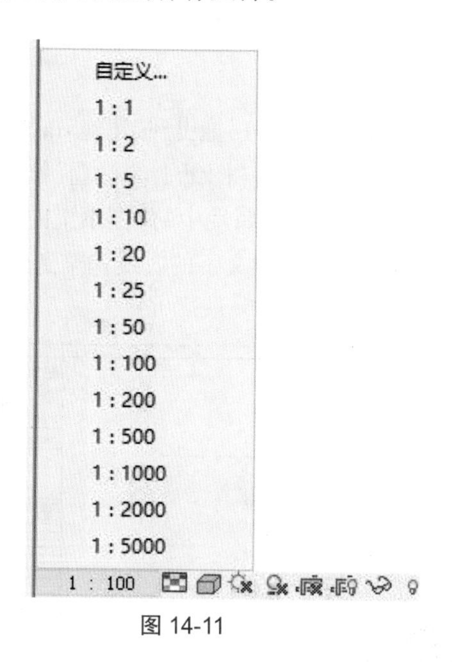

图 14-11

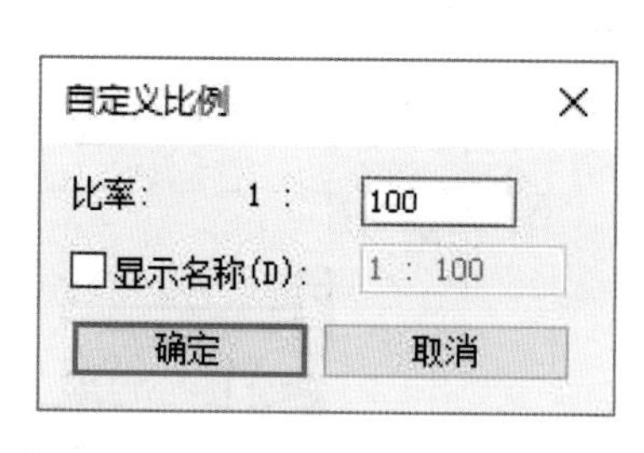

图 14-12

本案例不需重新设置比例,激活视图后,不仅可以重新设置视口比例,且当前视图和“项目浏览器”中“楼层平面”项下的“F1”视图一样可以绘制和修改。修改完成后在视图中单击鼠标右键,在弹出的快捷菜单中选择“取消激活视图”命令即可。

14.3.2 图纸列表、措施表和设计说明

点击“视图”选项卡“创建”面板中的“明细表”下拉按钮,在弹出的下拉列表中选择“图纸列表”选项,如图 14-13 所示。

在弹出的“图纸列表属性”对话框中根据项目要求添加字段,如图 14-14 所示。

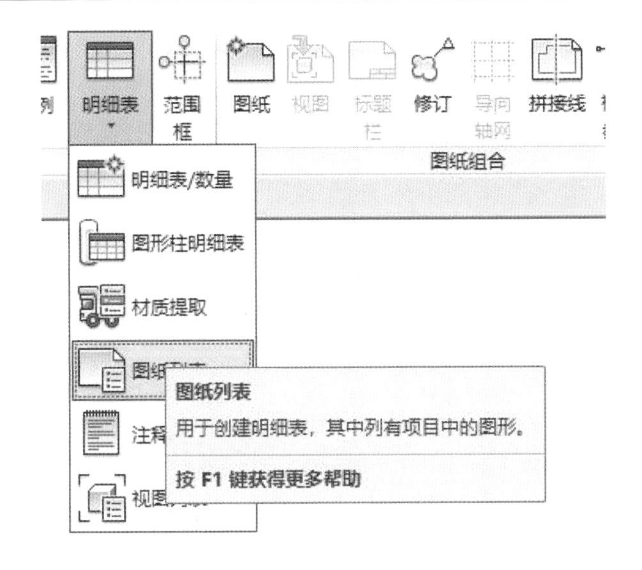
明细表
范围框
图纸
视图
标题栏
修订
导向轴网
拼接线
图纸组合
明细表/数量
图形柱明细表
材质提取
图纸列表
用于创建明细表，其中列有项目中的图形。
按 F1 键获得更多帮助

图 14-13

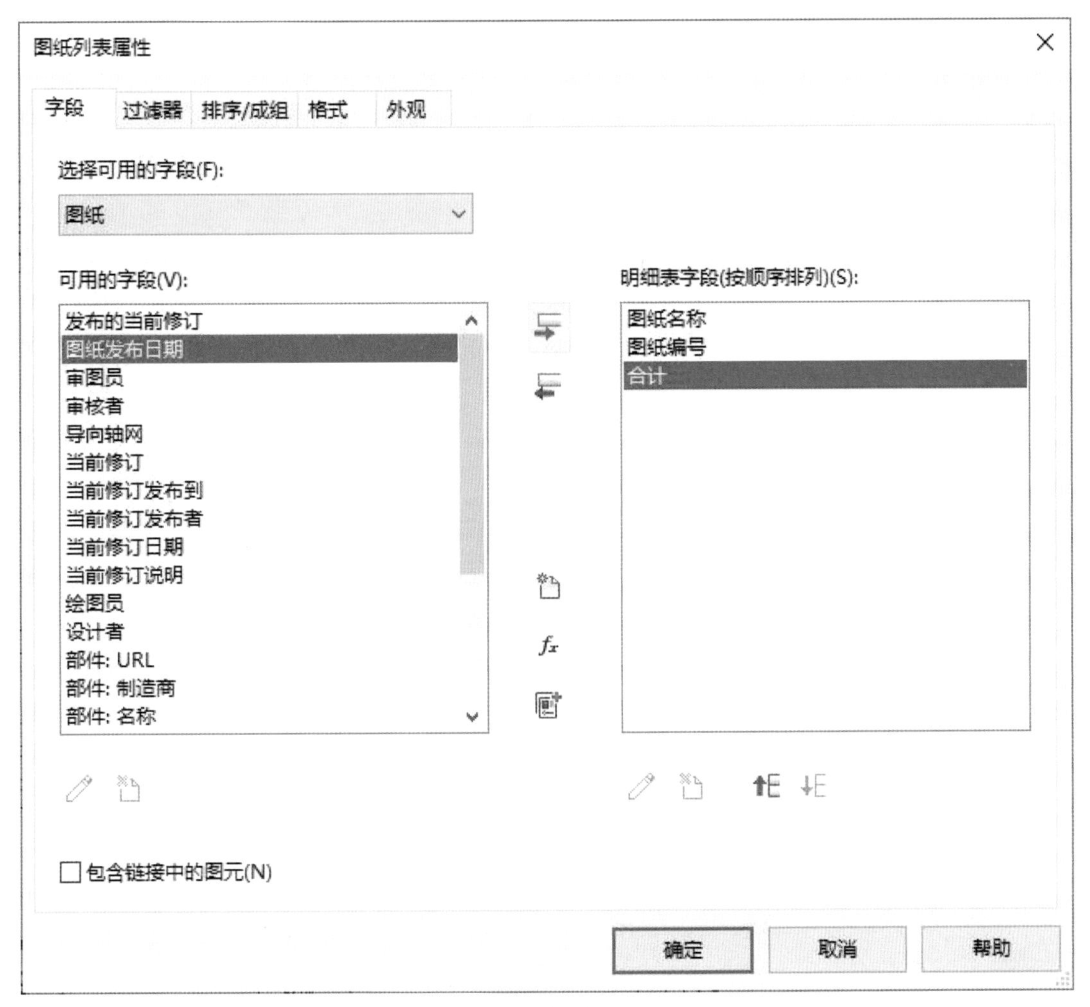
图纸列表属性
字段
过滤器
排序/成组
格式
外观
选择可用的字段(F):
图纸
可用的字段(V):
发布的当前修订
图纸发布日期
审图员
审核者
导向轴网
当前修订
当前修订发布到
当前修订发布者
当前修订日期
当前修订说明
绘图员
设计者
部件: URL
部件: 制造商
部件: 名称
明细表字段(按顺序排列)(S):
图纸名称
图纸编号
合计
包含链接中的图元(N)
确定
取消
帮助

图 14-14

切换到“排序 / 成组”选项卡,根据要求选择明细表的排序方式,点击“确定”按钮完成图纸列表的创建,如图 14-15 所示。点击“视图”选项卡“创建”面板中的“图例”下拉按钮,在弹出的下拉列表中选择“图例”选项,在弹出的对话框中调整比例,点击“确定”按钮,如图 14-16 所示。

图 14-15

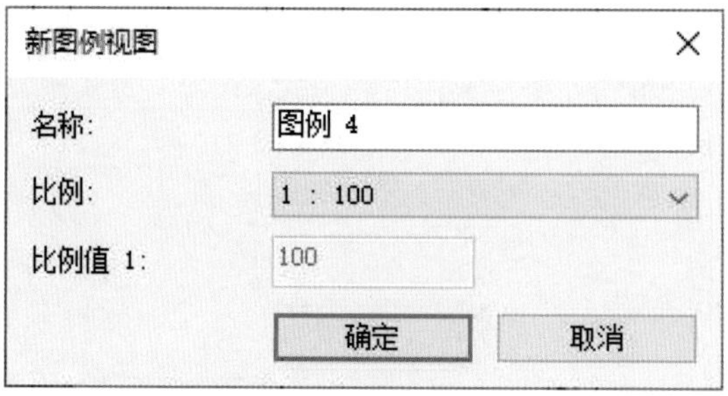

图 14-16

进入图例视图，点击“注释”选项卡“文字”面板中的“文字”按钮，根据项目要求添加设计说明，如图 14-17 所示。

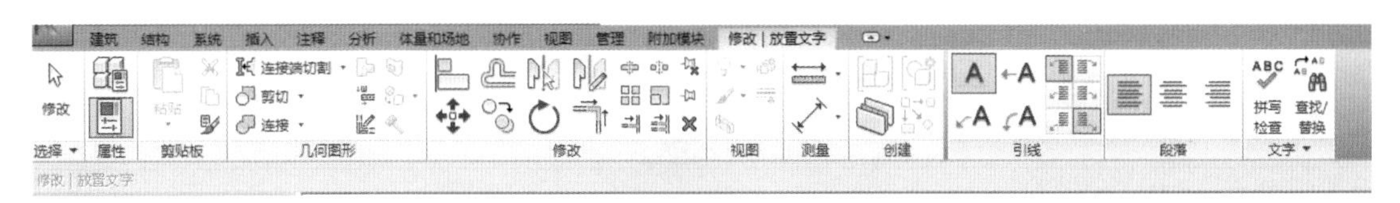

图 14-17

装修明细表可以运用房间明细表来做，点击“视图”选项卡“创建”面板中的“明细表”按钮，在弹出的下拉列表中选择“明细表”选项，弹出“新建明细表”对话框。在“类别”列表框中选择“房间”，将名称修改为“装修明细表”，如图 14-18 所示。点击“确定”按钮，弹出“明细表属性”对话框。在做装修明细表时，要把内墙、踢脚、顶棚计算在内，但“明细表属性”对话框中的“可用的字段”列表中并没有这几个选项。在“明细表属性”对话框中点击“添加参数”按钮，如图 14-19 所示，在弹出的“参数属性”对话框中添加“内墙”，在“类别”中勾选“墙”，点击“确定”按钮，如图 14-20 所示。再运用同样的方法完成对踢脚、顶棚的编辑。

图 14-18

图 14-19

编辑踢脚时,在“参数属性”对话框的“过滤器列”下拉列表中选择“建筑”,“类别”列表中勾选“墙饰条”,如图 14-21 所示。

参数属性
参数类型
项目参数(P)
(可以出现在明细表中,但是不能出现在标记中)
共享参数(S)
(可以由多个项目和族共享,可以导出到 ODBC,并且可以出现在明细表和标记中)
选择(L)...
导出(X)...
参数数据
名称(N):
内墙
类型(Y)
实例(I)
规程(D):
公共
参数类型(T):
长度
按组类型对齐值(A)
值可能因组实例而不同(V)
参数分组方式(G):
尺寸标注
工具提示说明:
<无工具提示说明。编辑此参数以编写自定义工具提示。自定义工具提示限为 250...
编辑工具提示(O)...
添加到所选类别中的全部图元(R)
类别(C)
过滤器列:建筑
隐藏未选中类别(U)
分析表面
卫浴装置
图纸
地形
场地
坡道
墙
天花板
家具
家具系统
屋顶
常规模型
幕墙嵌板
幕墙竖梃
幕墙系统
房间
机械设备
材质
选择全部(A)
放弃全部(E)
确定
取消
帮助(H)

图 14-20

参数属性

参数类型

项目参数(P)

(可以出现在明细表中，但是不能出现在标记中)

共享参数(S)

(可以由多个项目和族共享，可以导出到 ODBC，并且可以出现在明细表和标记中)

选择(L)...　导出(X)...

参数数据

名称(N):

踢脚（墙裙）

类型(Y)

规程(D):

公共

实例(I)

参数类型(T):

长度

按组类型对齐值(A)

值可能因组实例而不同(V)

参数分组方式(G):

尺寸标注

工具提示说明:

<无工具提示说明。编辑此参数以编写自定义工具提示。自定义工具提示限为 250...

编辑工具提示(O)...

添加到所选类别中的全部图元(R)

类别(C)

过滤器列: 建筑

隐藏未选中类别(U)

专用设备
体量
停车场
分析空间
分析表面
卫浴装置
图纸
地形
场地
坡道
墙
天花板
家具
家具系统
屋顶
常规模型
幕墙嵌板
幕墙竖梃

选择全部(A)　放弃全部(E)

确定　取消　帮助(H)

图 14-21

在"明细表属性"对话框中选择"过滤器"选项卡，将"过滤条件"设置为标高等于 F1，如图 14-22 所示。点击"确定"按钮完成明细表的创建，如图 14-23 所示。

明细表属性

字段　过滤器　排序/成组　格式　外观　内嵌明细表

过滤条件(F):　标高　等于　F1

与(A):　(无)

与(N):　(无)

与(D):　(无)

与:　(无)

与:　(无)

与:　(无)

与:　(无)

确定　取消　帮助

图 14-22

<装修明细表>

A	B	C	D	E	F
名称	标高	墙面面层	周长	注释	基面面层
卧室	标高 1		10400		
客厅	标高 1		21793		
饭厅	标高 1		13590		
厨房	标高 1		13845		

图 14-23

在项目中选择墙体,根据“属性”对话框中所显示的墙体信息,将信息手动输入装修明细表中。

在“项目浏览器”中把设计说明、图纸列表、装修明细表拖曳到新建的图纸中。

14.4 打印图纸

创建图纸之后,可以直接打印出图。

在“应用程序”菜单中选择“文件”— “打印”命令,弹出“打印”对话框,如图 14-24 所示。

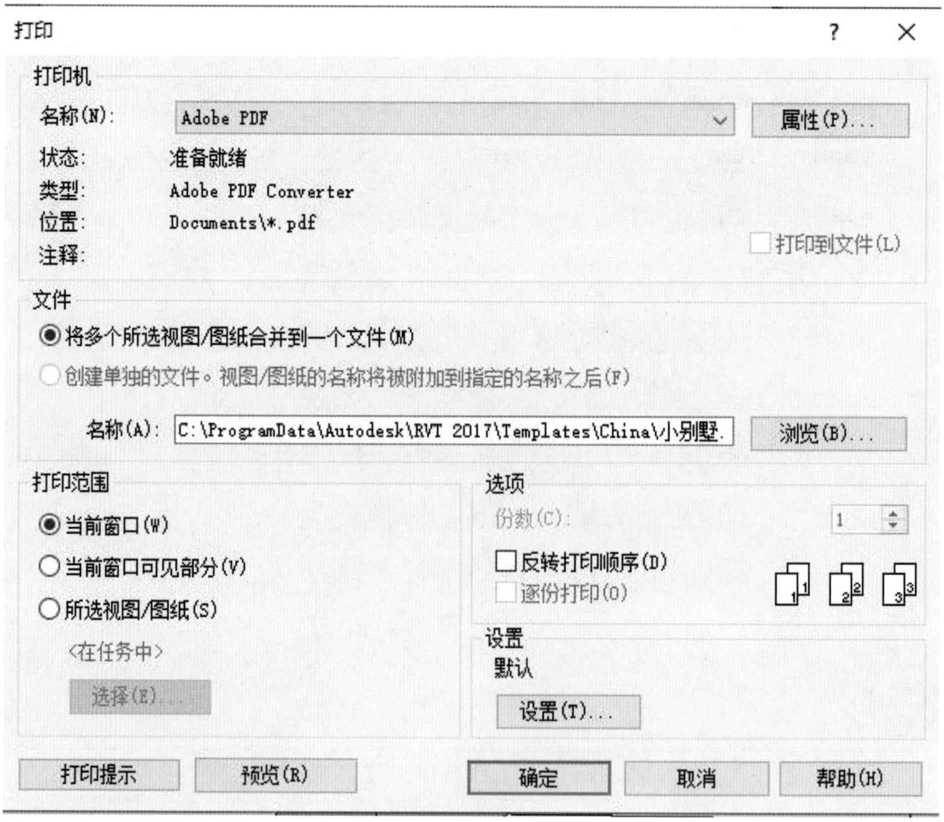

图 14-24

在“名称”下拉列表中选择可用的打印机。点击“名称”后的“属性”按钮，弹出“Adobe PDF 文档属性”对话框，如图 14-25 所示。“方向”选择“横向”，然后单击“高级”按钮，弹出“Adobe PDF Converter 高级选项”对话框，如图 14-26 所示。

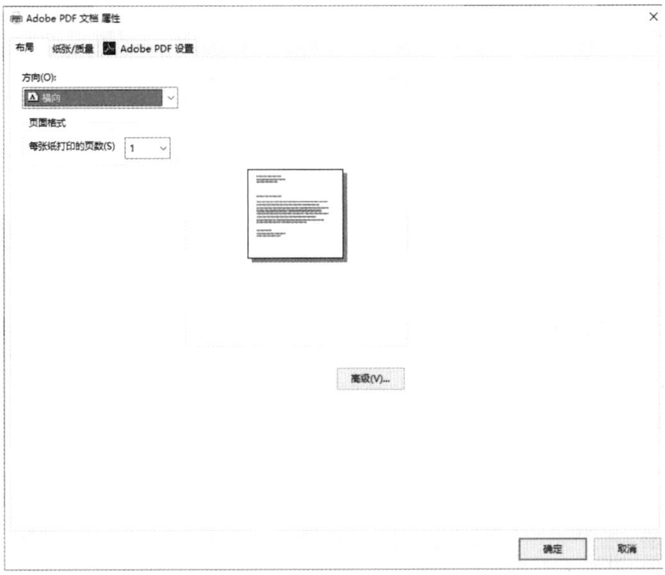

图 14-25

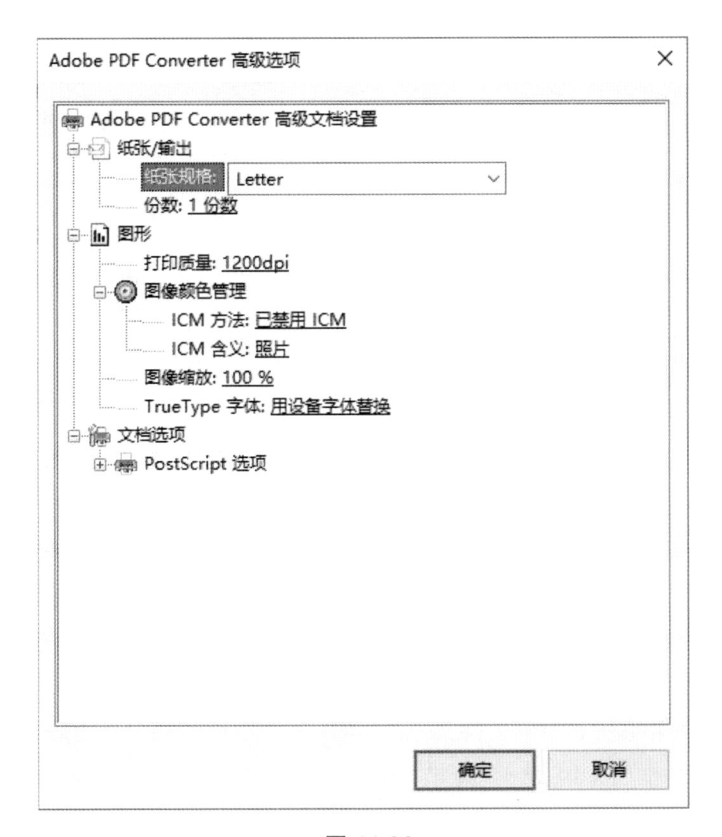

图 14-26

在“纸张规格”下拉列表中选择“A2”选项，点击“确定”按钮，返回“打印”对话框。

在“打印范围”选项区域中选择“所选视图 / 图纸”单选框，下面的“选择”按钮由灰色变为可用。点击“选择”按钮，弹出“视图 / 图纸集”对话框，如图 14-27 所示。

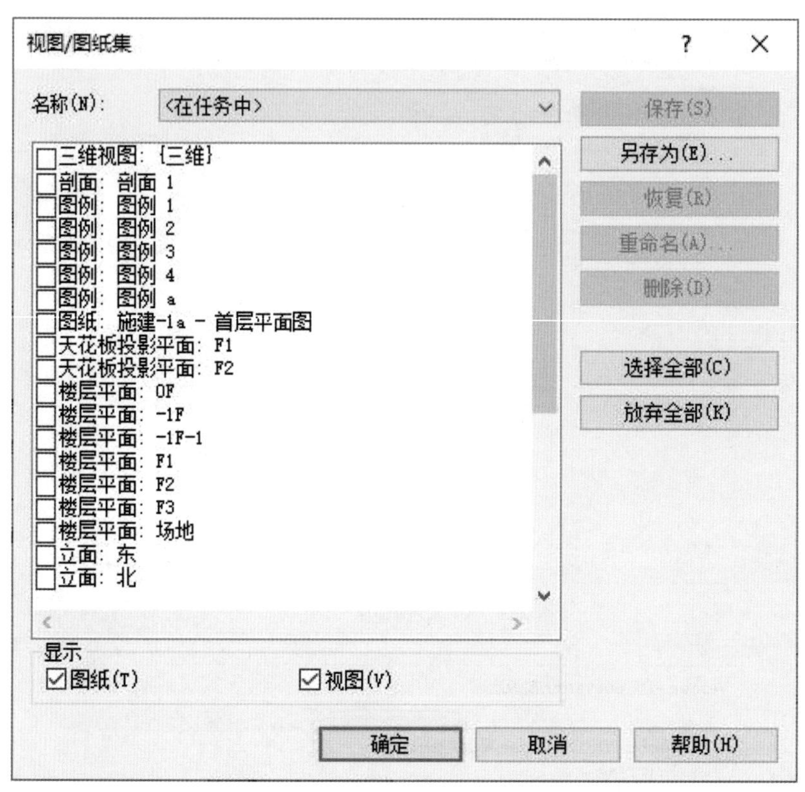

图 14-27

勾选对话框底部“显示”选项区域中的“图纸”复选框，取消勾选“视图”复选框，对话框中将只显示所有图纸。点击右边的“选择全部”按钮自动勾选所有施工图图纸，点击“确定”按钮回到“打印”对话框。点击“确定”按钮，即可自动打印图纸。

打印机、绘图仪的驱动在 Windows 的“设备和打印”中添加。

14.5 导出 DWG 文件与导出设置

Revit Architecture 中所有的平面、立面、剖面、三维视图和图纸等都可以导出为 DWG 格式的图形，而且导出图形的图层、线型、颜色等可以根据需要在 Revit Architecture 中自行设置。打开要导出的视图，在“项目浏览器”中展开“图纸（全部）”选项，双击图纸名称“建施 -101- 首层平面图二层平面图”，打开图纸视图。

在“应用程序”菜单中选择“文件”— “导出”— “CAD 格式— “DWG 文件”命令，弹出“DWG 导出”对话框（图 14-28）。点击“选择导出设置”后的按钮，弹出“修改 DWG/DXF 导出设置”对话框，进行相关修改后点击“确定”按钮。

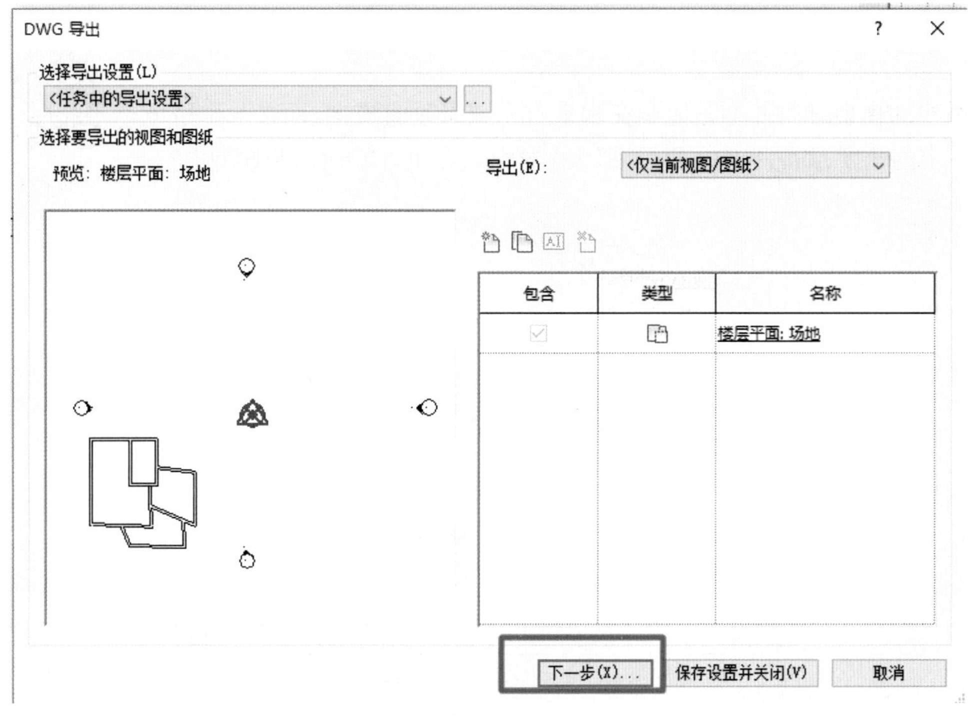

图 14-28

在“DWG 导出”对话框中点击“下一步”按钮，在弹出的“导出 CAD 格式 - 保存到目标文件夹”对话框的“保存于”下拉列表中设置保存路径，在“文件类型”下拉列表中选择相应 DWG 文件的版本，在“文件名 / 前缀”文本框中输入文件名称，如图 14-29 所示。

图 14-29

14.6 技术总结

技术总结

搭建的模型有时并不是完全在水平方向或者垂直方向,而是与水平方向有一定的角度,如图 14-30 所示,那么怎样旋转平面才不会影响模型呢?

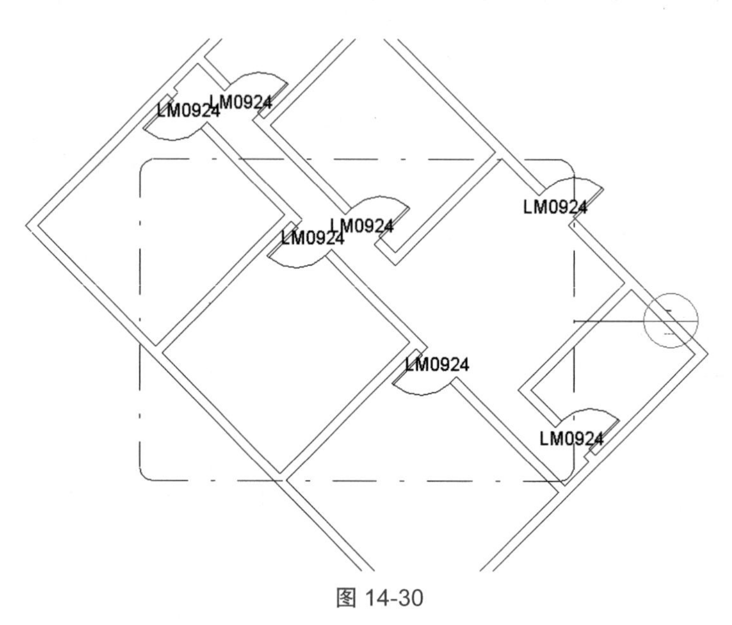

图 14-30

将 A4-040 这个索引平面放在图纸上,如图 14-31 所示。

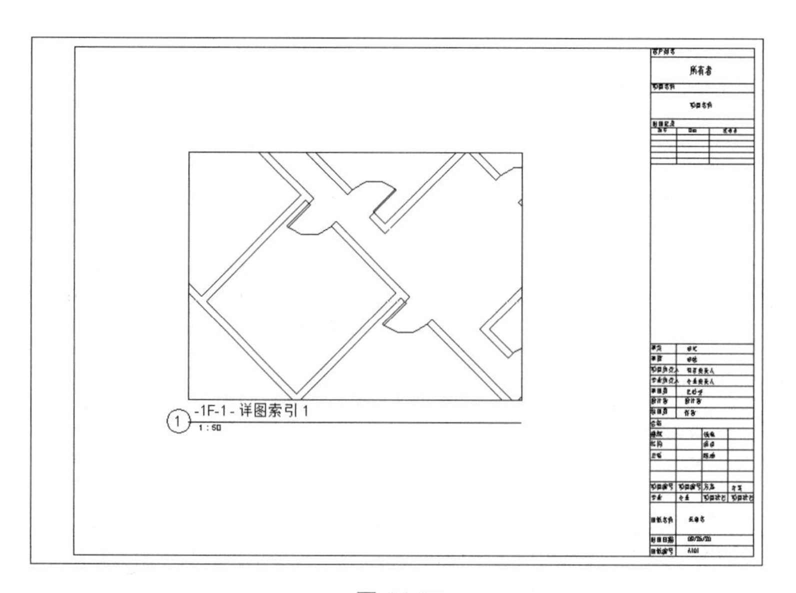

图 14-31

在平面上用“旋转”命令可以旋转索引框,如图 14-32 所示。图纸上的平面则会跟着旋转,如图 14-33 所示,索引框的线型样式在对象样式中设置。

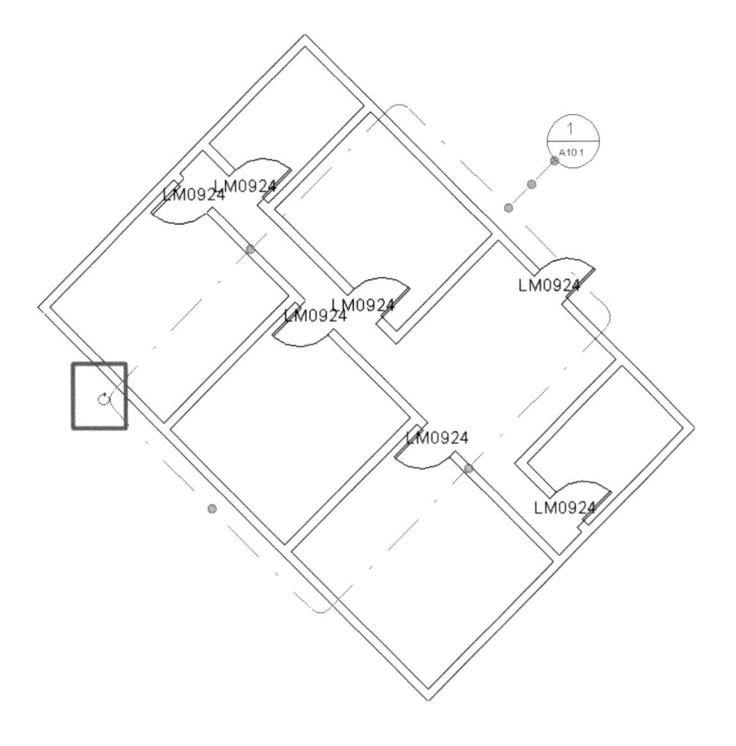
1
A101
LM0924
LM0924
LM0924
LM0924
LM0924
LM0924
LM0924

图 14-32

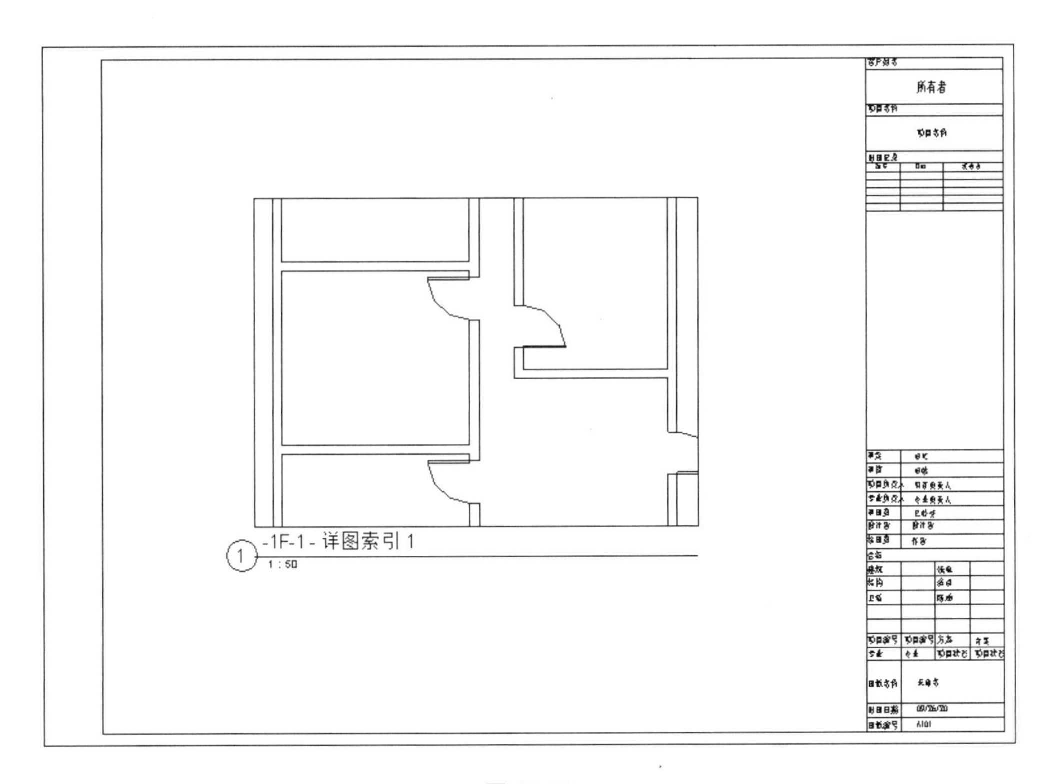
所有者
1
-1F-1 - 详图索引 1
1 : 50

图 14-33

第 15 章　体量的创建与编辑

在本章中，将介绍 Revit Architecture 2015 全新的体量设计工具的应用，体量族的创建和创建基于公制幕墙嵌板的填充图案构件族。

Revit Architecture 2015 的体量建模能力极强，异型建筑的设计和平立剖面图纸的自动生成为其亮点。

15.1　创建体量

体量是在建筑模型的初始设计中使用的三维形状。通过体量研究，可以使用造型形成建筑模型概念，从而探究设计的理念。概念设计完成后，可以直接将建筑图元添加到这些形状中。

Revit Architecture 2015 提供了如下两种创建体量的方式。其一为内建体量，用于表示项目独特的体量形状；其二为创建体量族，在一个项目中放置体量的多个实例，或者在多个项目中使用同一体量族时，通常可载入体量族。

15.1.1　内建体量

内建体量

1. 新建内建体量

点击“体量和场地”选项卡“概念体量”面板中的“内建体量”按钮，如图 15-1 所示。

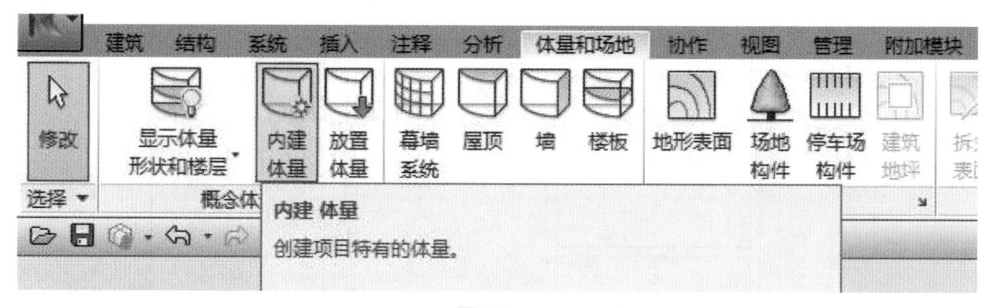

图 15-1

体量默认为不可见的，要创建体量，需先激活“显示体量形状和楼层”模式。Revit Architecture 2015 提供了 4 种体量显示方式。①按视图设置显示体量：将根据“可见性 / 图形”对话框中“体量”类别的可见性设置显示体量。当“体量”类别可见时，可以独立控制体量子类别（如体量墙、体量楼层和图案填充线）的可见性。这些视图专有的设置还决定着是否打印体量。②显示体量形状和楼层：激活此选项后，即使“体量”类别的可见性在某视图中关闭，所有体量实例和体量楼层也会在所有视图中显示。③显示体量表面类型：执行概念能量分析时，可激活此选项显示体量表面类型，以便选择各个表面并修改其图形外观或能量设置。要激活此选项，可点击“分析”选项卡“能量设置”面板中的“创建能量模型”按钮。④显示体量分区和着色：执行概念能量分析时，可使用此选项显示体量分区和着色，以便选择各个分区并修改其设置。要激活此选项，可点击“分析”选项卡“能量设置”面板中的“创建能量模型”按钮。

在弹出的“名称”对话框中输入内建体量的名称，然后点击“确定”按钮，即可进入内建体量的草图绘制模式，如图 15-2 所示。

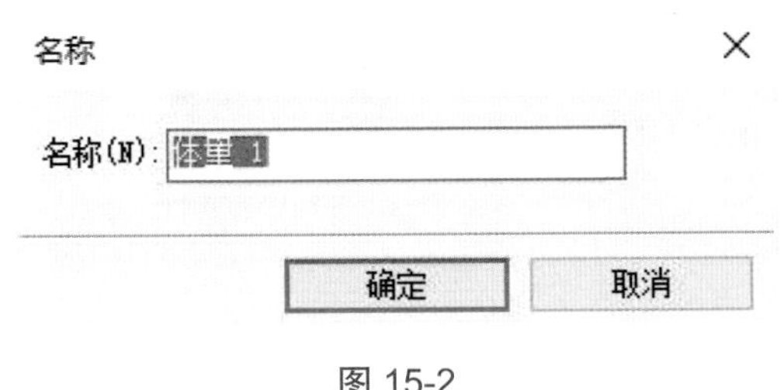

图 15-2

Revit 将自动打开如图 15-3 所示的“内建模型体量”上下文选项卡，其中列出了创建体量的常用工具。可以通过绘制、载入或导入的方法得到需要被拉伸、旋转、放样、融合的一个或多个几何图形。

图 15-3

可用于创建体量的线类型包括如下几种。

（1）模型：使用线工具绘制的闭合或不闭合的直线、矩形、多边形、圆、圆弧、样条曲线、椭圆、椭圆弧等都可以用于生成体块或面。

（2）参照线：使用参照线来创建新的体量或者创建体量的限制条件。

（3）由点创建的线：选择“创建”选项卡“绘制”面板“模型”工具中的“通过点的样条曲线”命令，基于所选点创建一条样条曲线，自由点将成为线的驱动点。通过拖曳这些点可修改样条曲线的路径，如图 15-4 所示。

（4）导入的线：从外部导入的线。

（5）另一个形状的边：已创建的形状的边。

（6）来自已载入族的线或边：选择模型线或参照，然后点击“创建形状”按钮。参照可以是族中几何图形的参照线、边缘、表面或曲线。

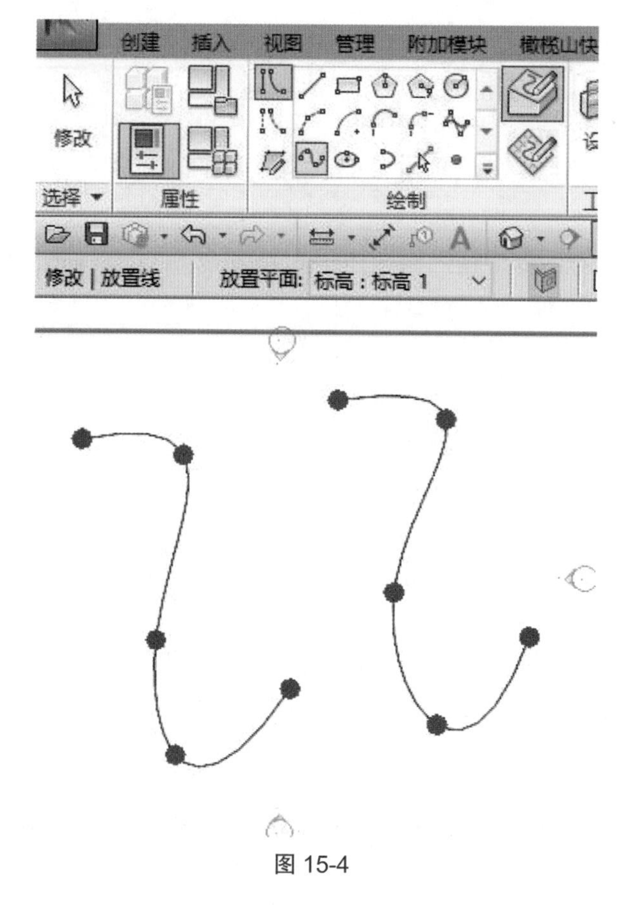

图 15-4

2. 创建不同形式的内建体量

创建一个或多个顶点、面,一条或多条线、边,点击“修改线”下“形状”面板中的“创建形状”按钮可创建精确的实心形状或空心形状。通过拖曳这些形状可以创建所需的造型,同时可直接操纵形状,不再需要为更改形状而进入草图模式。

选择一条线创建形状:线将垂直向上生成面,如图 15-5 所示。

选择两条线创建形状:可在预览图形下方选择创建方式,可以选择以直线为轴旋转弧线,也可以选择两条线作为形状的两条边形成面,如图 15-6 所示。

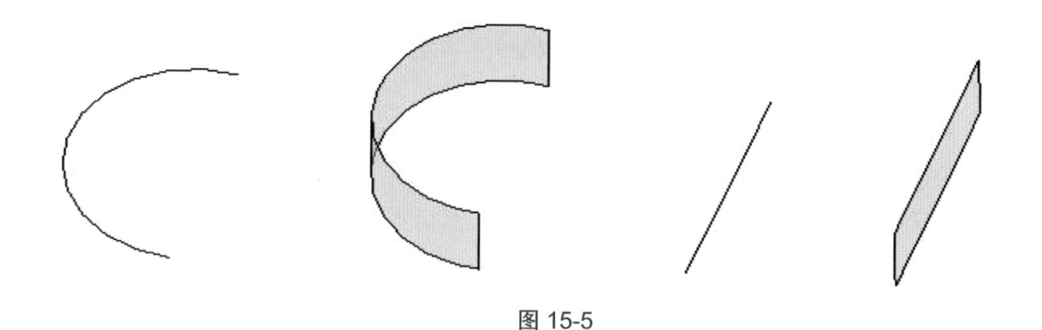

图 15-5

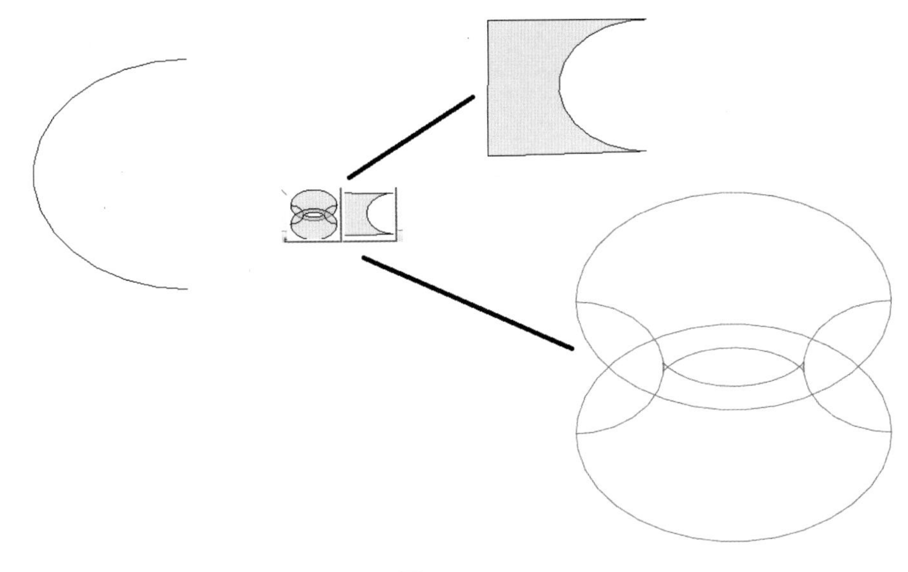

图 15-6

选择一个闭合轮廓创建形状：创建拉伸实体，按【Tab】键可切换选择体量的点、线、面、体，选择后可通过拖曳修改体量，如图 15-7 所示。

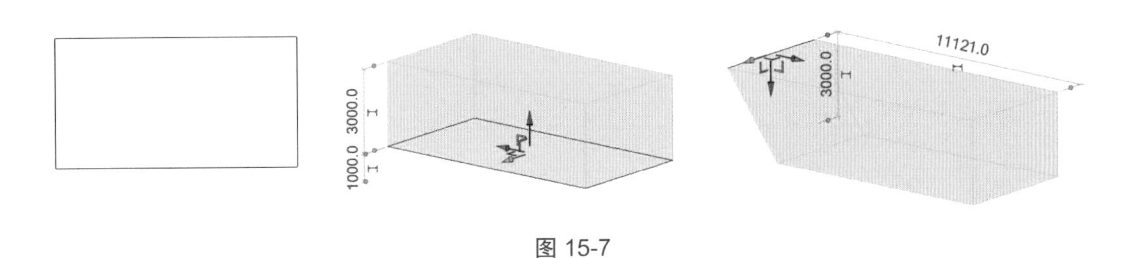

图 15-7

选择两个及以上闭合轮廓创建形状：如图 15-8 所示，选择不同高度的两个闭合轮廓或不同位置的两个垂直闭合轮廓，Revit 将自动创建融合体量；选择同一高度的两个闭合轮廓无法生成体量。

选择一条线和一个闭合轮廓创建形状：当线与闭合轮廓位于同一工作平面时，将以线为轴旋转闭合轮廓创建形体；当选择线和线的垂直工作平面上的闭合轮廓创建形状时，将创建放样的形体，如图 15-9 所示。

选择一条线和多个闭合轮廓创建形状：为线上的点设置一个垂直于线的工作平面，在工作平面上绘制闭合轮廓，选择多个闭合轮廓和一条线可以生成放样融合的体量，如图 15-10 所示。

3. 选择创建的体量进行编辑

选择创建的体量进行编辑（图 15-11），按【Tab】键选择点、线、面，选择后将出现坐标系，当光标放在 X、Y、Z 任意坐标方向上时，该方向箭头将变为亮显，此时按住并拖曳将在选择的坐标方向移动点、线或面，如图 15-12 所示。

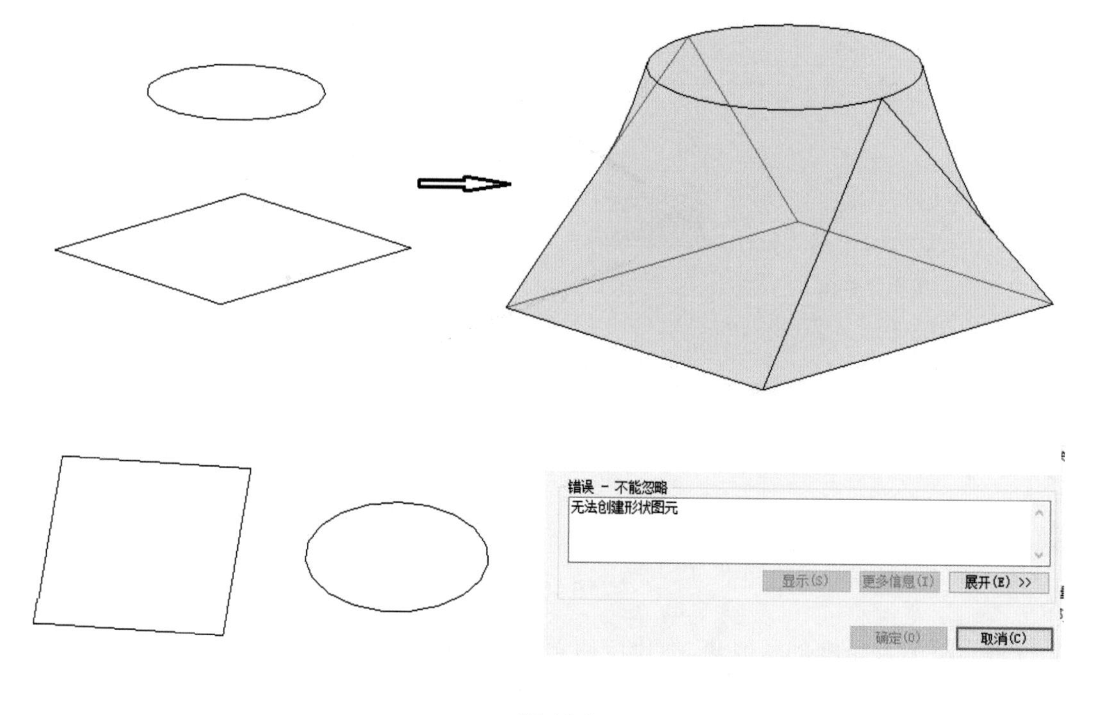

图 15-8

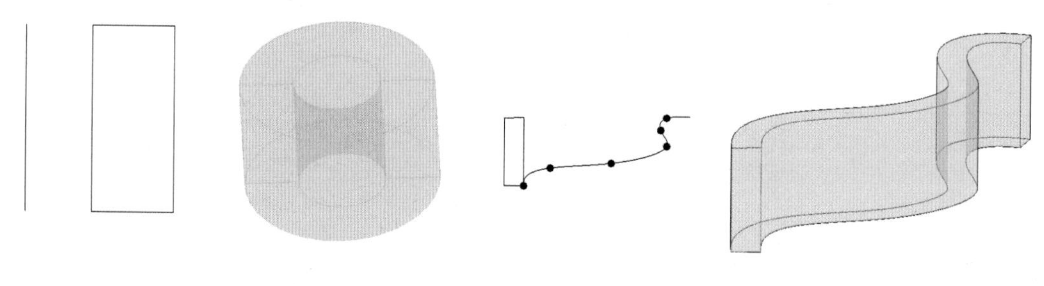

图 15-9

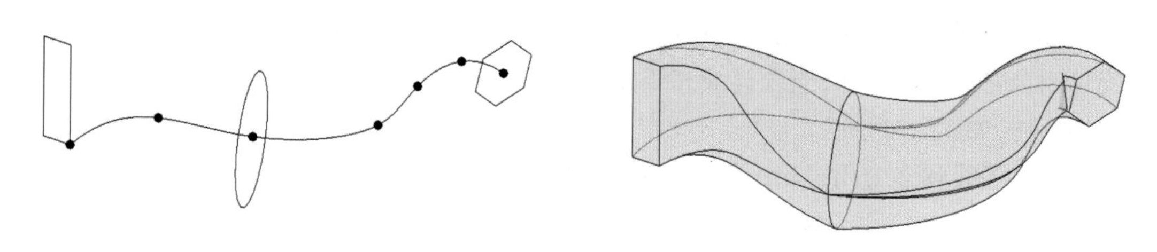

图 15-10

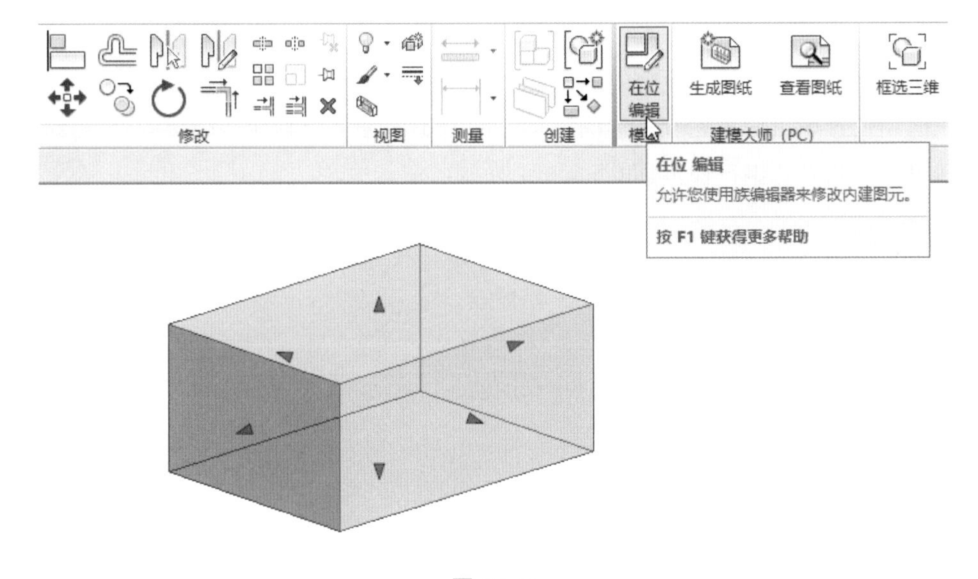

图 15-11

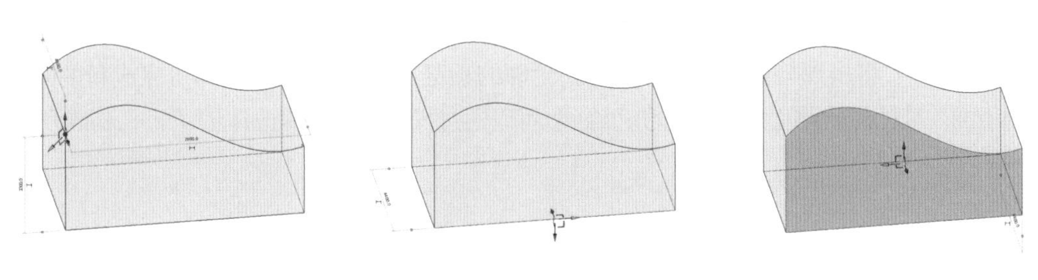

图 15-12

选择体量，点击“修改形式”上下文选项卡“形状图元”面板中的“透视”按钮观察体量模型。如图 15-13 所示，在透视模式下将显示所选形状的基本几何骨架，便于更清楚地选择体量的几何构架，并对它进行编辑，再次点击“透视”按钮将关闭透视模式。

对一个形状使用透视模式，所有模型视图可以同时变为该模式。例如，如果显示了多个平铺的视图，当在一个视图中对某个形状使用透视模式时，其他视图也会显示透视模式。同样，在一个视图中关闭透视模式，其他视图的透视模式也会随之关闭，如图 15-13 所示。

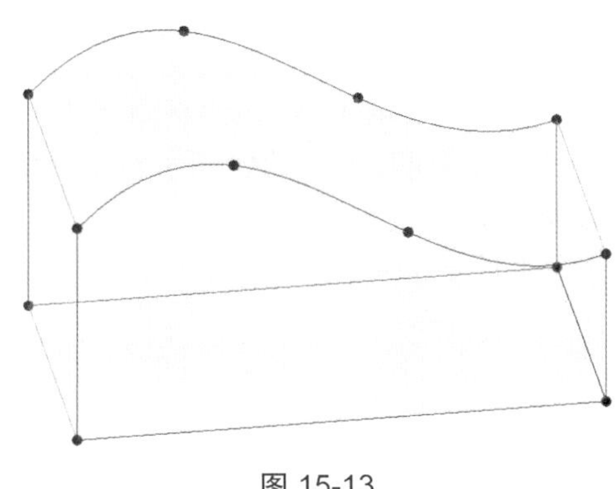

图 15-13

选择体量,在创建体量时自动产生的边缘有时不能满足编辑的需要,点击“修改形式”上下文选项卡“形状图元”面板中的“添加边”按钮,将光标移动到体量面上,将出现新边的预览,在适当位置单击即可完成新边的添加。同时也添加了与其他边相交的点,可选择该边或点,通过拖曳的方式编辑体量,如图 15-14 所示。

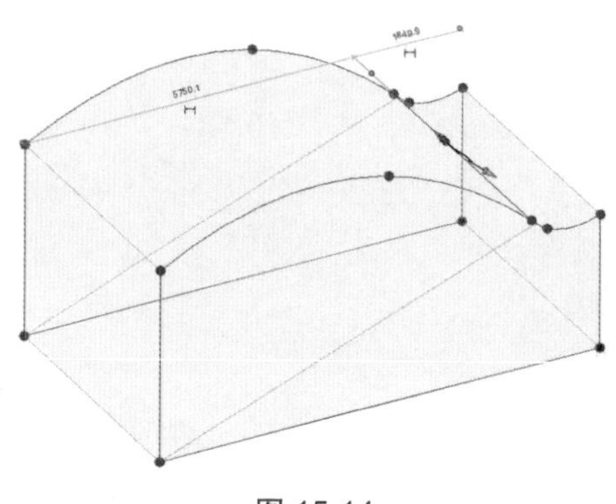

图 15-14

选择体量,点击“修改形式”上下文选项卡“形状图元”面板中的“添加轮廓”按钮,把光标移动到体量上,将出现与初始轮廓平行的新轮廓的预览,在适当位置单击即可完成新的闭合轮廓的添加。新的轮廓将生成新的点和边缘线,可以通过操纵它们来修改体量,如图 15-15 所示。

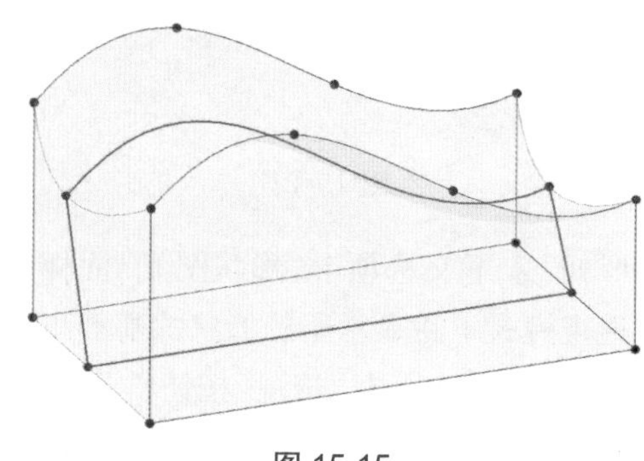

图 15-15

选择体量中的某一轮廓,点击“修改形式”上下文选项卡“形状图元”面板中的“锁定轮廓”按钮,体量将简化为所选轮廓的拉伸,手动添加的轮廓将失效,并且操纵方式受到限制,锁定轮廓后无法再添加新轮廓,如图 15-16 所示。

选择被锁定的轮廓或体量,点击“修改形式”上下文选项卡“形状图元”面板中的“解锁轮廓”按钮,将取消对操纵柄的操作限制,添加的轮廓也将重新显示并可编辑,但不会恢复锁定轮廓前的形状,如图 15-17 所示。

选择体量,点击“修改形式”上下文选项卡“形状图元”面板中的“变更形状的主体”按钮,可以修改体量的工作平面,将体量移动到其他体量或构件的面上,如图 15-18 所示。

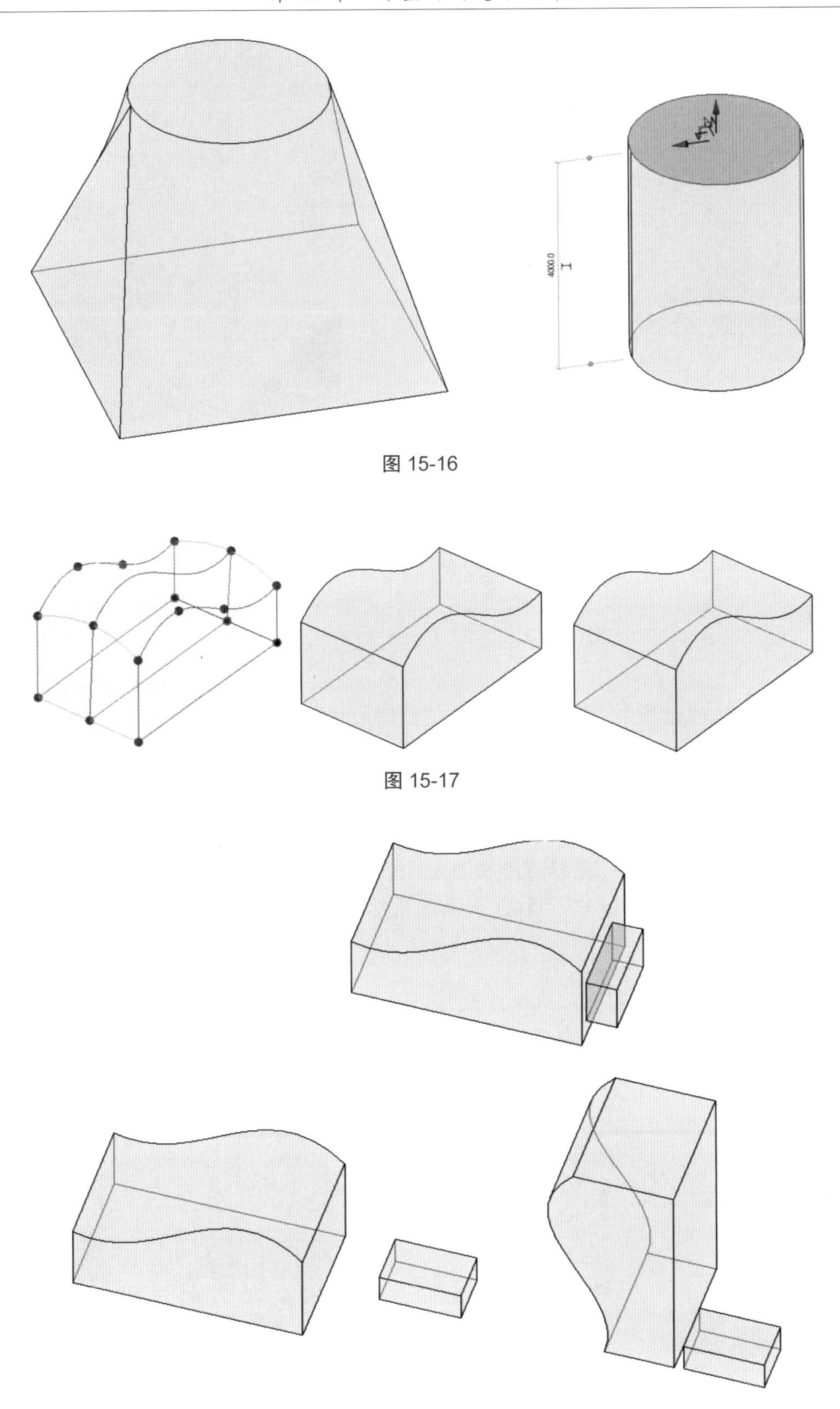

图 15-16

图 15-17

图 15-18

选择体量,在"属性"面板中选择"标识数据""实心 / 空心"选项,可将该体量改为空心形状,即用于掏空实心体量形成空心形体,如图 15-19 所示。

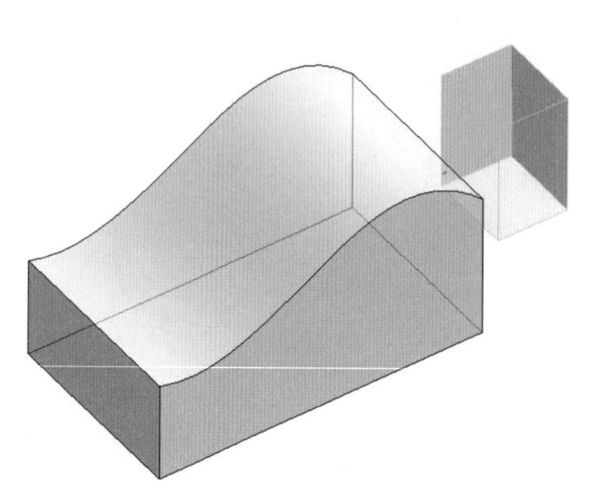

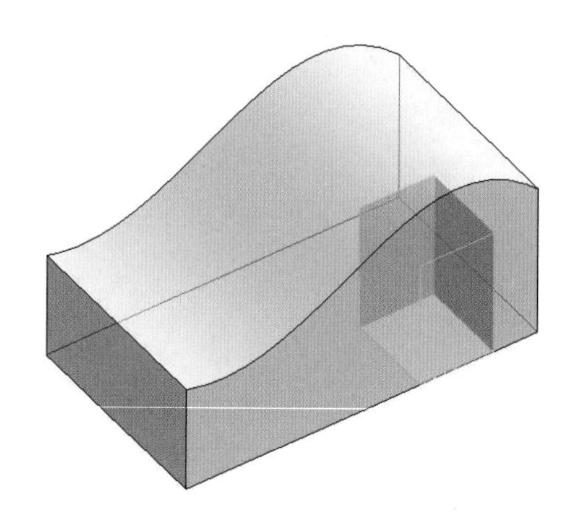

图 15-19

空心形状有时不能自动剪切实心形状,可使用"修改"选项卡"编辑几何图形"面板中的"剪切""剪切几何图形"工具,选择需要剪切的实心形状后,单击空心形状即可实现体量的剪切。

选择"修改线"选项卡"形状"面板中的"创建形状"—"形状"—"空心形状"命令,可直接创建空心形状,并通过"属性"面板中的"实心 / 空心"选项实现实心形状、空心形状的相互转换。

4. 体量分割面的编辑

体量分割面的编辑

选择体量的任意面,点击"修改形状图元"上下文选项卡"分割"面板中的"分割表面"按钮,将通过 UV 网格(表面的自然网格)分割所选表面,如图 15-20 所示。

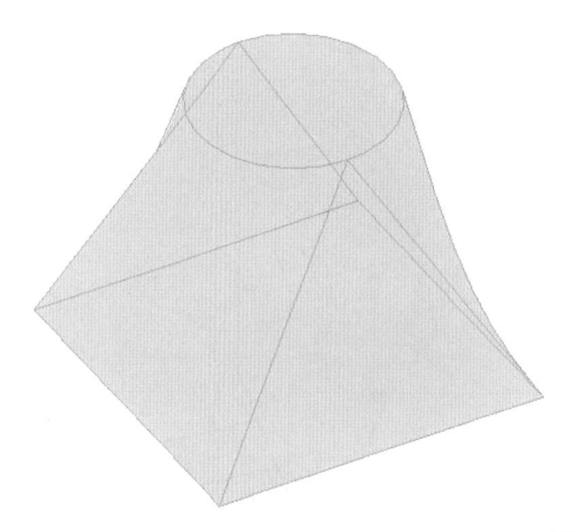

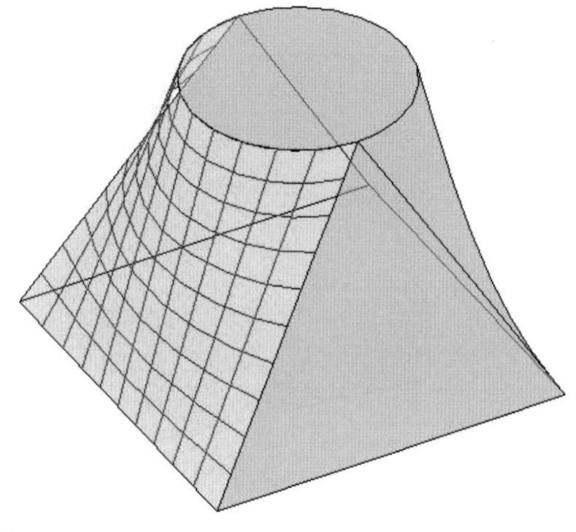

图 15-20

UV 网格是用于非平面表面的坐标绘图网格。三维空间中的绘图位置基于 XYZ 坐标系，二维空间中的绘图位置则基于 XY 坐标系。由于表面不一定是平面，因此绘图位置采用 UVW 坐标系。它在图纸上表示为一个网格，对非平面表面或形状的等高线进行调整。UV 网格用在概念设计环境中相当于 XY 网格，即两个方向默认垂直交叉的网格，表面的默认分割数为 12×12（英制单位）和 10×10（公制单位），如图 15-21 所示。

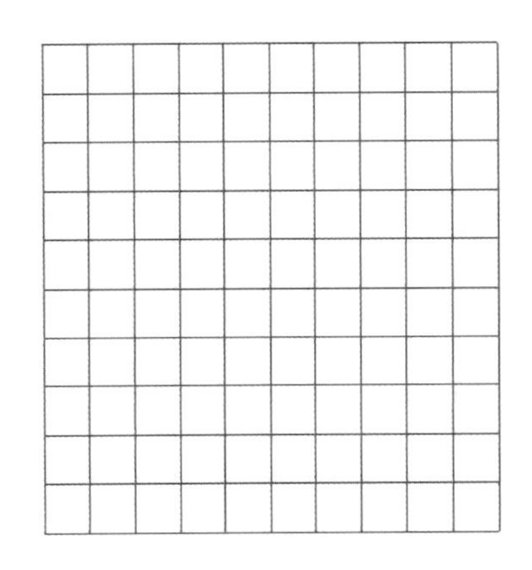

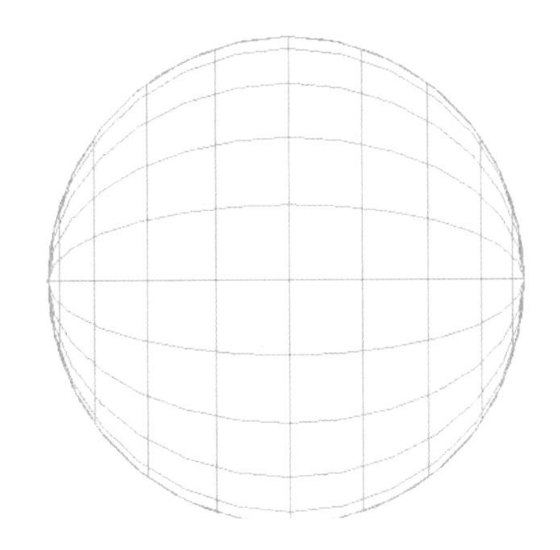

图 15-21

UV 网格彼此独立，并且可以根据需要开启和关闭。在默认情况下，最初分割表面后，U 网格和 V 网格都处于启用状态。

点击“修改 | 分割的表面”选项卡“UV 网格和交点”面板中的“U 网格”按钮，将关闭 U 网格，再次点击该按钮将开启 U 网格，关闭、开启 V 网格操作相同，如图 15-22 所示。

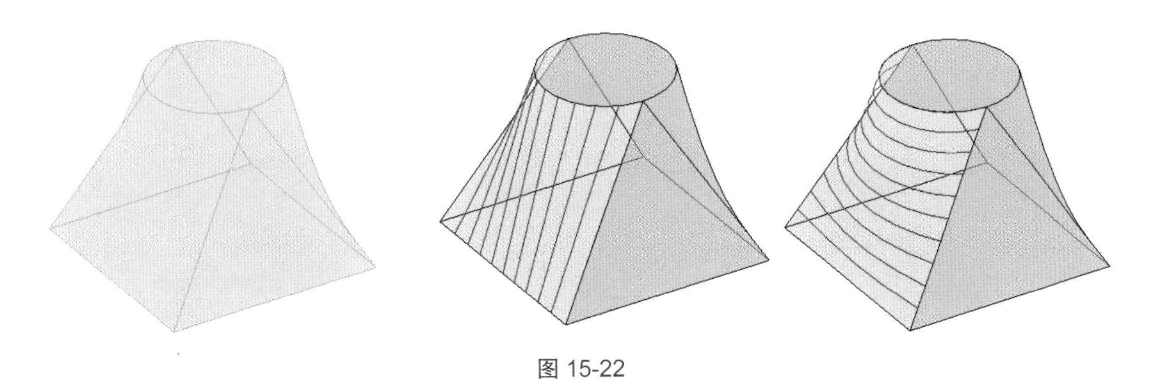

图 15-22

选择被分割的表面，在选项栏中可以设置 UV 网格的排列方式：“编号”即以固定数量排列网格，例如图 15-23 中的设置，U 网格“编号”为“10”，即共在表面上等距排布 10 个 U 网格。

图 15-23

如勾选选项栏中的“距离”单选框,在下拉列表中可以选择“距离”“最大距离”“最小距离”并设置距离(图 15-24)。下面以距离数值 2 000 mm 为例,介绍三个选项对 U 网格排列的影响。

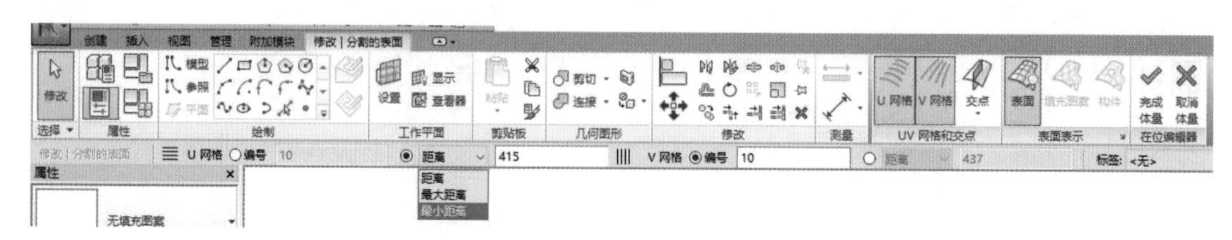

图 15-24

距离 2 000 mm:以固定间距 2 000 mm 排列 U 网格,第一个和最后一个不是 2 000 mm 也自成一格。

最大距离 2 000 mm:以不超过 2 000 mm 的相等间距排列 U 网格,如总长度为 11 000 mm 将等距产生 U 网格 6 个,即每段为 2 000 mm,排布 5 条 U 网格线还有剩余的长度,为了保证每段都不超过 2 000 mm,将等距生成 6 条 U 网格线。

最小距离 2 000 mm:以不小于 2 000 mm 的相等间距排列 U 网格,如总长度为 11 000 mm 将等距产生 U 网格 5 个,最后一个剩余的不足 2 000 mm 的距离将均分到其他网格中。

V 网格的排列设置与 U 网格相同。

5. 体量分割面的填充

选择分割后的表面,点击“属性”面板中的“修改图元类型”下拉按钮,可在下拉列表中选择填充图案,默认为“无填充图案”。可以为已分割的表面填充图案,例如选择“八边形”,效果如图 15-25 所示。

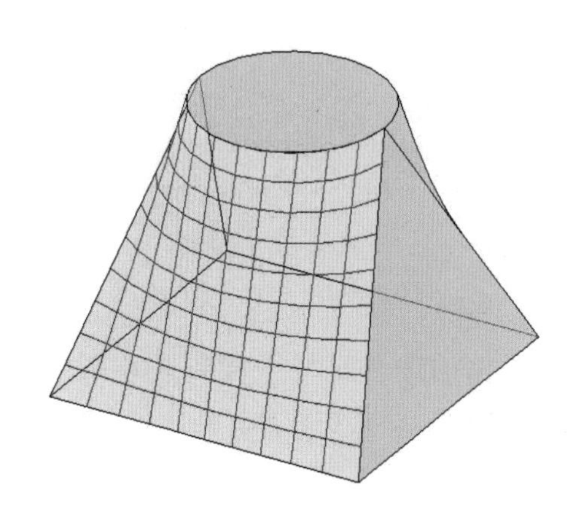

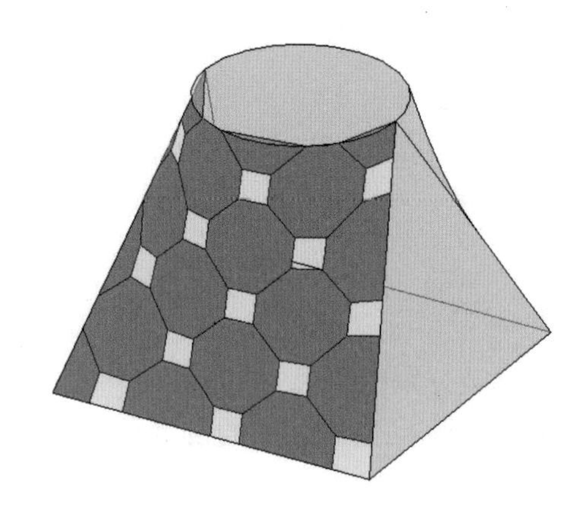

图 15-25

选择填充图案,通过“属性”面板中的“边界平铺”设置填充图案与表面边界相交的方式,有“空”“部分”“悬挑”三种,如图 15-26 所示。

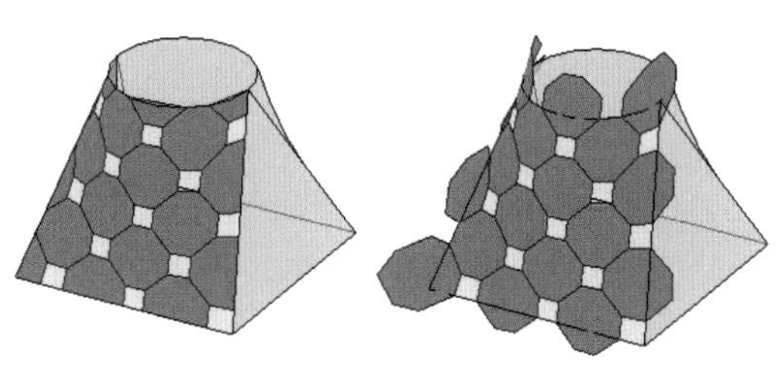
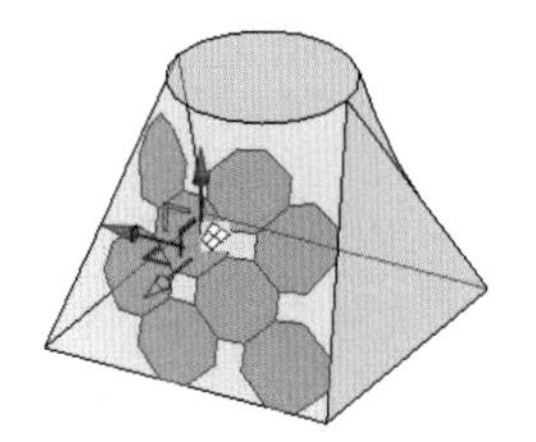

图 15-26

所有网格旋转:旋转 UV 网格和表面填充图案,如图 15-27 所示。

网格的实例属性中 UV 网格的“布局”“距离”的设置等同于选择分割过的表面后选项栏的设置,如图 15-28 所示。

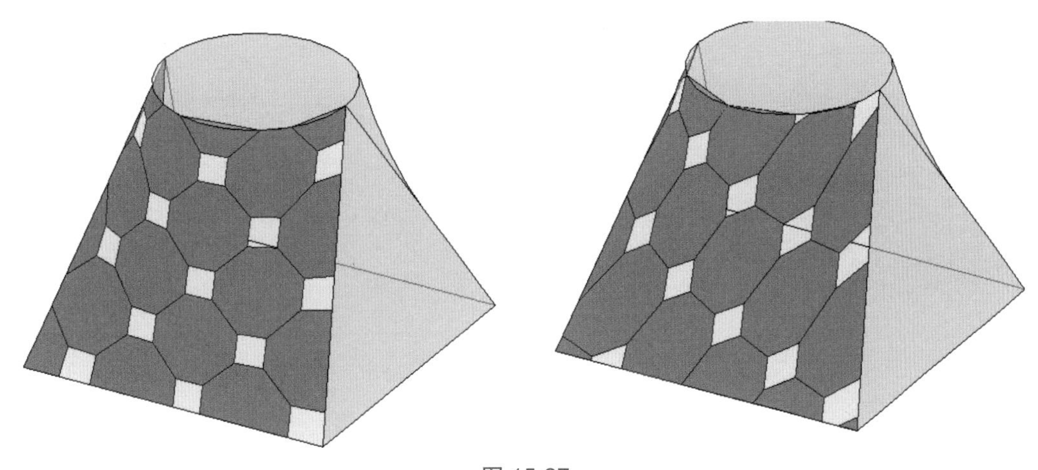

图 15-27

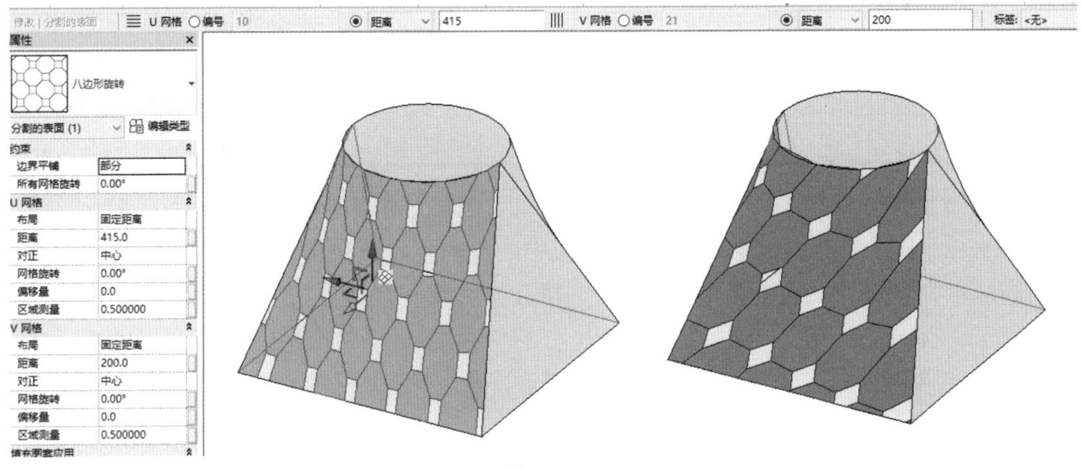

图 15-28

对正:此选项用于设置 UV 网格的起点,可以设置“中心”“起点”“终点”三种样式,如图 15-29 所示。

中心:如图 15-29(a)所示, UV 网格从中心开始排列,上、下均有可能出现不完整的网格,默认设置为“中心”。

起点:如图 15-29(b)所示,UV 网格从下向上排列,最上面有可能出现不完整的网格。

终点:如图 15-29(c)所示,UV 网格从上向下排列,最下面有可能出现不完整的网格。

“对正”的设置只在“布局”设置为“固定距离”时才可能有明显的效果,其他几种布局方法网格均为均分,所以对正影响不大。

网格旋转:分别旋转 U、V 方向的网格或填充图案的角度。

偏移量:调整 UV 网格对正的起点位置,例如对正为起点,偏移 1 000 表示以底边向上 1 000 mm 为起点。

标识数据的“注释”和“标记”,可手动输入与表面有关的内容,用于说明该构件可在创建明细表或标记时被提取出来。

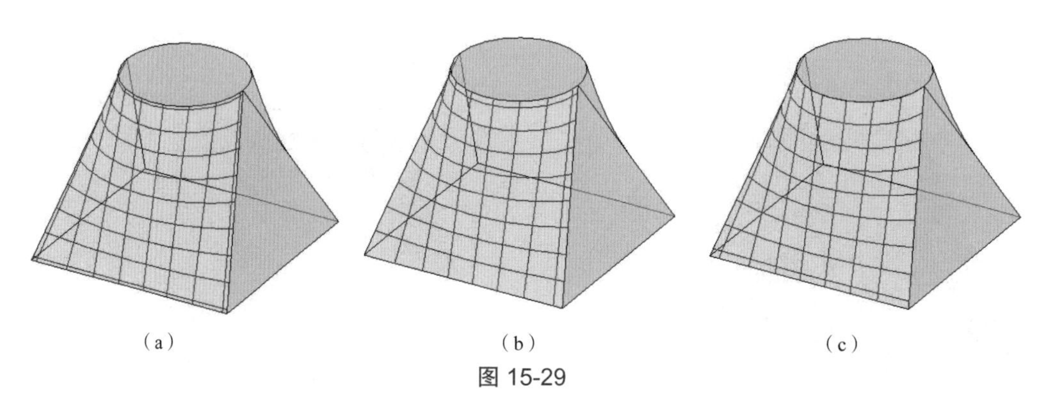

(a)　(b)　(c)

图 15-29

点击“插入”选项卡“从库中载入”面板中的“载入族”按钮,双击默认的族库文件夹“建筑”,打开“按填充图案划分的幕墙嵌板”文件夹,如图 15-30(a)所示,载入可作为幕墙嵌板的构件族,如选择“1-2 错缝表面”,点击“打开”按钮,完成族的载入。选择被分割的表面,点击“属性”面板中的“修改图元类型”按钮,选择刚刚载入的“1-2 错缝表面”,可以自定义创建“按填充图案划分的幕墙嵌板”族,实现不同样式的幕墙效果,具体内容见“创建按填充图案划分的幕墙嵌板族”,如图 15-30(b)所示。

6. 创建内建体量的其他注意事项

选择体量被分割的表面、有填充图案的表面、填充了幕墙嵌板构件的表面,点击“修改分割的表面”上下文选项卡“表面表示”面板中的“表面”“填充图案”“构件”三个按钮,设置面的显示,可显示原始表面、节点、UV 网格和相交线。默认点击“表面”工具将关闭 UV 网格,显示原始表面。点击“表面表示”面板右下角的按钮,将弹出“表面表示”对话框,如图 15-31 所示。

(a)

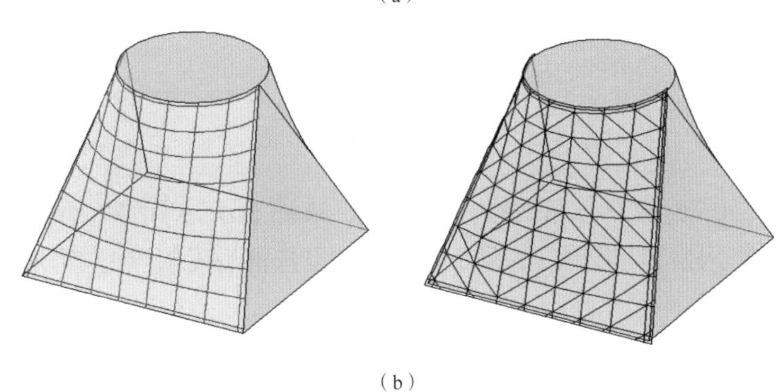

(b)

图 15-30

表面表示

表面　填充图案　构件

样式/材质:

原始表面　<按类别>

节点

UV 网格和相交线

确定　取消

图 15-31

选择一个未分割的表面,点击“修改形状图元”选项卡“分割”面板中的“分割表面”按钮,图 15-32 中“表面表示”面板中的“表面”按钮将变为可用,点击该按钮可关闭或打开表面网格的显示。

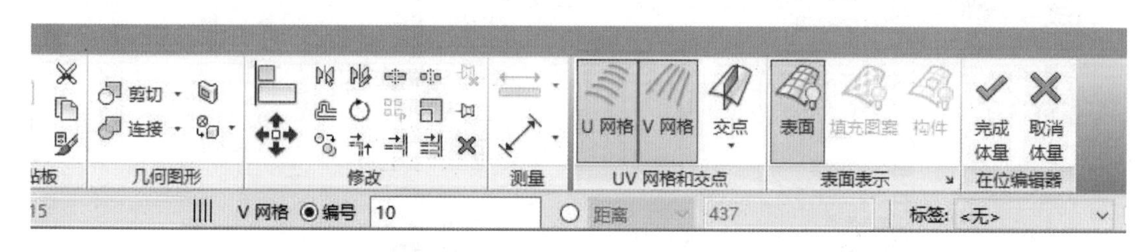

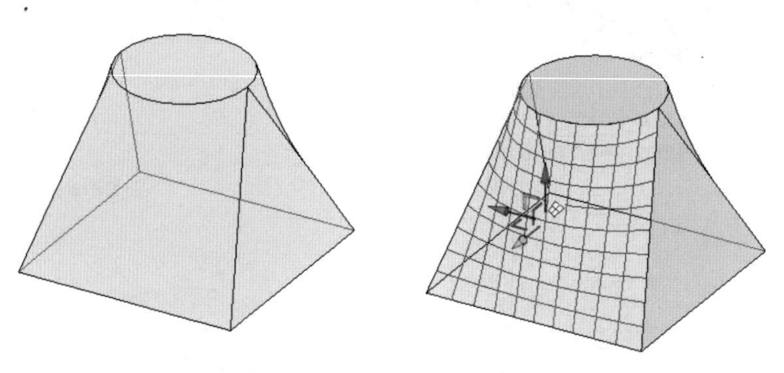

图 15-32

点击“表面表示”面板右下角的按钮,将弹出“表面表示”对话框,可设置表面的“原始表面”“节点”“UV 网格和相交线”的显示。勾选各复选框后无须点击“确定”按钮即可预览效果,如图 15-33 所示。

如勾选了“节点”复选框并点击“确定”按钮,点击“表面”按钮即可打开或关闭节点的显示。

当为所选表面添加了表面填充图案时,“表面表示”面板中的“填充图案”按钮将由灰显变为可用。点击该按钮可设置图案填充是否显示,如图 15-34 所示。

点击“表面表示”面板右下角的按钮,将弹出“表面表示”对话框,可设置填充图案的“填充图案线”“图案填充”的显示。勾选各复选框后无须点击“确定”按钮即可预览效果,如图 15-35 所示。

当在项目中载入并为所选表面添加了“按填充图案划分的幕墙嵌板”构件时,“表面表示”面板中的“构件”按钮将由灰显变为可用。点击该按钮可设置构件是否显示,如图 15-36 所示。

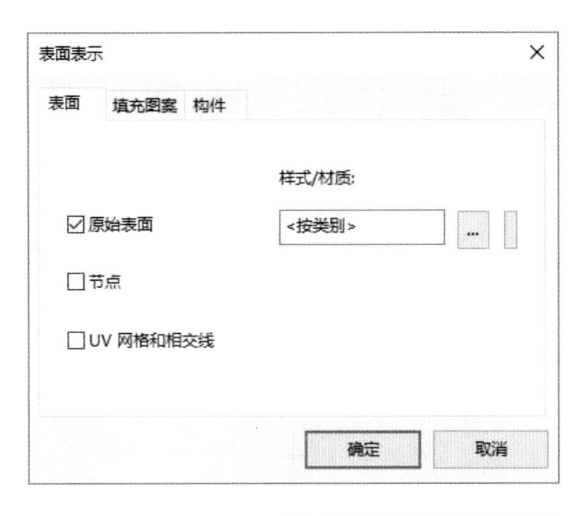
表面表示
表面
填充图案
构件
样式/材质:
原始表面
<按类别>
节点
UV 网格和相交线
确定
取消

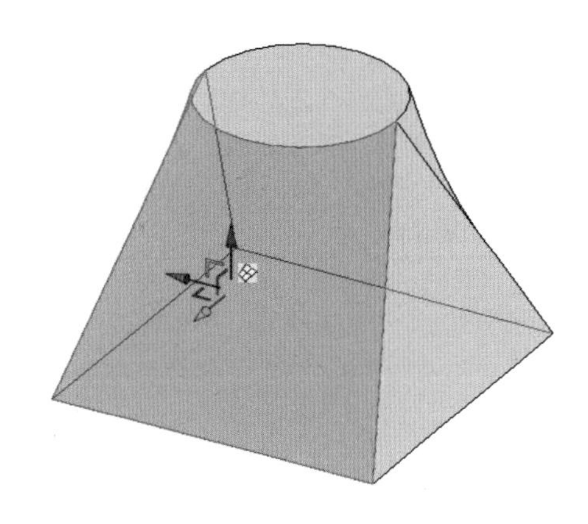

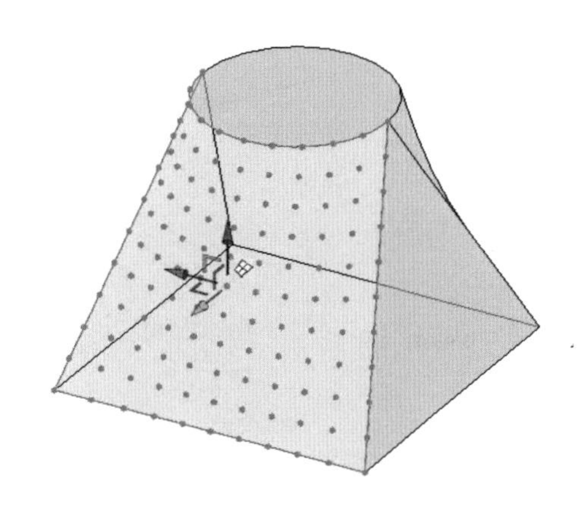

表面表示
表面
填充图案
构件
样式/材质:
原始表面
<按类别>
节点
UV 网格和相交线
确定
取消

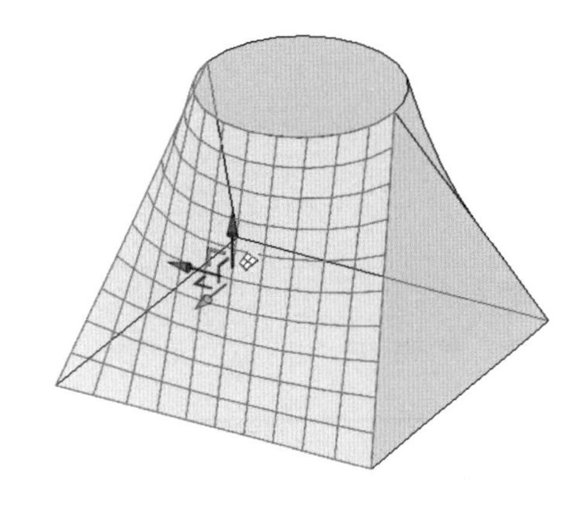

图 15-33

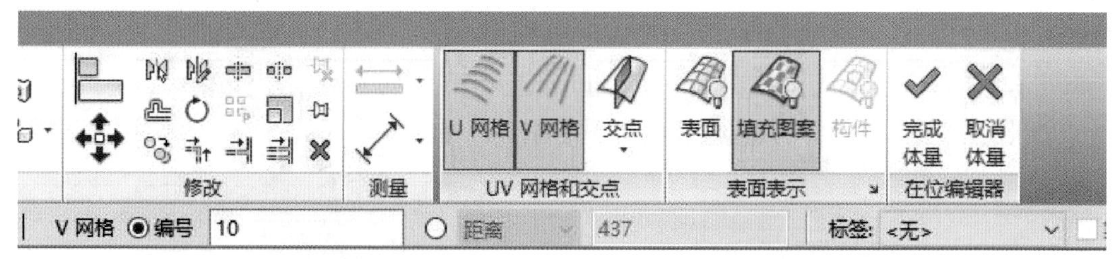

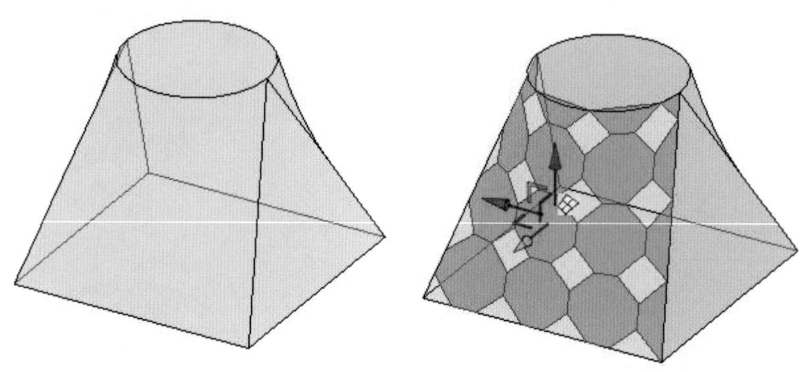

图 15-34

表面表示

表面 填充图案 构件

样式/材质:

☑ 填充图案线

☐ 图案填充 <按类别>

确定 取消

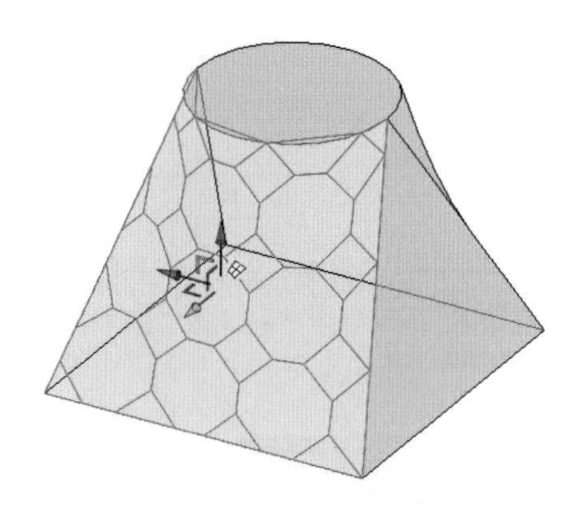

表面表示

表面 填充图案 构件

样式/材质:

☑ 填充图案线

☑ 图案填充 <按类别>

确定 取消

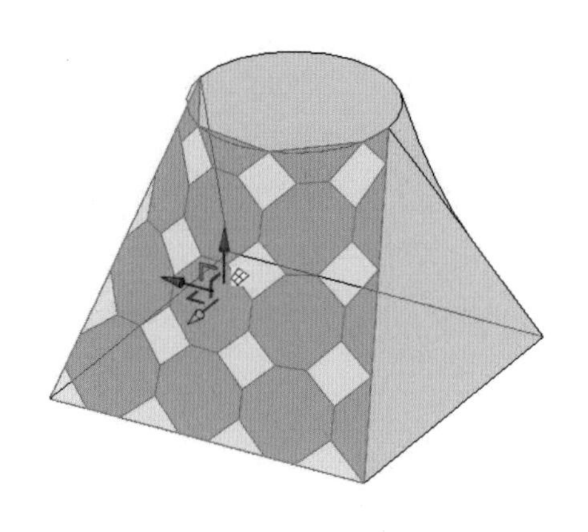

图 15-35

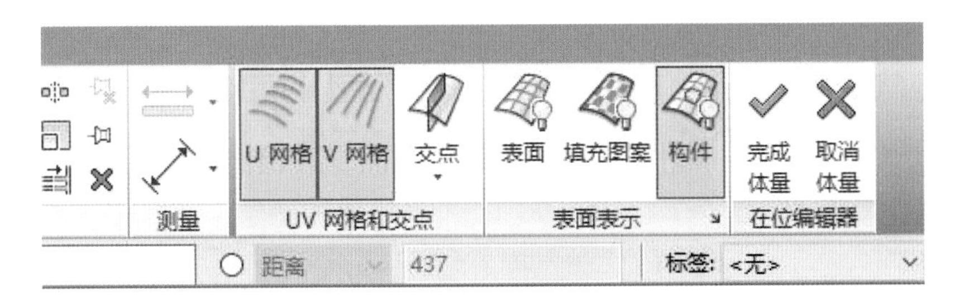

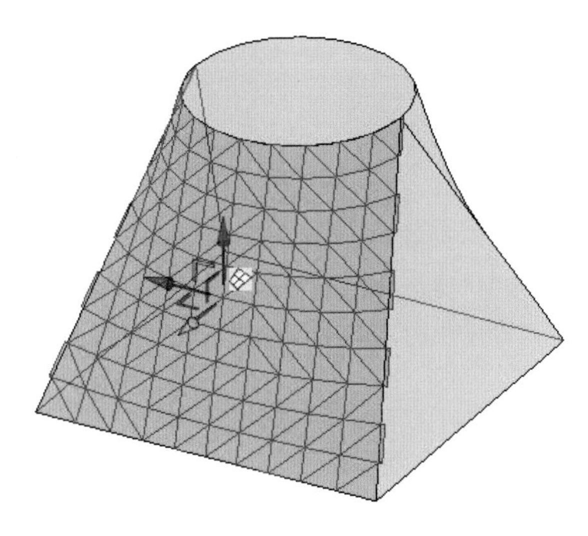

图 15-36

“构件”选项卡中只有一项设置，如果不勾选“填充图案构件”复选框，点击“表面表示”面板中的“构件”按钮将不起作用，建议勾选该复选框，如图 15-37 所示。

图 15-37

创建、编辑完成一个或多个内建体量后,如体量有交叉,可以按如下操作连接几何形体:在“修改”选项卡“几何图形”面板中点击“连接”— “连接几何图形”按钮,在绘图区域依次单击交叉的体量,即可清理掉体量重叠的部分,如图 15-38 所示。

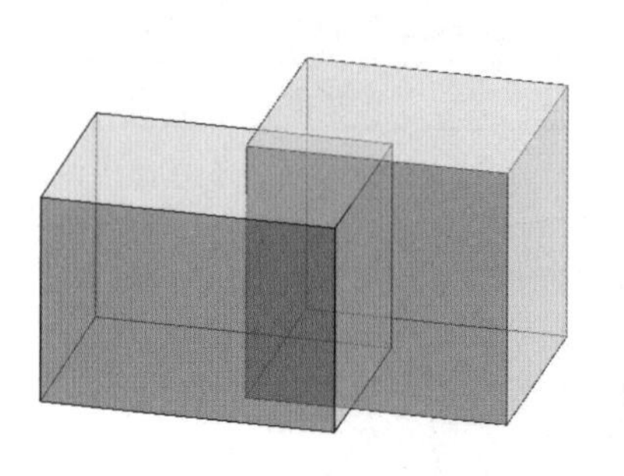
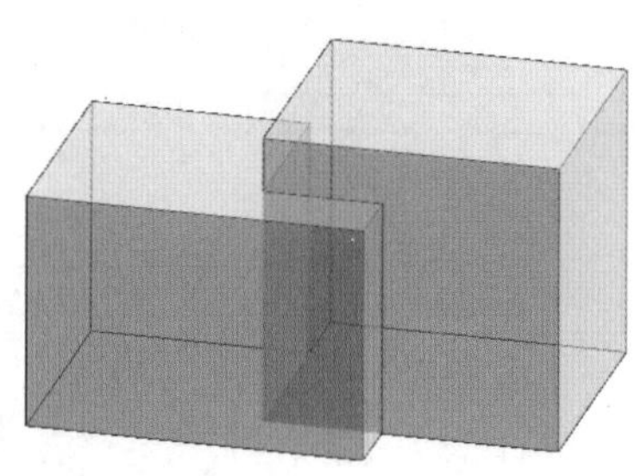

图 15-38

点击“取消连接几何图形”按钮,单击任意一个被连接的体量即可取消连接。创建并编辑完体量后点击“修改”选项卡中的“在位编辑器”,点击“完成体量”按钮,即可完成内建体量的创建。

15.1.2 创建体量族

上一节中介绍了内建体量的创建和编辑,体量族与内建体量创建形体的方法基本相同,但内建体量只能随项目保存,因此在使用上相对于体量族有一定的局限性。而体量族不仅可以单独保存为族文件随时载入项目,而且在体量族空间中还提供了如三维标高等工具并预设了两个垂直的三维参照面,优化了体量的创建和编辑环境。

在“应用程序”菜单中选择“新建”— “概念体量”命令,在弹出的“新建概念体量 - 选择样板文件”对话框中双击“公制体.rft”族样板文件,进入体量族的绘制空间。

Revit Architecture 2015 的概念体量族空间的三维视图提供了三维标高面,可以在三维视图中直接绘制标高,更有利于体量族创建中工作平面的设置,如图 15-39 所示。

1. 三维标高的绘制

点击“创建”选项卡“基准”面板中的“标高”按钮,将光标移动到绘图区域的现有标高面上方,光标下方显示间距,可直接输入间距,如“10000”,即 10 m,按【Enter】键即可完成三维标高的绘制,如图 15-40 所示。

在体量族空间中默认单位为“毫米”。

标高绘制完成后还可以通过临时尺寸标注修改三维标高高度,单击可直接修改标高的数值,如图 15-41 所示。三维视图同样可以“复制”没有楼层平面的标高,如图 15-42 所示。

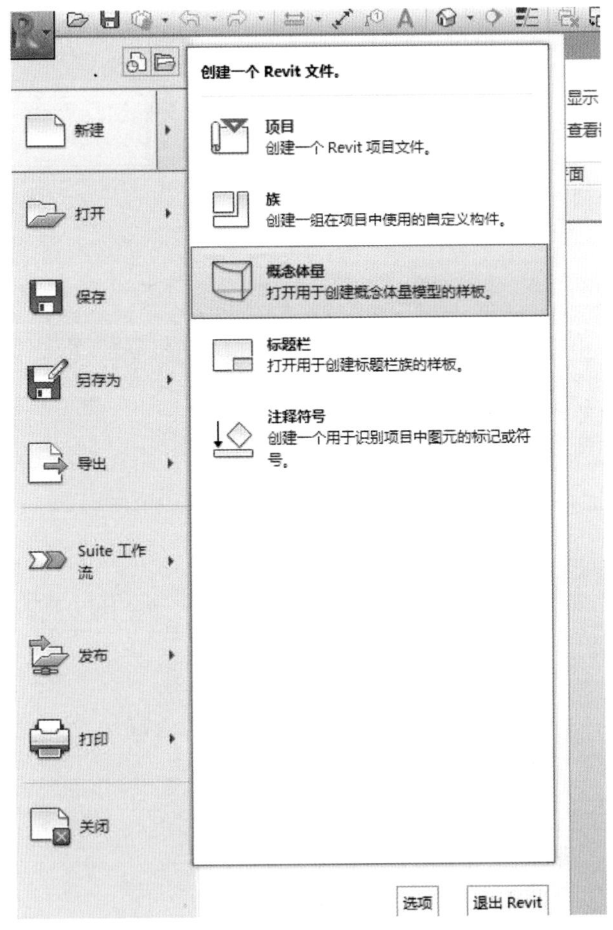
创建一个 Revit 文件。
新建
项目
创建一个 Revit 项目文件。
打开
族
创建一组在项目中使用的自定义构件。
保存
概念体量
打开用于创建概念体量模型的样板。
另存为
标题栏
打开用于创建标题栏族的样板。
导出
注释符号
创建一个用于识别项目中图元的标记或符号。
Suite 工作流
发布
打印
关闭
选项
退出 Revit

图 15-39

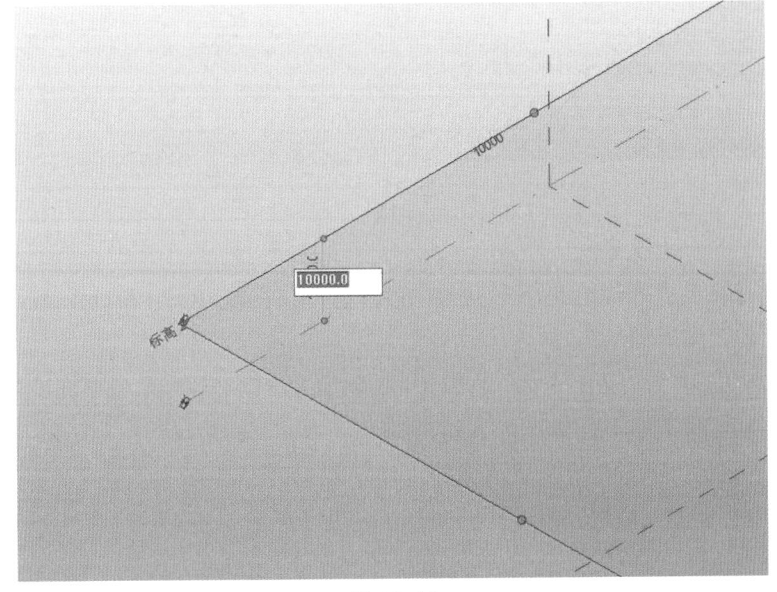
10000
10000.0
标高 1

图 15-40

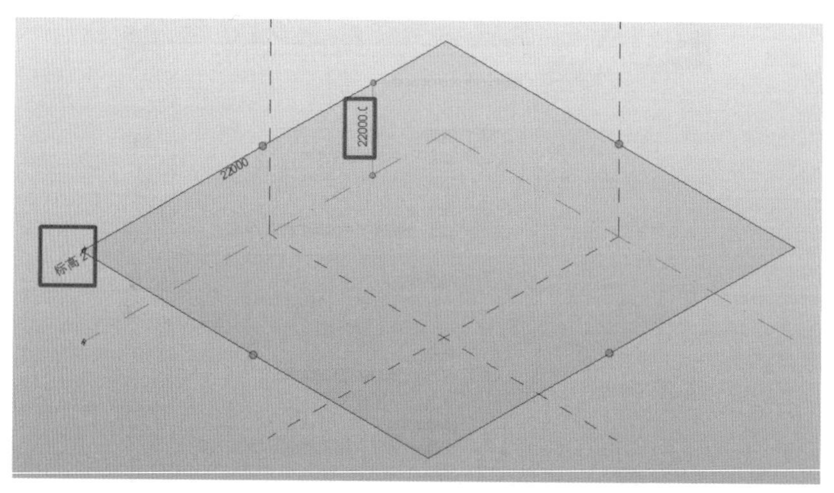

图 15-41

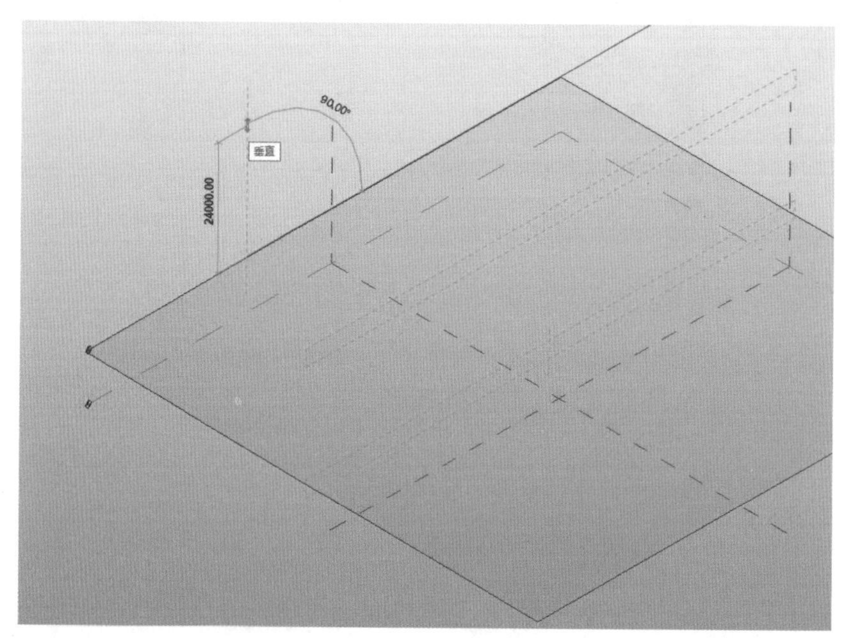

图 15-42

2. 三维工作平面的设置

在三维空间中要想准确绘制图形,必须先定义工作平面, Revit Architecture 2015 的体量族中有两种定义工作平面的方法。

点击“创建”选项卡“工作平面”面板中的“设置”按钮,选择标高平面或构件表面等即可将该面设置为当前工作平面。

点击激活“显示”工具可始终显示当前工作平面,如图 15-43 所示。

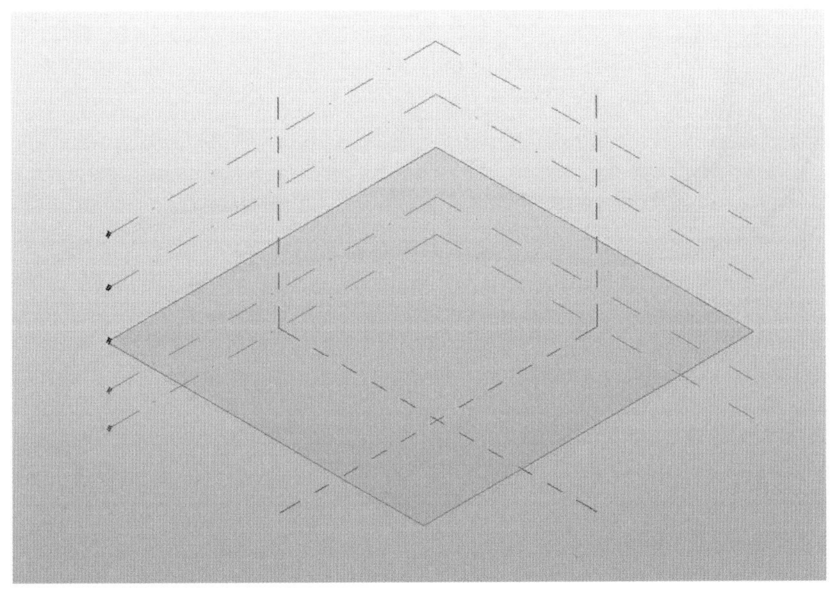

图 15-43

例如，在“F1”平面视图中绘制了如图 15-44 所示的样条曲线，如需以该样条曲线作为路径创建放样实体，需要在样条曲线的关键点处绘制轮廓，可点击“创建”选项卡“工作平面”面板中的“设置”按钮，在绘图区域中样条曲线的关键点上单击，即可将当前工作平面设置为该点的垂直面，此时可使用“绘制”面板中的“线”工具在该点的工作平面上绘制轮廓，如图 15-44 所示。

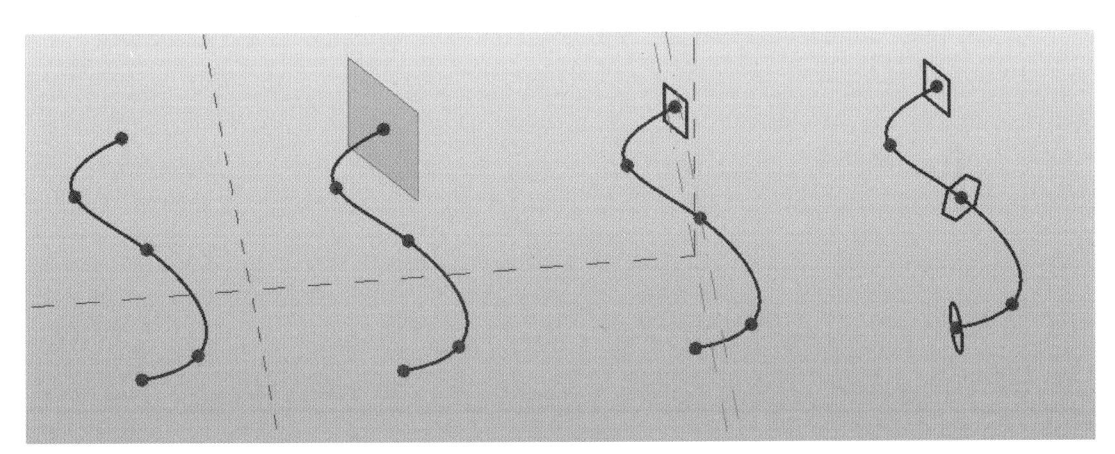

图 15-44

选择样条曲线，并按住【Ctrl】键选择该样条曲线上的所有轮廓，点击“创建”选项卡“形状”面板中的“创建形状”按钮，直接创建实心形状，如图 15-45 所示。在绘图区域单击相应的工作平面即可将所选的工作平面设置为当前工作平面，如图 15-46 所示。

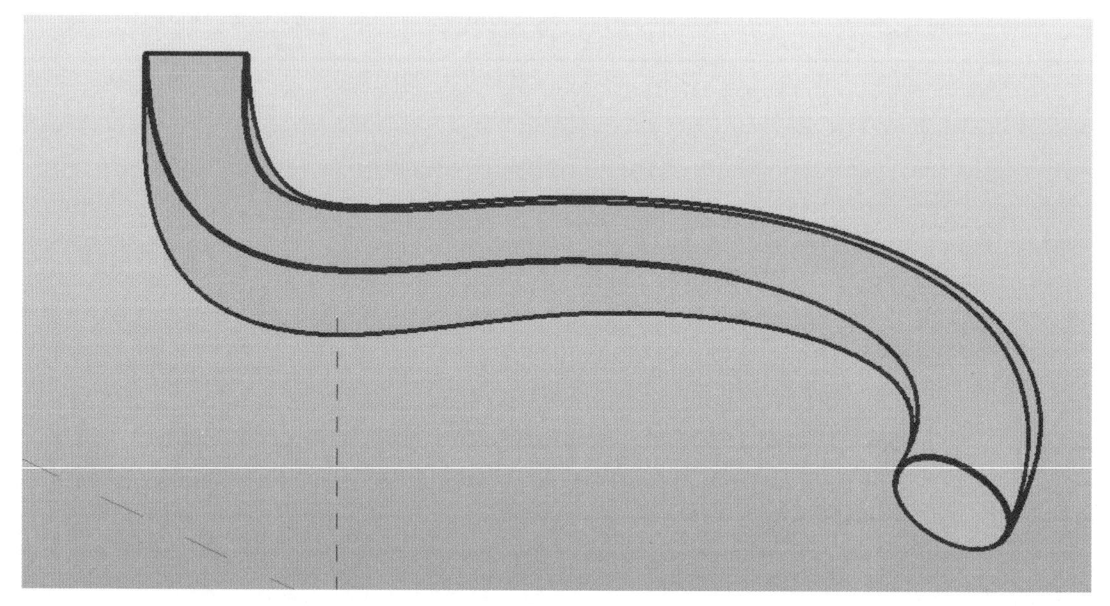

图 15-45

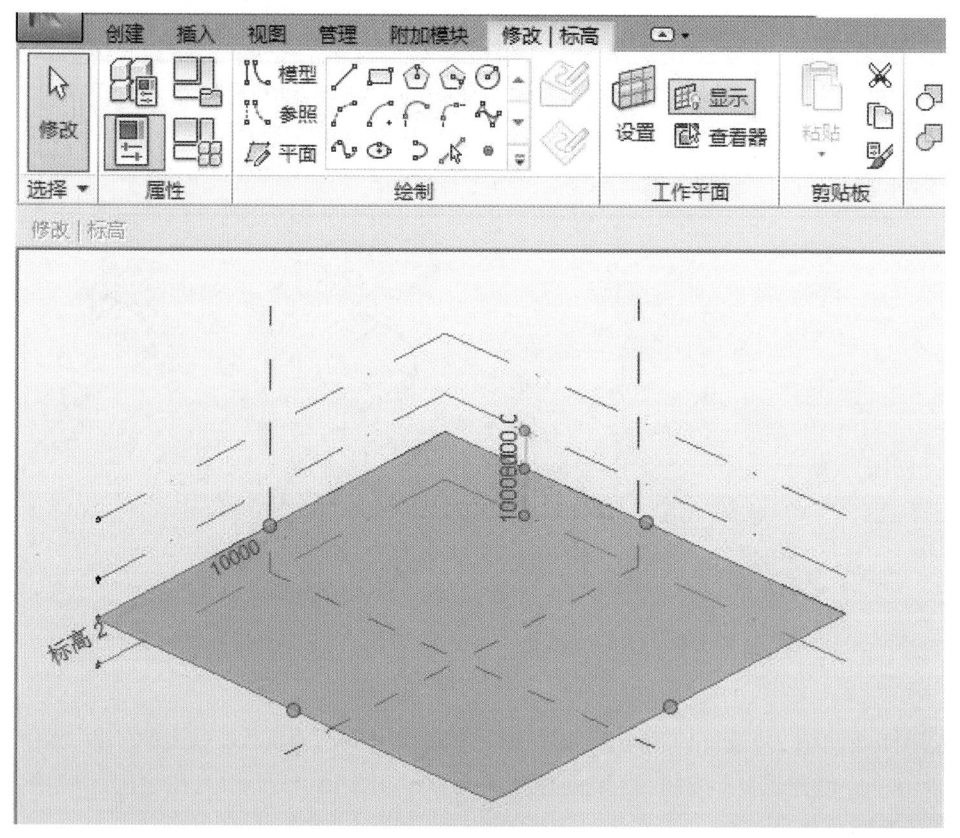

图 15-46

通过上述两种方法均可设置当前工作平面,即可在该平面上绘制图形。如图 15-47 所示，单击“标高 2”平面，将“标高 2”平面设置为当前工作平面，点击“创建”选项卡“绘制”面板中的“线”— “椭圆”按钮，将光标移动到绘图区域即可以“标高 2”平面作为工作平面绘制椭圆。

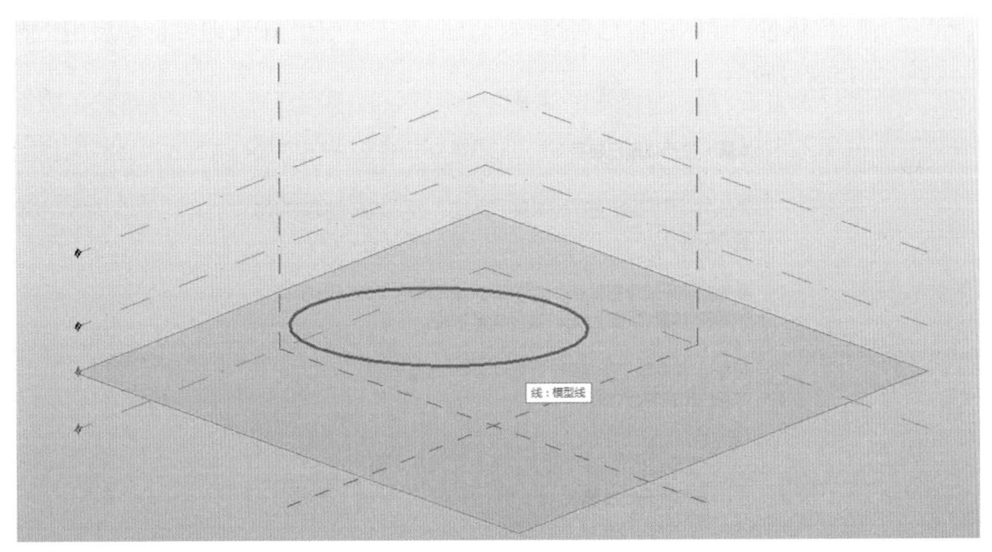

图 15-47

在概念设计环境的三维工作空间中，“创建”选项卡“绘制”面板中的“点图元”工具可提供特定的参照位置。通过放置这些点，可以设计和绘制线、样条曲线和形状（通过参照点绘制线条见内建族中的相关内容）。参照点可以是自由的（未附着）或以某个图元为主体，也可以控制其他图元。例如，选择已创建的实心形体，点击“修改形式”上下文选项卡“形状图元”面板中的“透视”按钮，在绘图区域中选择路径上的某参照点，通过拖曳调整其位置即可修改路径，从而达到修改形体的目的，如图 15-48 所示。

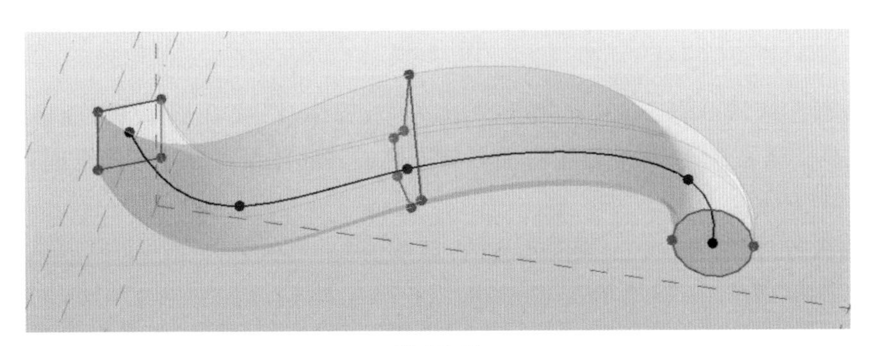

图 15-48

15.2　体量的面模型

Revit Architecture 2015 的体量工具可以实现初步的体块穿插的研究，当体块的方案确定后，“面模型”工具可以将体量的面转换为建筑构件，如墙、楼板、屋顶等，以继续深化方案。

15.2.1　在项目中放置体量

如果在项目中创建了内建体量,则可使用“面模型”工具细化体量方案。如需使用体量族,点击“体量和场地”选项卡“概念体量”面板中的“放置体量”按钮,如未启用“显示体量”模式,将自动弹出“体量 - 显示体量已启用”对话框,点击“关闭”按钮即可自动启用“显示体量”模式,如图 15-49 所示。

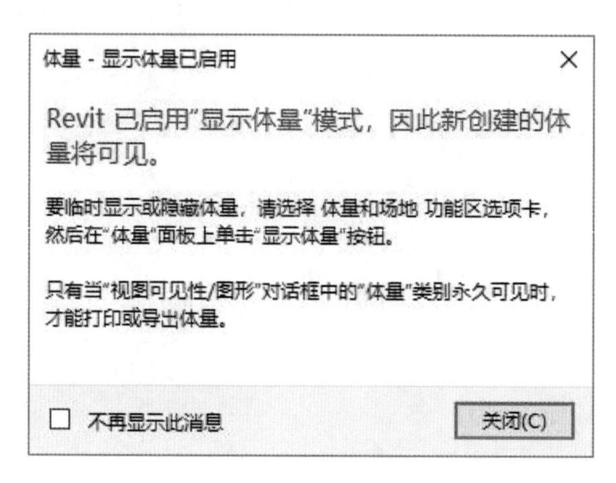

图 15-49

如果项目中没有体量族,将弹出如图 15-50 所示的 Revit 提示对话框。点击“是”按钮将弹出“打开”对话框,选择需要的体量族,点击“打开”按钮即可载入体量族。

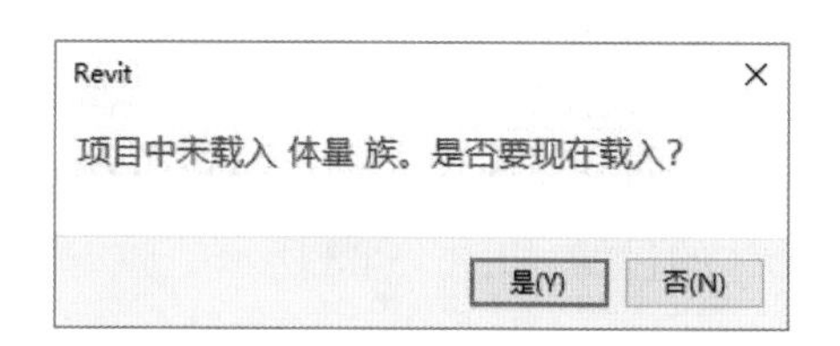

图 15-50

光标在绘图区域可能处于不可用状态,因为“放置体量”选项卡“放置”面板中的“放置在面上”工具默认被激活,如项目中有楼板等构件或其他体量可直接放置在现有的构件面上,如图 15-51 所示。

如不需要放置在构件面上,则需要激活“放置体量”选项卡“放置”面板中的“放置在工作平面上”工具,如图 15-52 所示。

15.2.2　创建体量的面模型

创建体量的面模型

可以在项目中载入多个体量,如体量之间有交叉,可点击“修改”选项卡“几何图形”面板中的“连接”— “连接几何图形”按钮,依次单击交叉的体量,即可清理掉体量重叠的部分,如图 15-53 所示。

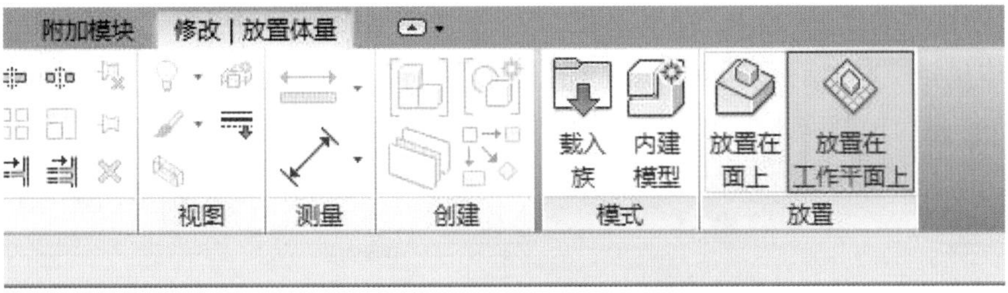

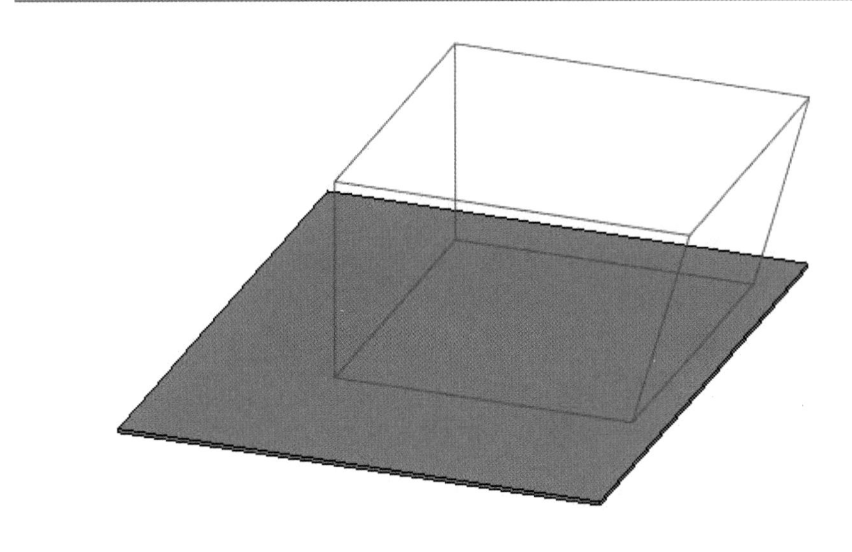

图 15-51

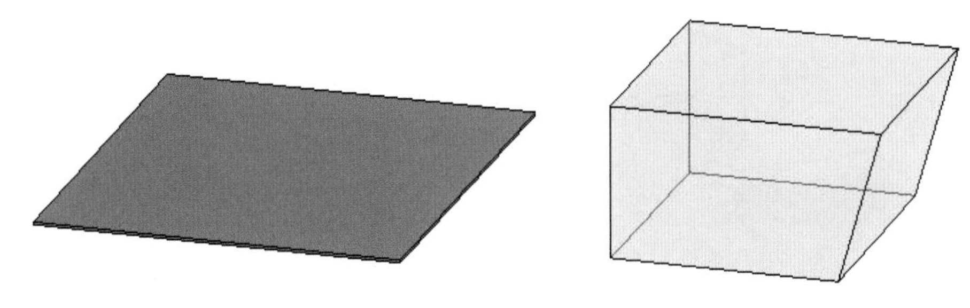

图 15-52

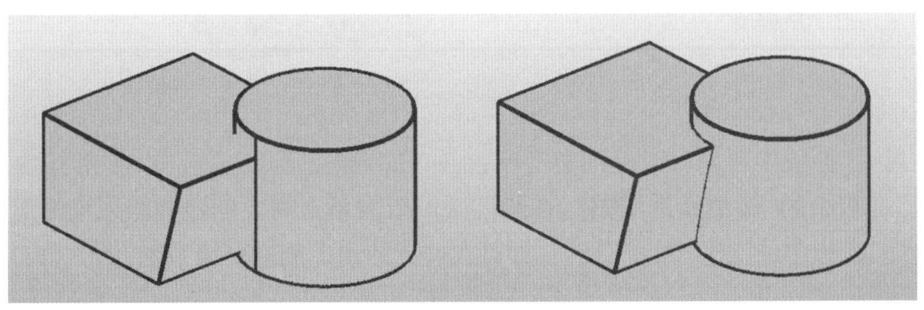

图 15-53

选择项目中的体量,点击“修改体量”上下文选项卡“模型”面板中的“体量楼层”按钮,将弹出“体量楼层”对话框,其中列出了项目中的标高名称,勾选复选框并点击“确定”按钮,Revit 将在体量与标高交叉的位置生成符合体量的楼层,如图 15-54 所示。

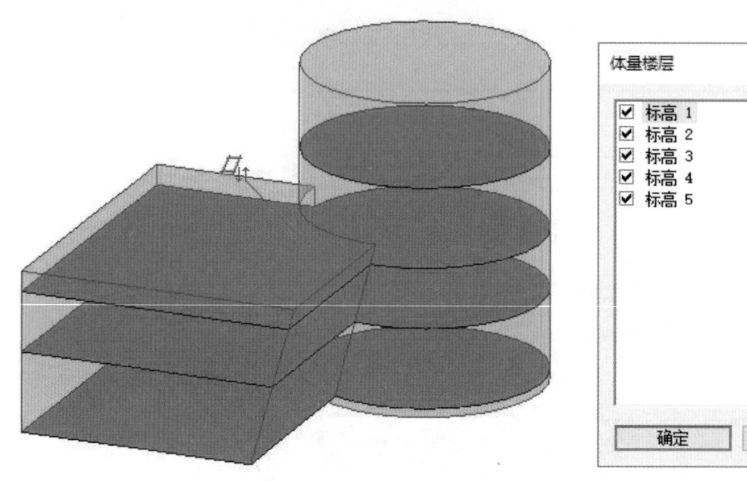

图 15-54

进入“体量和场地”选项卡下的“概念体量”面板,点击“面模型”— “屋顶”按钮,在绘图区域单击体量的顶面,然后点击“放置面屋顶”选项卡“多重选择”面板中的“创建屋顶”按钮,即可将顶面转换为屋顶的实体构件,如图 15-55 所示。

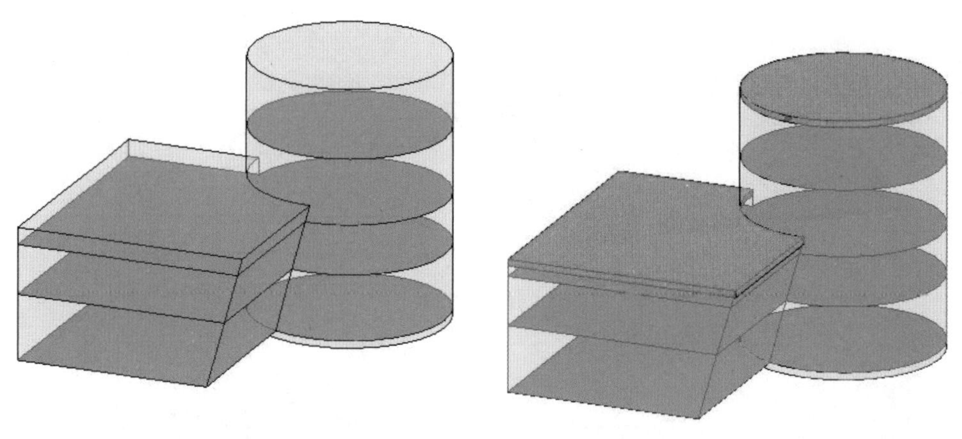

图 15-55

在“属性”面板中可以修改屋顶类型参数,如图 15-56 所示。点击“体量和场地”选项卡“面模型”面板中的“幕墙系统”按钮,在绘图区域依次单击需要创建幕墙系统的面,并点击“多重选择”面板中的“创建系统”按钮,即可在选择的面上创建幕墙系统,如图 15-57 所示。

图 15-56

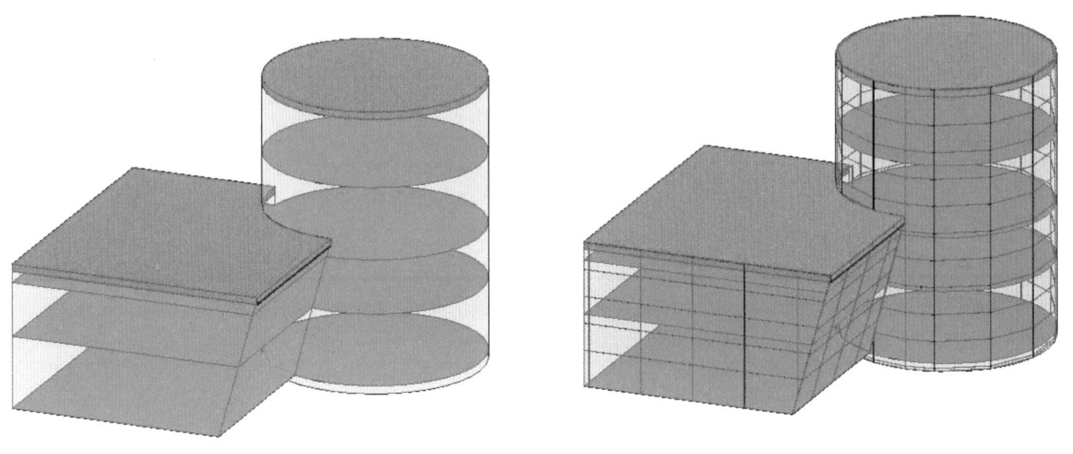

图 15-57

点击“体量和场地”选项卡“面模型”面板中的“墙”按钮,在绘图区域单击需要创建墙体的面,即可生成面墙,如图 15-58 所示。

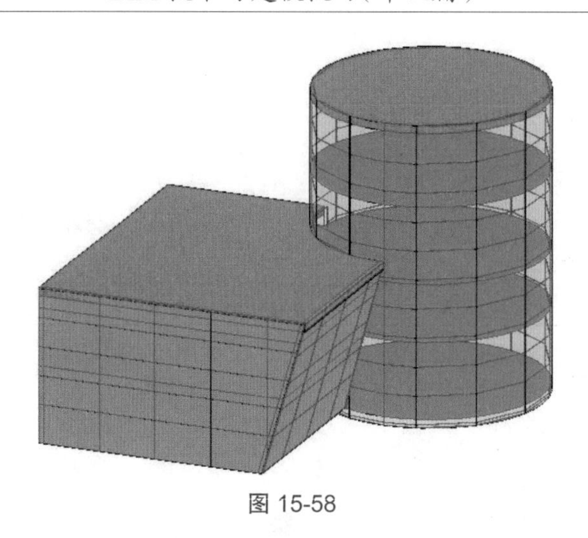

图 15-58

点击“体量和场地”选项卡“面模型”面板中的“楼板”按钮,在绘图区域单击楼层面积面或直接框选体量,Revit 将自动识别所有被框选的楼层面积面,点击“放置面楼板”上下文选项卡“多重选择”面板中的“创建楼板”按钮,即可在被选择的楼层面积面上创建实体楼板。

内建体量可以直接选择体量并通过拖曳的方式调整形体,载入的体量族也可以通过其图元属性修改体量的参数,从而达到修改体量的目的。体量变更后通过“面模型”工具创建的建筑图元不会自动更新,可以“重做”图元以适应体量面当前的大小和形状:体量圆柱半径减小,从右下角框选体量上的构件,点击“选择多个”选项卡中的“过滤器”按钮选择面模型“屋顶”“幕墙系统”“楼板”,确定后点击“选择多个”选项卡“面模型”面板中的“面的更新”按钮,如图 15-59 所示。

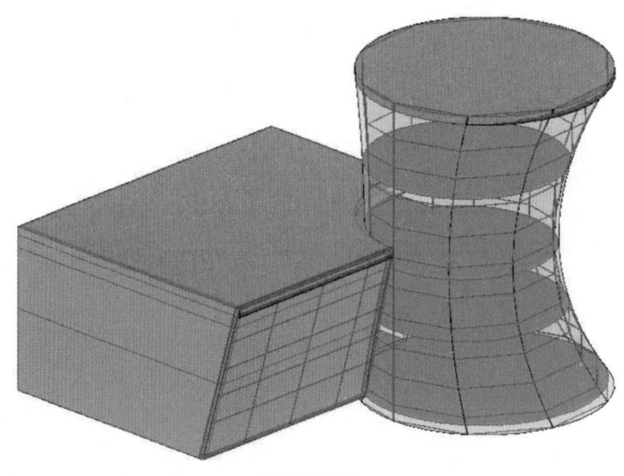

图 15-59

如需编辑体量,可随时通过“显示体量”开启体量的显示,但“显示体量”工具是临时工具,当关闭项目下次打开时,“显示体量”将处于关闭状态,如需在下次打开项目时体量仍可见,在“属性”对话框中选择“视图属性”— “可见性 / 图形替换”选项,在视图的“三维视图:{ 三维 } 的可见性 / 图形替换”对话框中勾选“体量”复选框,如图 15-60 所示。

图 15-60

15.3　创建基于公制幕墙嵌板的填充图案构件族

在“应用程序”菜单中选择“新建”— “族”命令，在弹出的“新族 - 选择样板文件”对话框中选择“基于公制幕墙嵌板填充图案”族样板文件，点击“打开”按钮，即可进入族的创建空间，如图 15-61 所示。

构件样板由网格、参照点和参照线组成，默认的参照点是锁定的，只允许垂直方向的移动。这样可以维持构件的基本形状，以便构件按比例应用到填充图案。

打开该族样板，其默认为矩形网格，选择网格，可在“修改瓷砖填充图案网格”上下文选项卡“图元”面板中的“修改图元类型”下拉列表中修改网格，创建不同样式的幕墙嵌板填充图案构件，如图 15-62 所示。

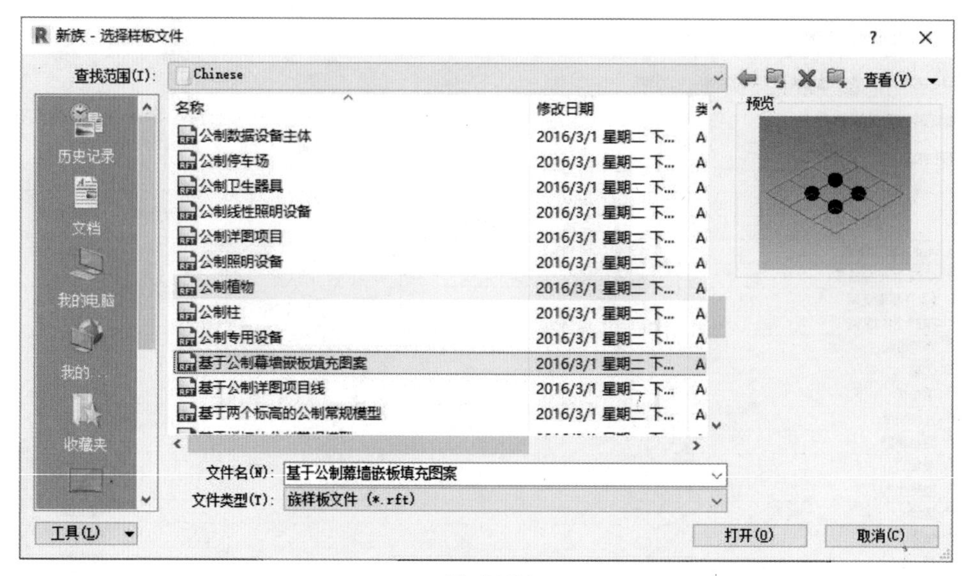
新族 - 选择样板文件
查找范围(I):
Chinese
查看(V)
历史记录
文档
我的电脑
收藏夹
名称
修改日期
预览
公制数据设备主体
公制停车场
公制卫生器具
公制线性照明设备
公制详图项目
公制照明设备
公制植物
公制柱
公制专用设备
基于公制幕墙嵌板填充图案
基于公制详图项目线
基于两个标高的公制常规模型
2016/3/1 星期二 下...
文件名(N): 基于公制幕墙嵌板填充图案
文件类型(T): 族样板文件 (*.rft)
工具(L)
打开(O)
取消(C)
图 15-61

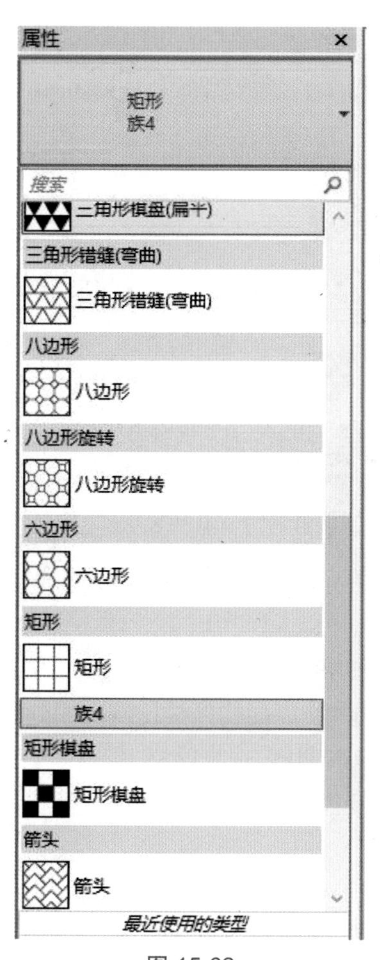
属性
矩形
族4
搜索
三角形棋盘(扁平)
三角形错缝(弯曲)
三角形错缝(弯曲)
八边形
八边形
八边形旋转
八边形旋转
六边形
六边形
矩形
矩形
族4
矩形棋盘
矩形棋盘
箭头
箭头
最近使用的类型
图 15-62

幕墙嵌板填充图案构件族的建模方式与体量族基本相同，步骤如下：族样板默认有四条参照线，可作为创建形体的线条，本例以四条参照线作为路，如图 15-63 所示。

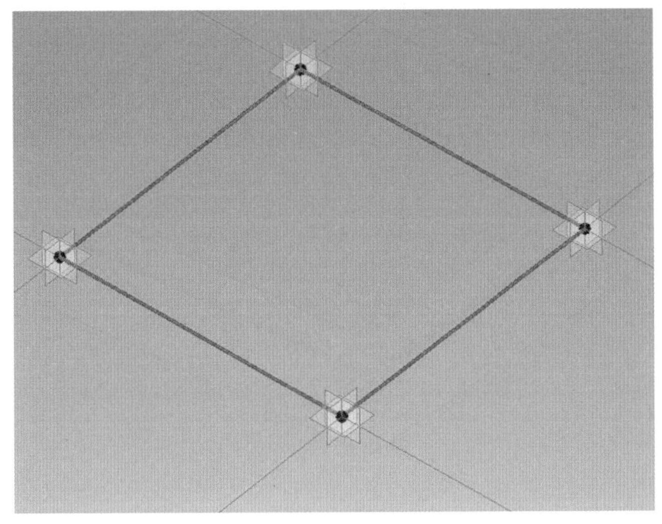

图 15-63

打开默认三维视图，点击“创建”选项卡“绘制”面板中的“矩形”按钮，点击“创建”选项卡“工作平面”面板中的“设置”按钮，在绘图区域单击任意参照点，将该点的垂直面设置为工作平面，绘制矩形并锁定，如图 15-64 所示。

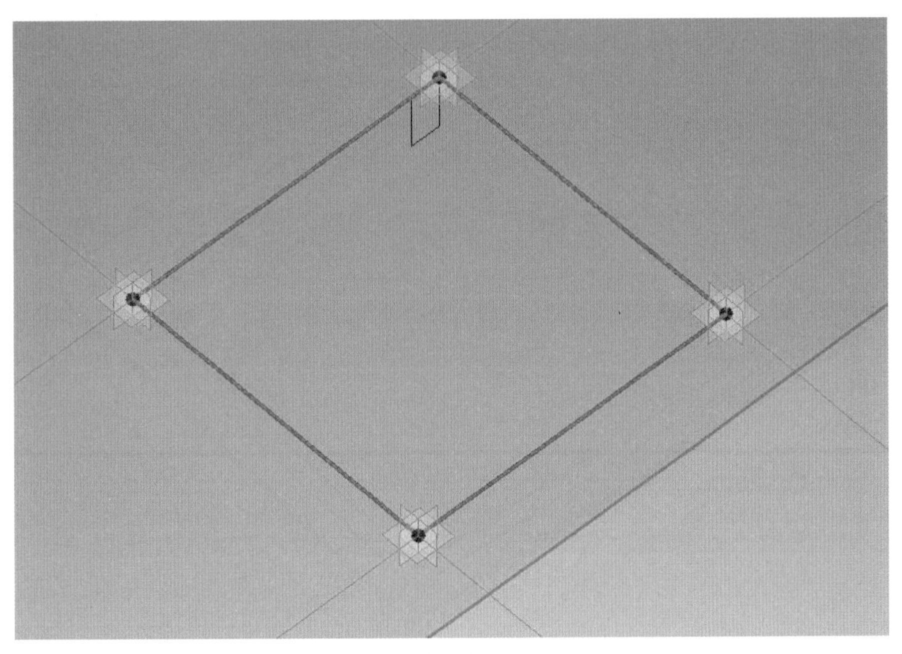

图 15-64

按住【Ctrl】键选择四条参照线和刚刚绘制的矩形轮廓，点击“选择多个”选项卡“形状”面板中的“创建形状”工具，即完成如图 15-65 所示的形体的创建。

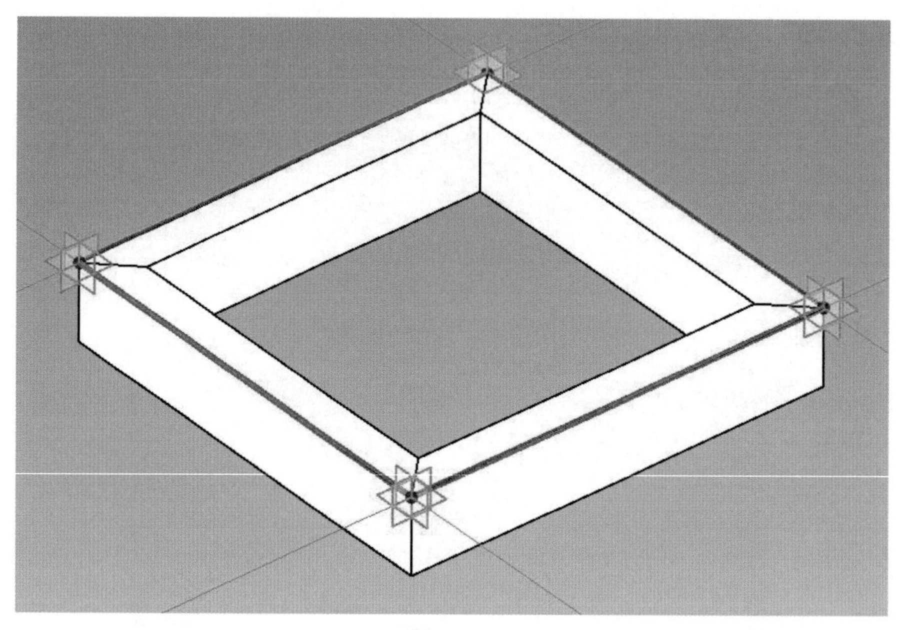

图 15-65

体量族和内建体量一样,选择边并拖曳可以修改形体,也可以为形体添加边或添加轮廓并编辑,如图 15-66 所示。

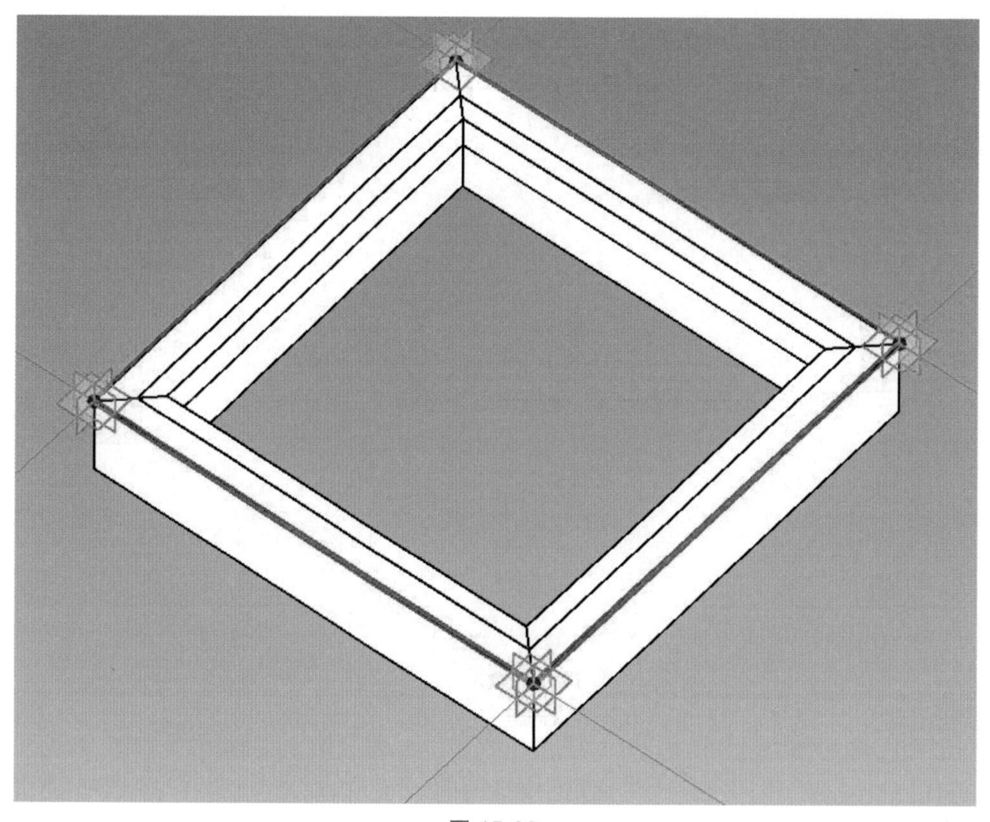

图 15-66

在“应用程序”菜单中选择“另存为”— “族”命令，为族命名，如“矩形幕墙嵌板构件”，然后载入体量族或内建体量中。

在体量族中选择面，点击“修改形状图元”选项卡“分割”面板中的“分割表面”按钮，选择已经分割的表面，在“属性”面板中的“修改图元类型”下拉列表中选择刚刚创建并载入的“矩形幕墙嵌板构件”即可应用，如图 15-67 所示。

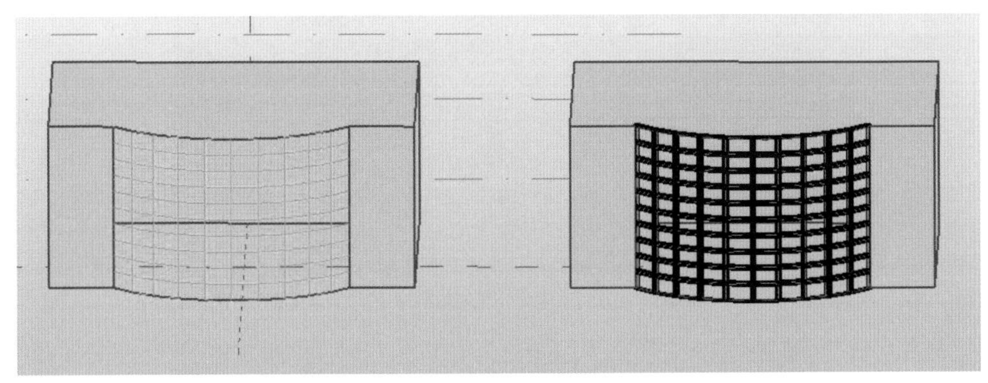

图 15-67

项目中关闭“显示体量”时该幕墙嵌板构件不会被关闭。

15.4　技术总结

技术总结

莫比乌斯环的简单做法如下。

（1）新建概念体量，利用模型线“直线”“圆形”命令绘制如图 15-68 所示的轮廓，直线之间的角度为 30°。

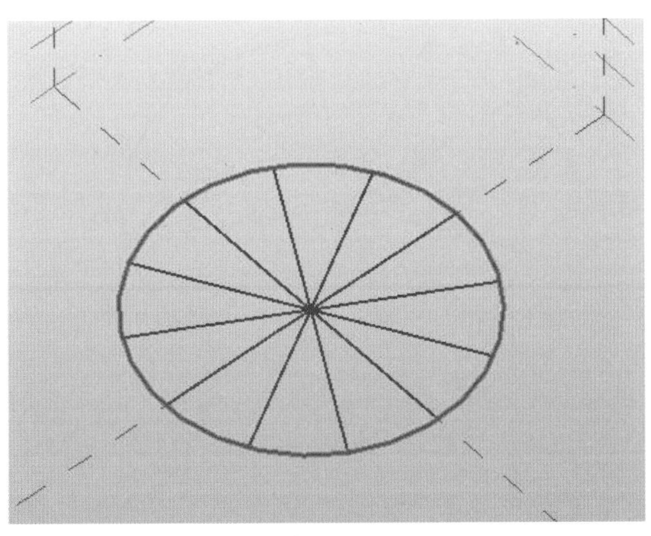

图 15-68

（2）新建族，使用“自适应公制常规模型”模板在平面上随便画一个参照点，选中参照点,使之自适应,绘制一个矩形轮廓包围参照点,标注矩形的边与参照点的工作平面,单击EQ使之平分,并给矩形的对角边标注尺寸,添加参数a、b,然后载入项目中,如图15-69所示。

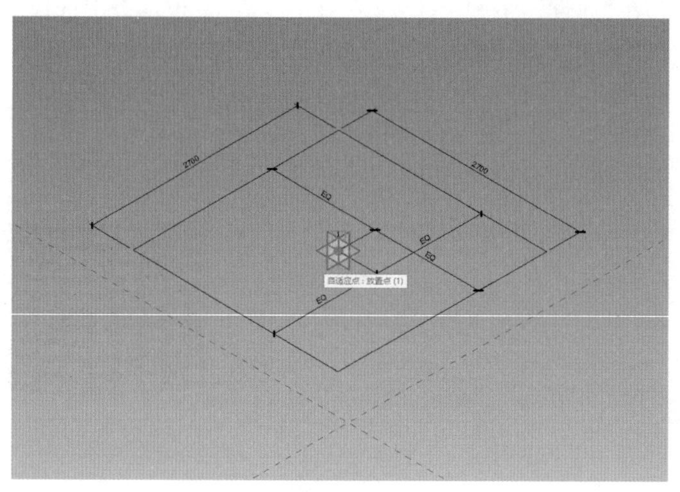

图 15-69

(3)在圆与直线的交点上放置刚刚绘制的构件,使构件与圆垂直,如图15-70所示。利用“旋转”命令调整构件的角度,从0°开始以15°递增,如图15-71所示。选中0°~60°的5个构件,选择“创建形状”命令,然后选中刚刚创建的图元的最后一个构件和后面的4个构件,选择“创建形状”命令,如图15-72所示,最后的效果如图15-73所示。可以选中之前绘制的自定义构件调整参数a、b,重新定义环的尺寸。

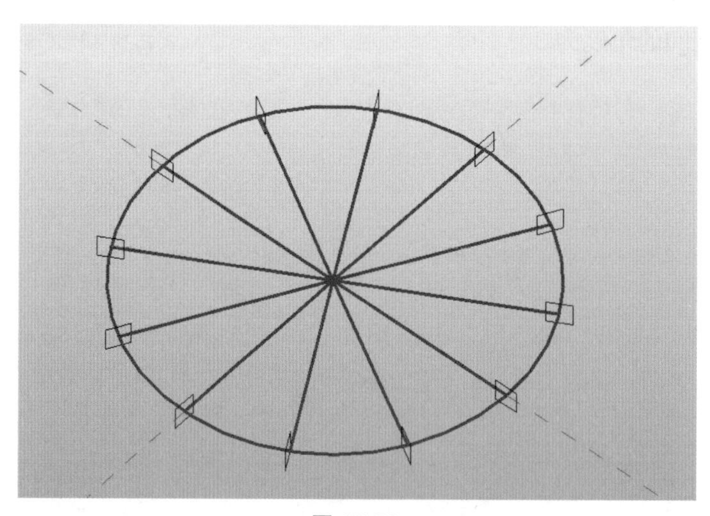

图 15-70

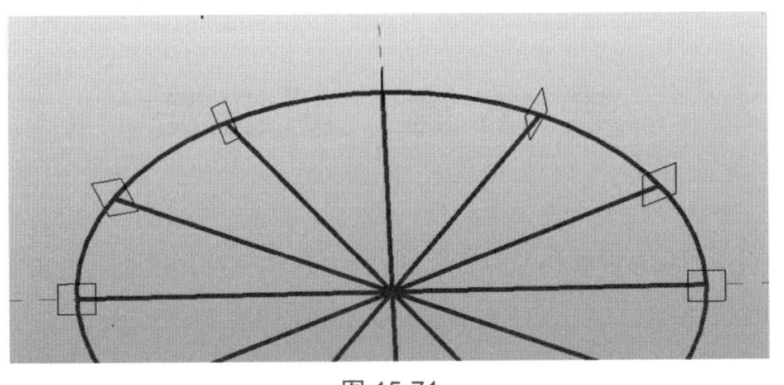

图 15-71

图 15-72

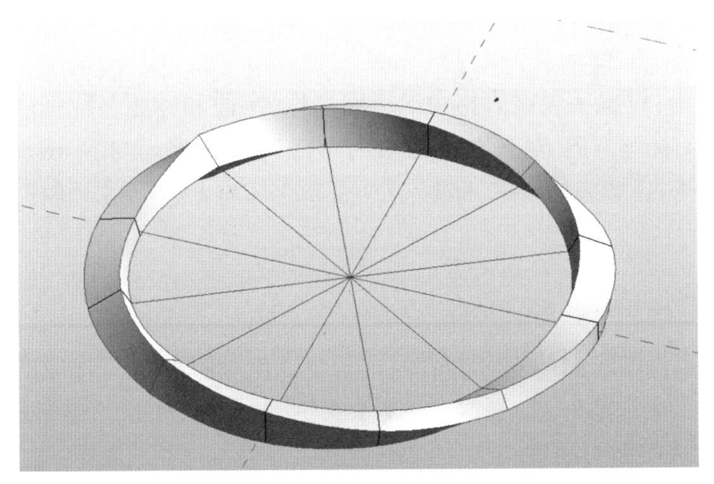

图 15-73

第 16 章　明细表

明细表是 Revit 软件的重要组成部分。从所创建的 Revit 模型（建筑信息模型）中获取项目应用所需要的各类项目信息，并用表格的形式直观地表达出来，即形成明细表。此外，Revit 模型中所包含的项目信息还可以通过 ODBC 数据库导出到其他数据库管理软件中。

16.1　创建实例、类型和关键字明细表

16.1.1　创建实例明细表

点击“视图”选项卡“创建”面板中的“明细表”下拉按钮，在弹出的下拉列表中选择“明细表数量”命令，在弹出的“新建明细表”对话框中选择要统计的构件类别，例如窗。设置明细表名称，选择“建筑构件明细表”单选框，设置明细表应用阶段，点击“确定”按钮，如图 16-1 所示。

“字段”选项卡：从“可用的字段”列表中选择要统计的字段，点击“添加”按钮，将其移动到“明细表字段（按顺序排列）”列表中，利用“上移”“下移”按钮调整字段的顺序，如图 16-2 所示。

“过滤器”选项卡：设置过滤器可以统计部分构件，不设置则统计全部构件，如图 16-3 所示。

“排序 / 成组”选项卡：设置排序方式，勾选“总计”“逐项列举每个实例”复选框，如图 16-4 所示。

“格式”选项卡：设置字段在表格中的标题名称（字段和标题名称可以不同，如“类型”可修改为窗编号）、标题方向、对齐方式，需要时可选“计算总数”，如图 16-5 所示。

“外观”选项卡：设置表格线宽、标题、正文文字字体与大小，点击“确定”按钮，如图 16-6 所示。

16.1.2　创建类型明细表

在实例明细表视图左侧的“视图属性”面板中点击“排序成组”对应的“编辑”按钮，在“排序成组”选项卡中取消勾选“逐项列举每个实例”复选框，注意，“排序方式”选择构件类型，确定后自动生成类型明细表。

16.1.3　创建关键字明细表

在功能区“视图”选项卡“创建”面板中的“明细表”下拉列表中选择“明细表数量”选项，选择要统计的构件类别，如房间。设置明细表名称，选择“明细表关键字”单选框，输入

“关键字名称”,点击“确定”按钮,如图 16-7 所示。

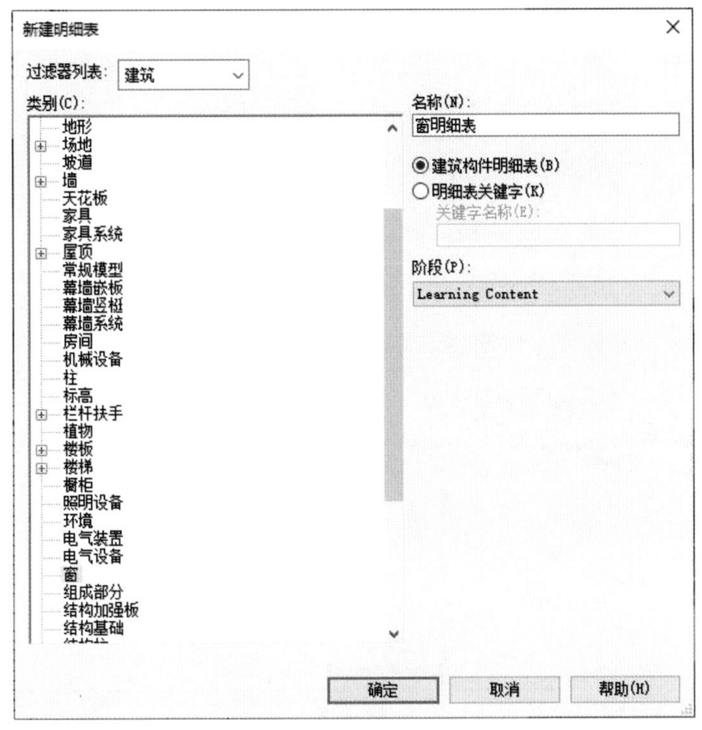

图 16-1

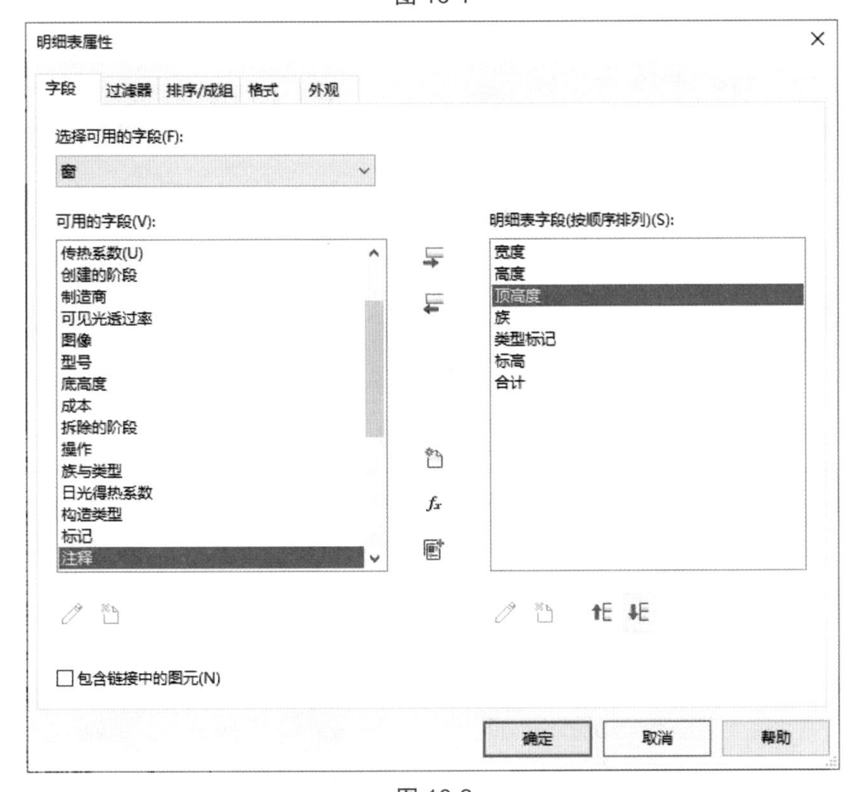

图 16-2

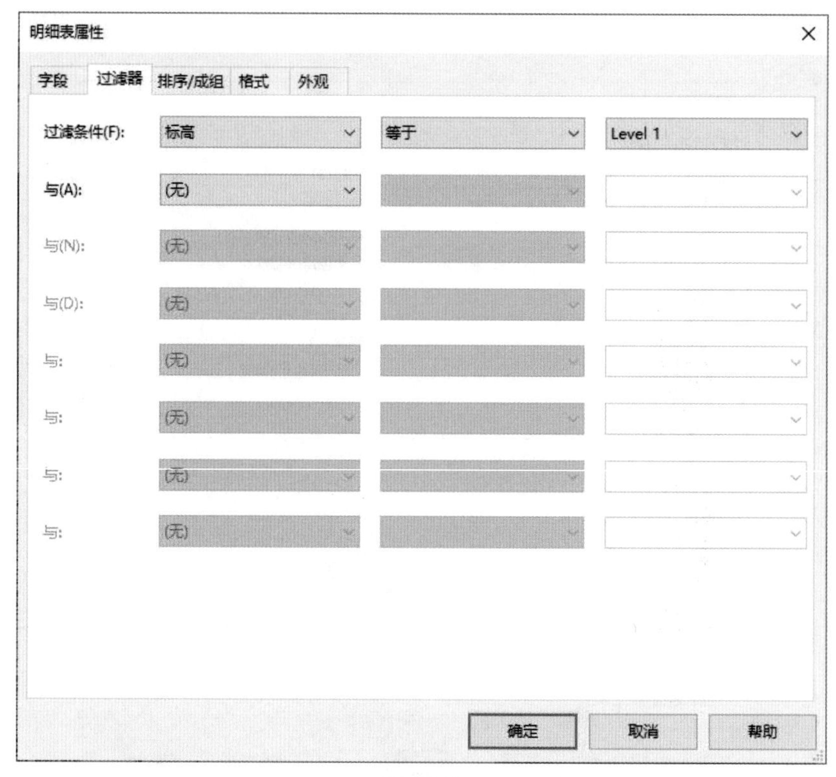
明细表属性
字段
过滤器
排序/成组
格式
外观
过滤条件(F):
标高
等于
Level 1
与(A):
(无)
与(N):
与(D):
与:
确定
取消
帮助

图 16-3

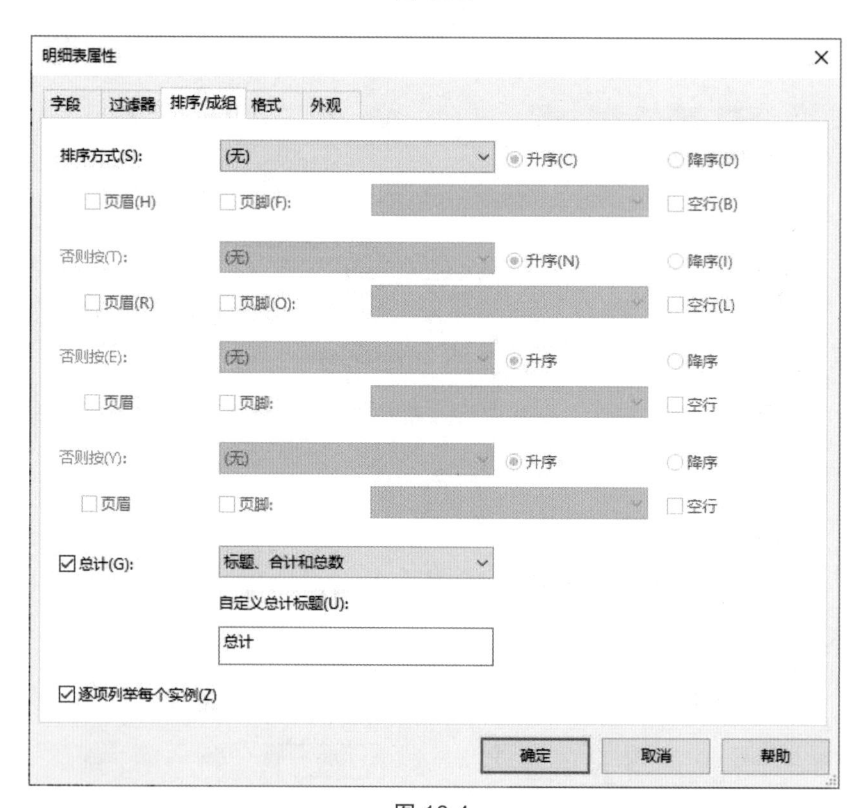
明细表属性
字段
过滤器
排序/成组
格式
外观
排序方式(S):
(无)
升序(C)
降序(D)
页眉(H)
页脚(F):
空行(B)
否则按(T):
升序(N)
降序(I)
页眉(R)
页脚(O):
空行(L)
否则按(E):
升序
降序
页眉
页脚:
空行
否则按(Y):
总计(G):
标题、合计和总数
自定义总计标题(U):
总计
逐项列举每个实例(Z)
确定
取消
帮助

图 16-4

图 16-5

明细表属性

字段 过滤器 排序/成组 格式 外观

图形

构建明细表: 自上而下(P)

自下而上(M)

网格线(G): 细线 页眉/页脚/分隔符中的网格(R)

轮廓(O): 细线

高度: 可变 数据前的空行(K)

文字

显示标题(T)

显示页眉(H)

标题文本(L): Schedule Default

标题(E): Schedule Default

正文(B): Schedule Default

确定 取消 帮助

图 16-6

图 16-7

按上述步骤设置明细表的字段、排序 / 成组、格式、外观等属性。

在功能区点击“行”面板中的“插入”按钮向明细表中添加行,创建新关键字,并填写每个关键字的相应信息,如图 16-8 所示。

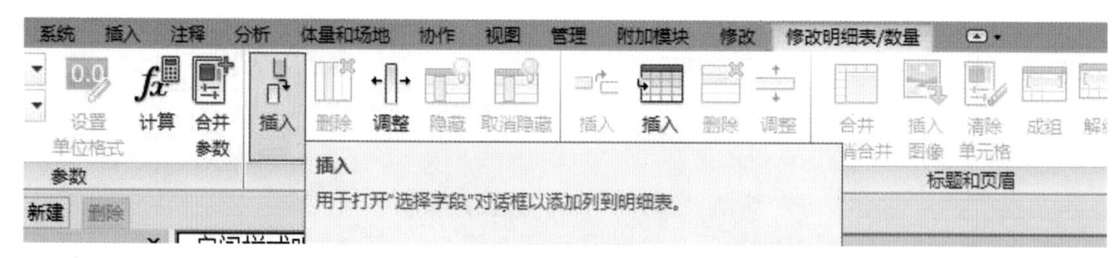

图 16-8

将关键字应用到图元中:在图形视图中选择含有预定义关键字的图元。将关键字应用到明细表中:按上述步骤新建明细表,选择字段时添加关键字名称,如“房间样式”,设置表格属性,点击“确定”按钮。

16.1.4 定义明细表

明细表可包含多个具有相同特征的项目,如房间明细表中可能包含 100 个具有相同的地板、天花板和基面涂层的房间。在 Revit Architecture 中,可以方便地定义、自动填写信息的关键字,而无须手动为明细表中包含的 100 个房间输入所有这些信息。

创建房间颜色表的步骤如下。

(1)在对房间应用颜色填充之前,点击“建筑”选项卡“房间和面积”面板中的“房间”按钮,在平面视图中创建房间,并给不同的房间指定名称。

(2)点击“分析”,选择“颜色填充”,在“属性”对话框中点击“编辑类型”按钮,弹出“类型属性”对话框,设置颜色方案的基本属性,如图 16-9 所示。

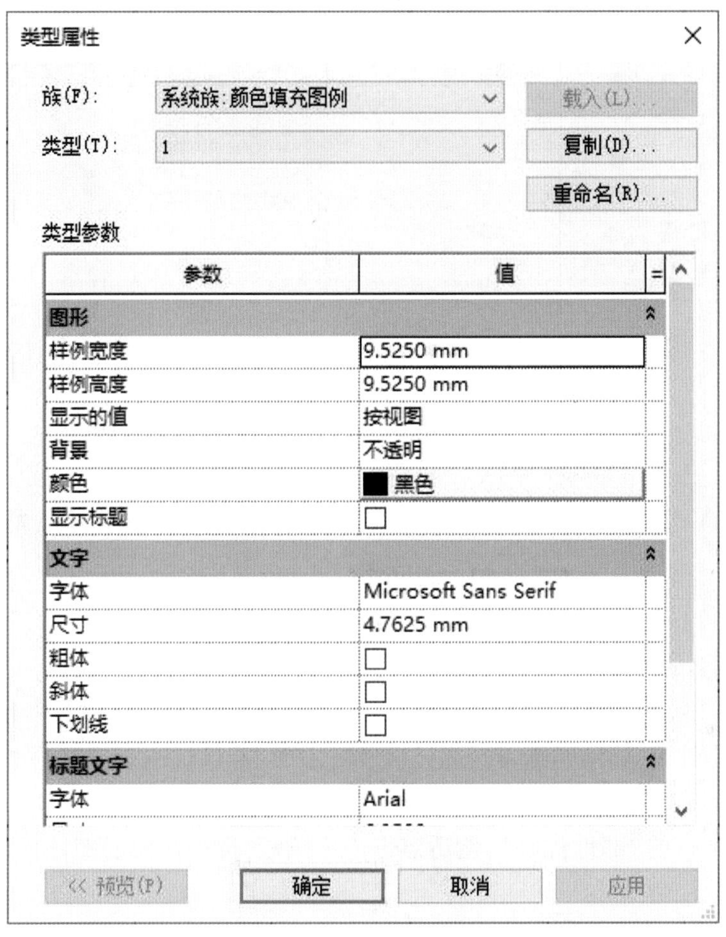

图 16-9

(3)单击放置颜色方案,并再次选择颜色方案图例,此时自动激活“修改 | 颜色填充实例”选项卡,在“方案”面板中点击“编辑方案”按钮,弹出“编辑颜色方案”对话框。

(4)在“颜色”下拉列表中选择“名称”,修改房间的“颜色”,点击“确定”按钮关闭对话框,房间将自动填充颜色,如图 16-10 所示。

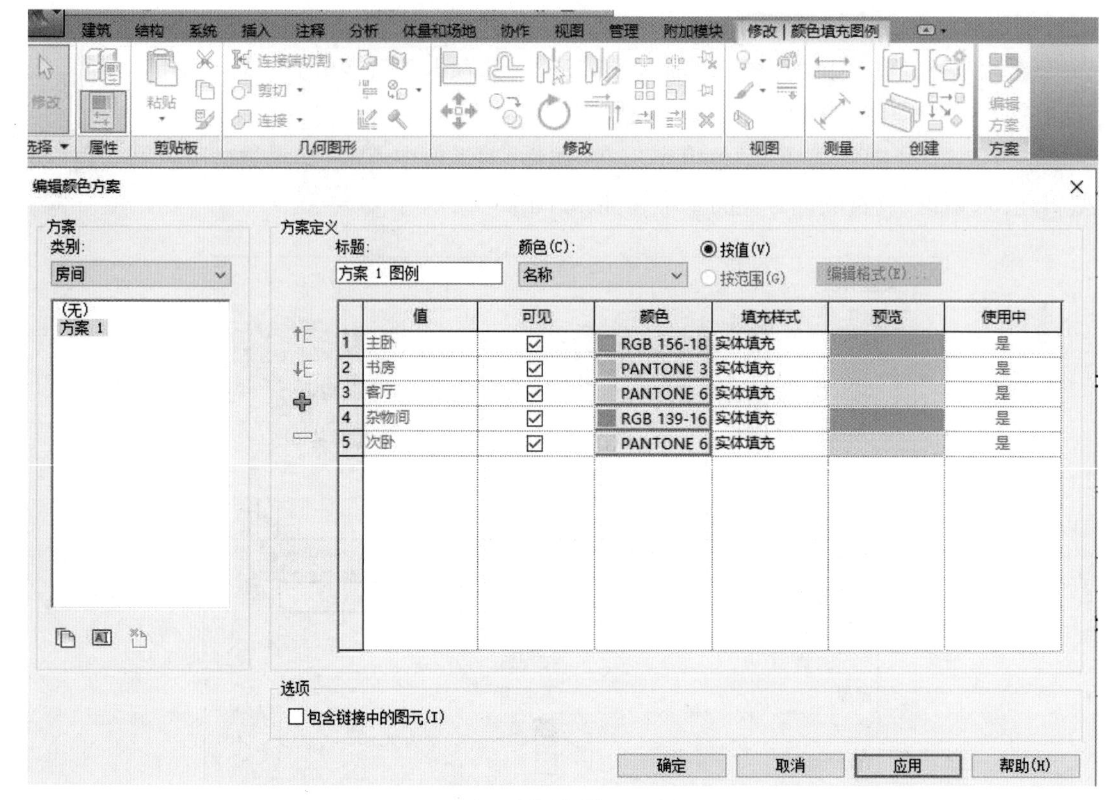

图 16-10

16.2 生成统一格式的部件代码和说明明细表

新建构件明细表,如墙明细表。选择字段时添加“部件代码”和“部件说明”字段,设置表格属性,点击“确定”按钮。

单击表中某行的“部件代码”,然后点击“...”按钮,选择需要的部件代码,点击“确定”按钮。

在明细表中单击将弹出一个对话框,点击“确定”按钮,将修改应用到所选类型的全部图元中,生成统一格式的部件代码和说明明细表,如图 16-11 所示。

16.3 创建共享参数明细表

使用共享参数可以将自定义参数添加到族构件中进行统计。

16.3.1 创建共享参数文件

点击“管理”选项卡“设置”面板中的“共享参数”按钮,弹出“编辑共享参数”对话框,如图 16-12 所示。点击“创建”按钮,在弹出的对话框中设置共享参数文件的保存路径和名称,点击“确定”按钮,完成后如图 16-13 所示。

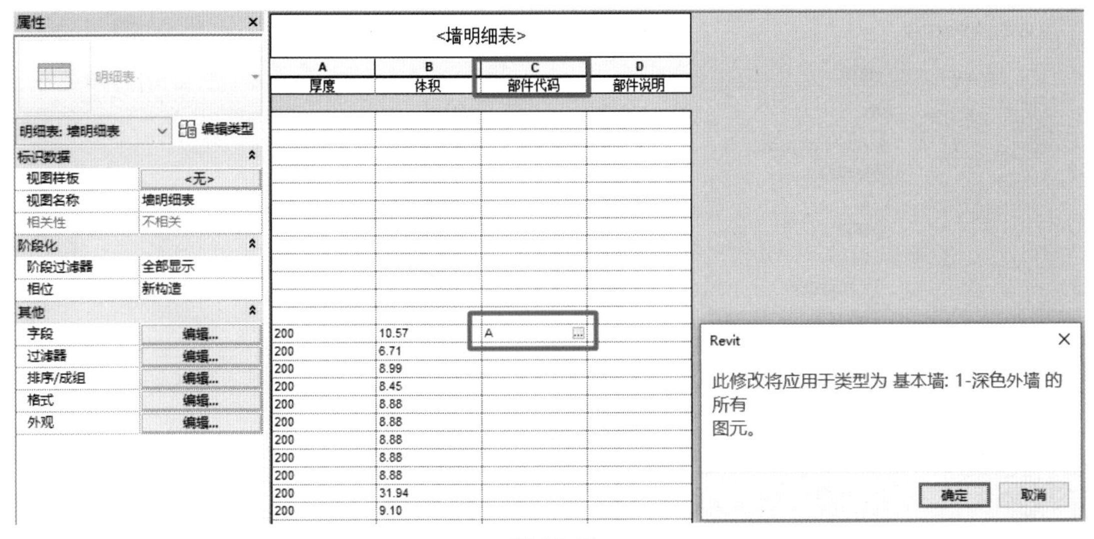
属性
明细表
明细表: 墙明细表
编辑类型
标识数据
视图样板
<无>
视图名称
墙明细表
相关性
不相关
阶段化
阶段过滤器
全部显示
相位
新构造
其他
字段
编辑...
过滤器
编辑...
排序/成组
编辑...
格式
编辑...
外观
编辑...
<墙明细表>
A
B
C
D
厚度
体积
部件代码
部件说明
200
10.57
A
200
6.71
200
8.99
200
8.45
200
8.88
200
8.88
200
8.88
200
8.88
200
8.88
200
31.94
200
9.10
Revit
此修改将应用于类型为 基本墙: 1-深色外墙 的所有
图元。
确定
取消
图 16-11

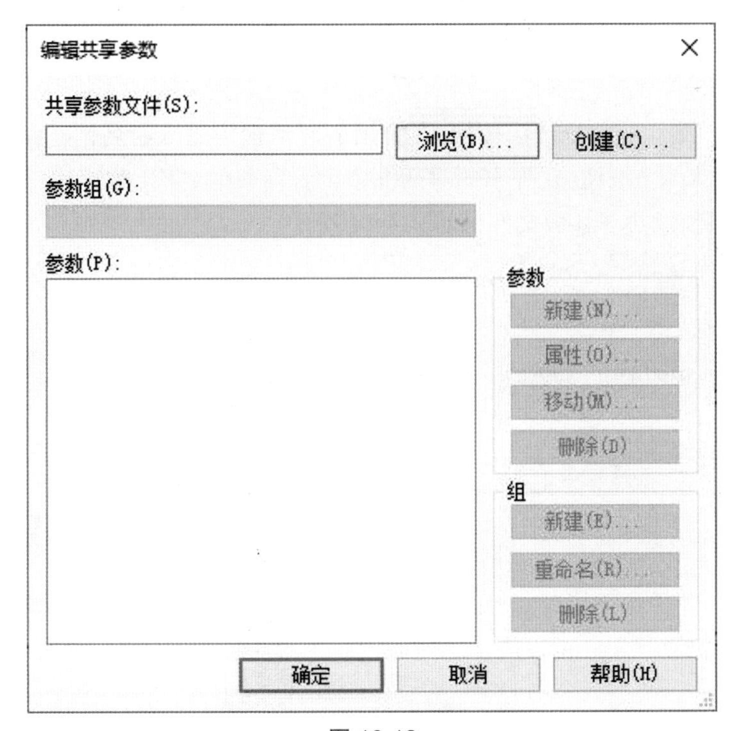
编辑共享参数
共享参数文件(S):
浏览(B)...
创建(C)...
参数组(G):
参数(P):
参数
新建(N)...
属性(O)...
移动(M)...
删除(D)
组
新建(E)...
重命名(R)...
删除(L)
确定
取消
帮助(H)
图 16-12

图 16-13

点击“组”选项区域的“新建”按钮,在弹出的对话框中输入组名创建参数组。点击“参数”选项区域的“新建”按钮,在弹出的对话框中设置参数的名称、类型,给参数组添加参数。点击“确定”按钮创建共享参数文件,如图 16-14 所示。

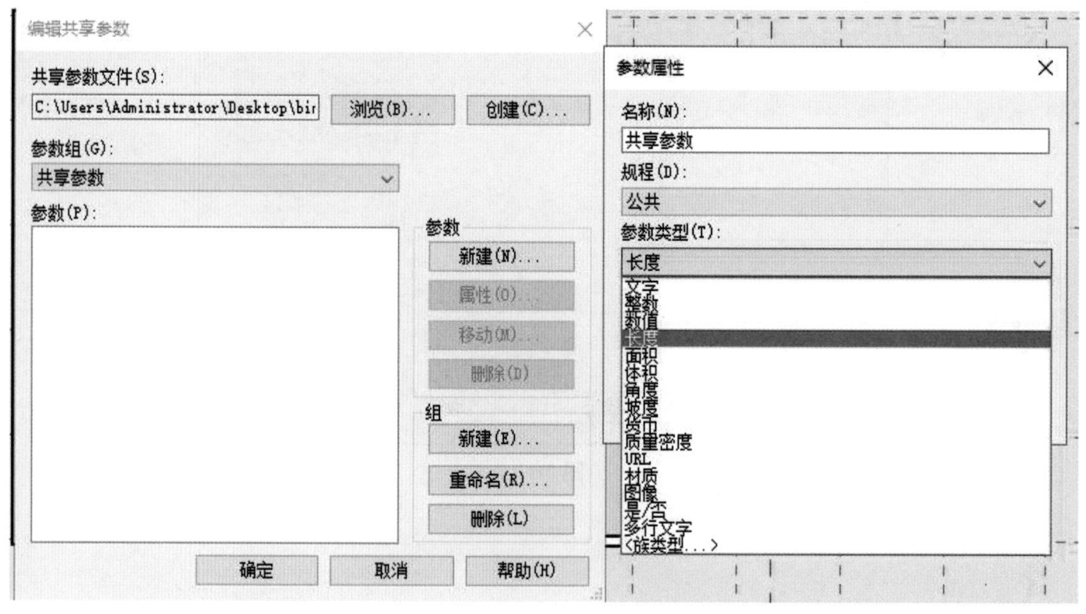

图 16-14

16.3.2　将共享参数添加到族中

新建族文件时，在“族类型”对话框中添加参数时，选择“共享参数”单选框，然后点击“选择”按钮即可为构件添加共享参数并设置其值，如图 16-15 所示。

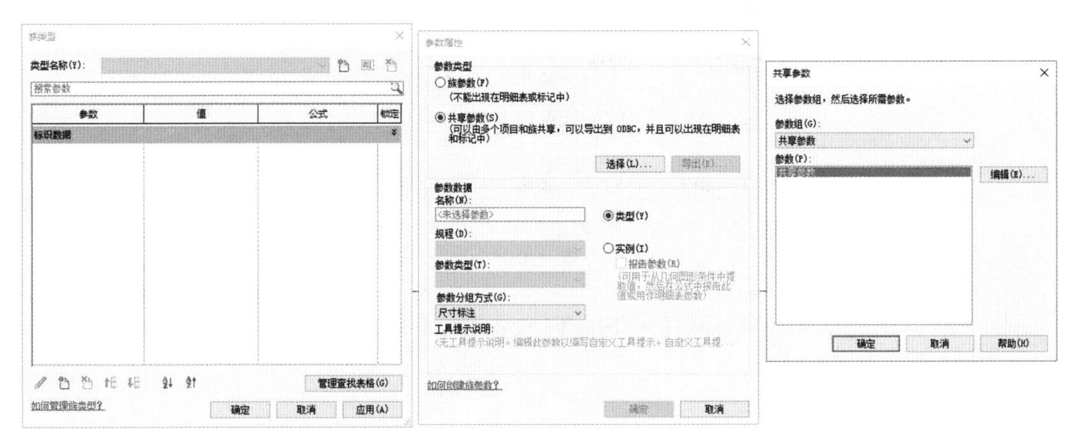

图 16-15

16.3.3　创建多类别明细表

在“视图”选项卡中点击“创建”面板中的“明细表”下拉按钮，在弹出的下拉列表中选择“明细表 / 数量”选项，在弹出的“新建明细表”对话框的列表中选择“多类别”，点击“确定”按钮。

在“字段”选项卡中选择要统计的字段和共享参数字段，点击“添加”按钮将其移动到“明细表字段（按顺序排列）”列表中，也可点击“添加参数”按钮，选择共享参数。设置过滤器、排序 / 成组、格式、外观等属性，点击“确定”按钮创建多类别明细表。

16.4　在明细表中使用公式

在明细表中可以通过对现有字段应用计算公式求得所需要的值，例如，可以根据每种墙的总面积创建项目中所有墙的总成本的墙明细表。

新建构件类型明细表，如墙类型明细表，选择统计字段：合计族与类型、成本、面积，设置其他表格属性。在“成本”一列中输入不同类型墙的单价。在“属性”面板中点击“字段参数”后的“编辑”按钮，打开“表格属性”对话框中的“字段”选项卡。

点击“计算值”按钮，弹出“计算值”对话框，输入名称（如总成本）、公式（如成本 * 面积 /（10000.0）），选择字段类型（如面积），点击“确定”按钮，如图 16-16 所示。

明细表中会添加一列“总成本”，其值自动计算。

图 16-16

“/(10000.0)”是为了隐藏计算结果中的单位,否则计算结果中会有“面积”字段的单位。

16.5 使用 ODBC 导出项目信息

16.5.1 导出明细表

打开要导出的明细表,在“应用程序”菜单中选择“导出”—“报告”—“明细表”命令,在“导出”对话框中指定明细表的名称和路径,点击“保存”按钮将该文件保存为分隔符文本。

在“导出明细表”对话框中设置“明细表外观”和“输出选项”,点击“确定”按钮,完成导出,如图 16-17 所示。启动 Microsoft Excel 或其他电子表格程序,打开导出的明细表,即可进行编辑修改。

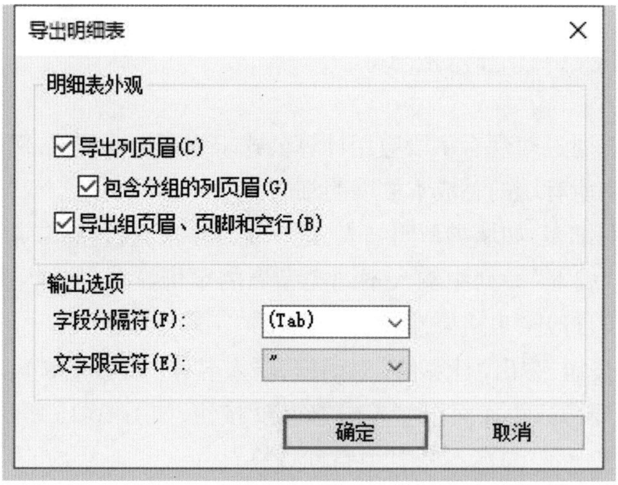

图 16-17

16.5.2　导出数据库

Revit Architecture 可以将模型构件数据导出到 ODBC（开发数据库连接）数据库中。导出的数据可以包含已指定给项目中一个或多个图元类别的项目参数。对于每个图元类别，Revit 都会导出一个模型类型数据库表格和一个模型实例数据库表格。

ODBC 仅使用公制单位。如果项目使用英制单位，则 Revit 将在导出到 ODBC 前把所有测量单位转换为公制单位。使用生成的数据库中的数据时，须记住测量单位应为公制单位。如果需要，可以使用数据库函数将测量单位转换回英制单位。

在“应用程序”菜单中选择“导出”—“ODBC 数据库”命令，在弹出的“选择数据源”对话框中选择“文件数据源”选项卡（图 16-18），点击“新建”按钮，选择“Microsoft Access Driver（*.mdb，*.accdb）”或其他数据库驱动程序，如图 16-19 所示。

图 16-18

点击“下一步”按钮，设置文件名称和保存路径。点击“下一步”按钮，确认设置。点击“完成”按钮，弹出“ODBC Microsoft Access 安装”对话框，如图 16-20 所示。

创建新数据源
选择您想为其安装数据源的驱动程序(S)。
名称
版本
Microsoft Access Driver (*.mdb, *.accdb) 15.00
Microsoft Access Text Driver (*.txt, *.csv) 15.00
Microsoft Excel Driver (*.xls, *.xlsx, *.xlsm, *.xlsb) 15.00
SQL Server 6.02.1
高级(A)...
< 上一步(B)
下一步(N) >
取消

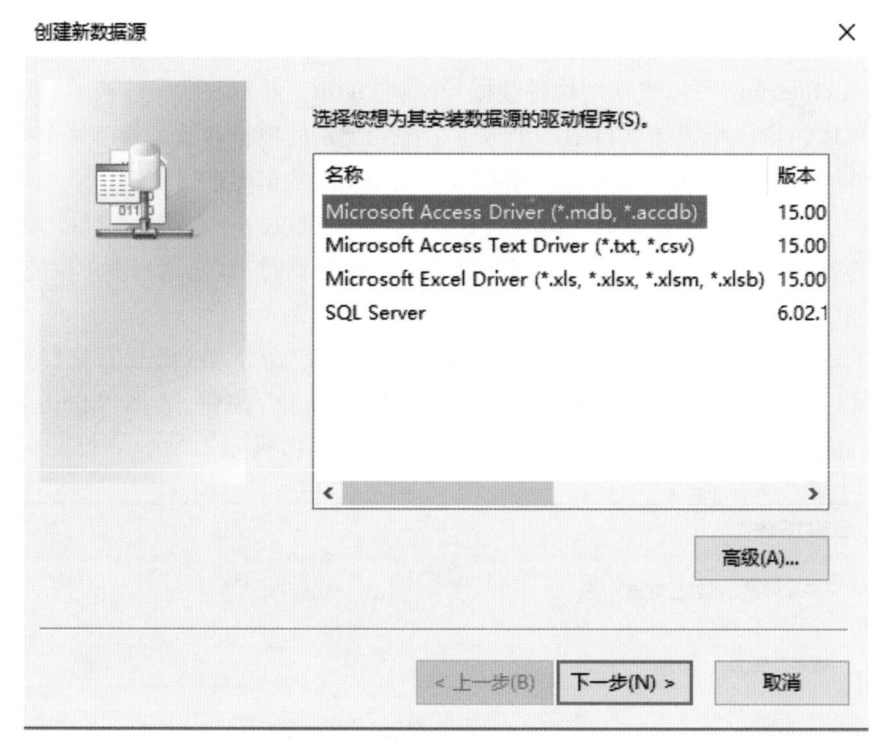

图 16-19

点击“创建”按钮,设置文件名称和保存路径,在所有对话框中点击“确定”按钮,完成数据库的导出。

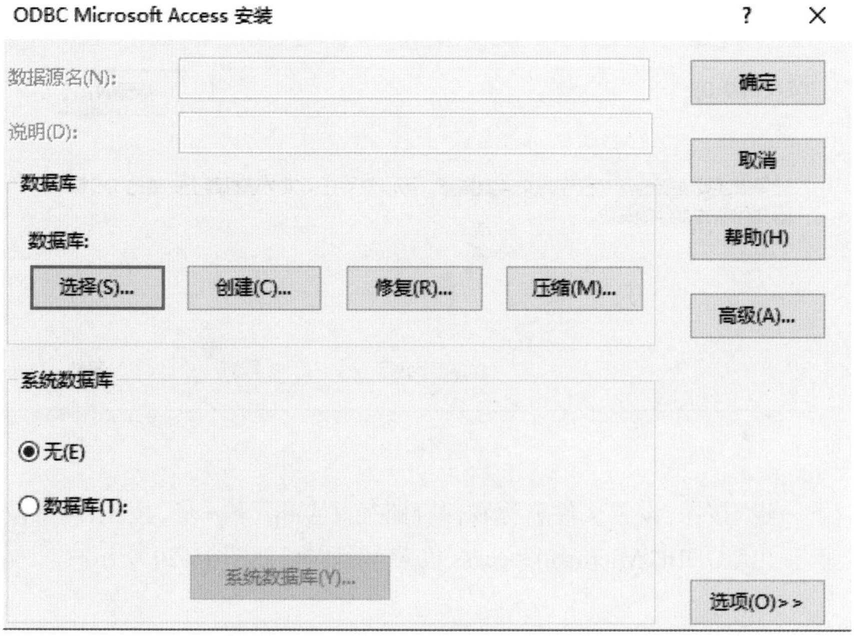

ODBC Microsoft Access 安装
数据源名(N):
说明(D):
数据库
数据库:
选择(S)...
创建(C)...
修复(R)...
压缩(M)...
系统数据库
无(E)
数据库(T):
系统数据库(Y)...
确定
取消
帮助(H)
高级(A)...
选项(O)>>

图 16-20

16.6　技术总结

如何用明细表统计窗户朝向等信息？在有些建筑中，我们需要知道窗户的朝向，那么这些数据如何通过 Revit 的明细表得到呢？

在项目中若要统计房间中所有向南的窗户，如图 16-21 所示，可以通过添加项目参数和明细表的过滤共同完成。在“管理”选项卡中点击“设置”面板中的“项目参数”，弹出“项目参数”对话框，点击“添加”按钮即可添加项目参数，如图 16-22 所示。

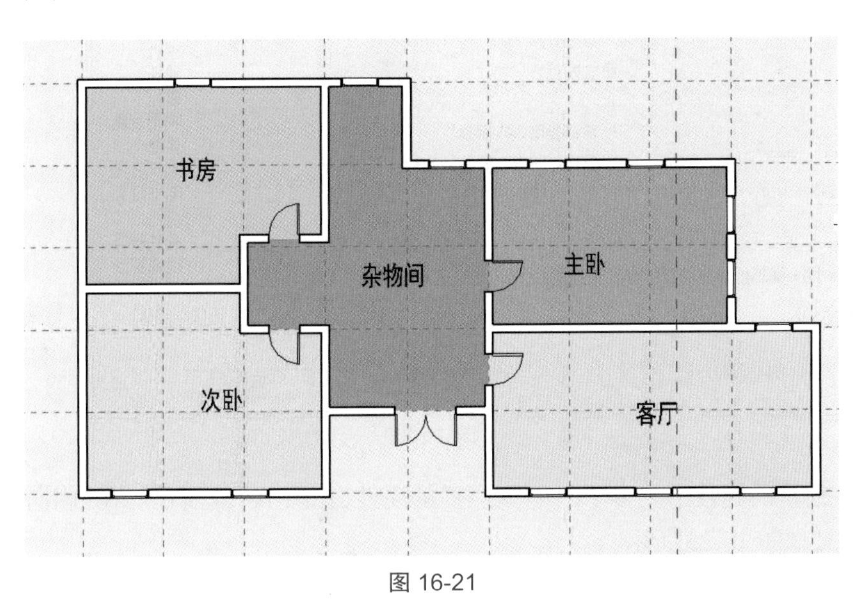

图 16-21

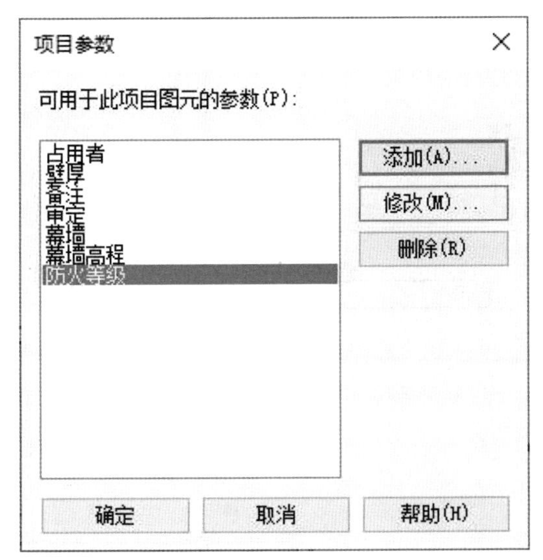

图 16-22

在“参数属性”对话框中，设置“名称”为“朝向”，“参数类型”为“文字”，“类别”选择“窗”，如图 16-23 所示。

参数属性

参数类型

◉项目参数(P)

(可以出现在明细表中,但是不能出现在标记中)

○共享参数(S)

(可以由多个项目和族共享,可以导出到 ODBC,并且可以出现在明细表和标记中)

选择(L)... 导出(X)...

参数数据

名称(N):

朝向

○类型(Y)

◉实例(I)

规程(D):

公共

参数类型(T):

文字

◉按组类型对齐值(A)

○值可能因组实例而不同(V)

参数分组方式(G):

其他

工具提示说明:

<无工具提示说明。编辑此参数以编写自定义工具提示。自定义工具提示限为 250...

编辑工具提示(O)...

类别(C)

过滤器列表: 建筑

□隐藏未选中类别(U)

□幕墙系统
□房间
□机械设备
□材质
□柱
□标高
□栏杆扶手
□植物
□楼板
□楼梯
□橱柜
□照明设备
□环境
□电气装置
□电气设备
☑窗
□竖井洞口
□组成部分

选择全部(A) 放弃全部(E)

☑添加到所选类别中的全部图元(R)

确定 取消 帮助(H)

图 16-23

此时在窗户的属性中就多了一个“朝向”的属性,如图 16-24 所示。在“朝向”后面的栏中输入“南”,如图 16-25 所示。

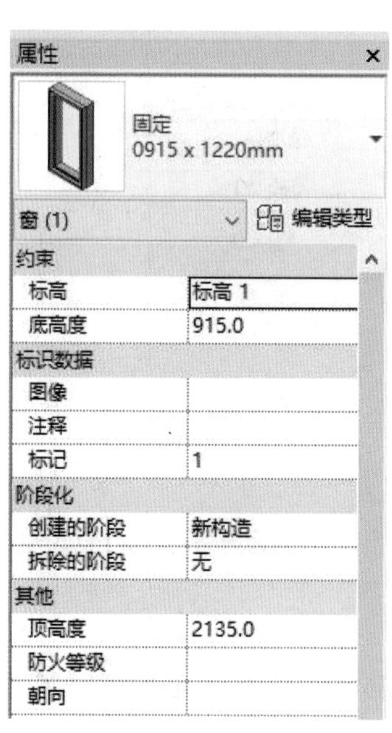

图 16-24

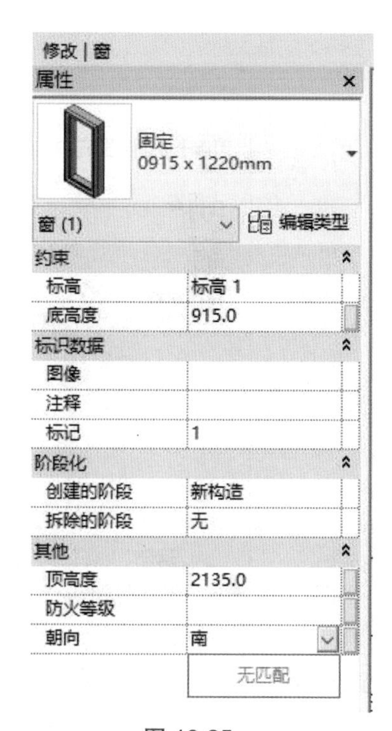

图 16-25

点击“视图”选项卡“创建”面板中的“明细表”，如图 16-26 所示。

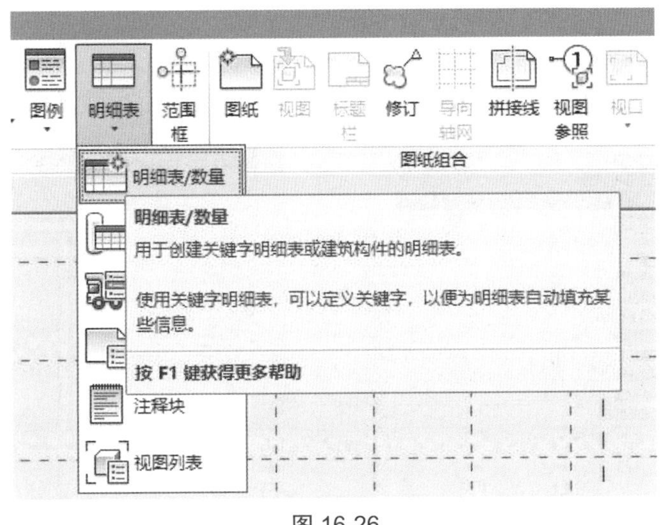

图 16-26

选择“窗”类别，添加“窗明细表”，如图 16-27 所示。

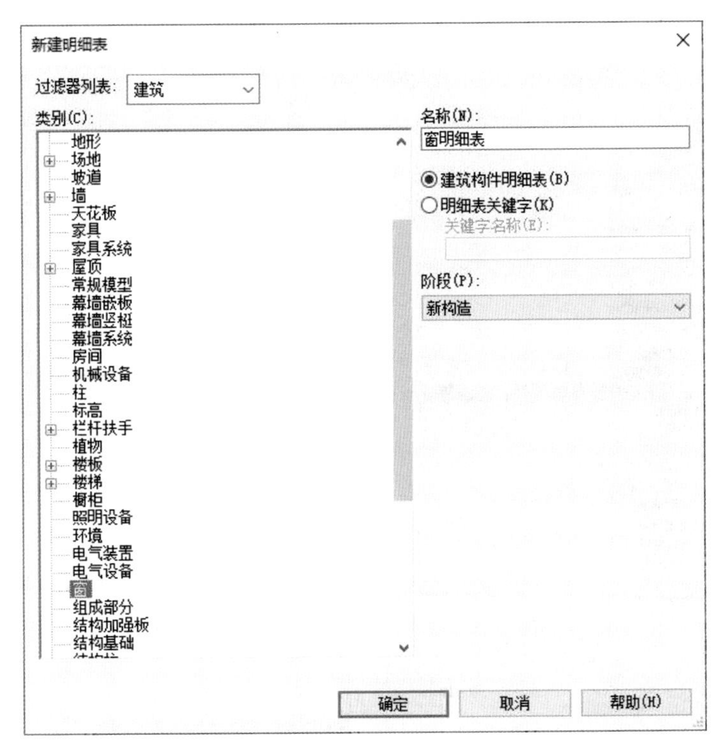

图 16-27

在“字段”选项卡中添加参数，如图 16-28 所示。

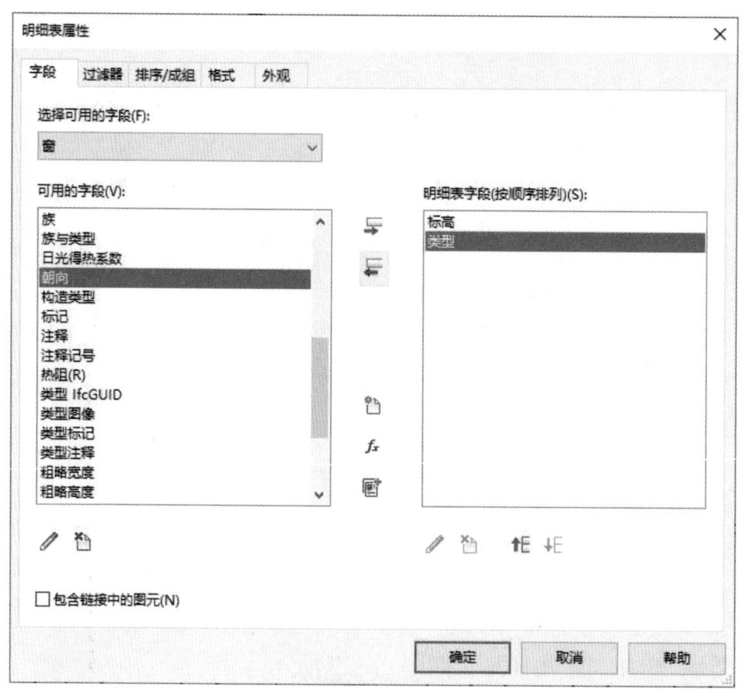

图 16-28

添加“标高”“类型”等参数,如图 16-29 所示。

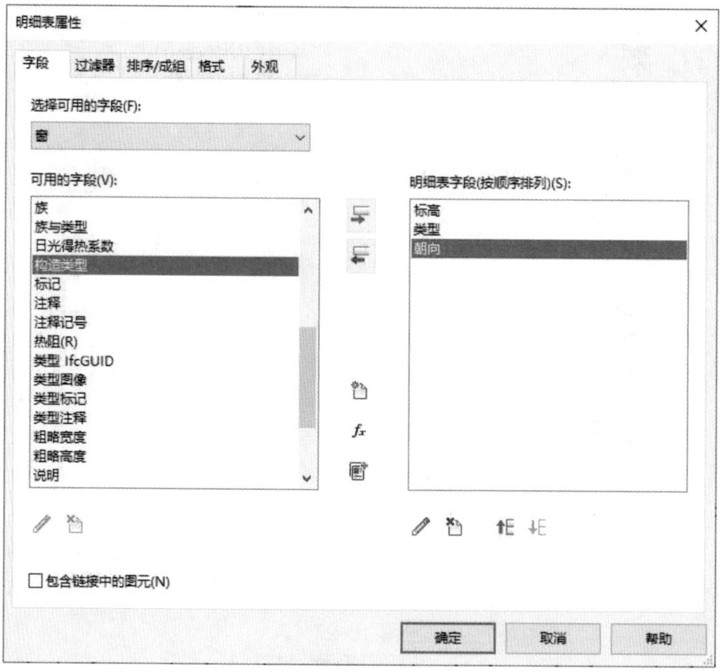

图 16-29

在“过滤器”选项卡中,设置“过滤条件”为“朝向”“等于”“南”,如图 16-30 所示。朝向为南的窗明细表创建完成,如图 16-31 所示。

图 16-30

<窗明细表>

A	B	C
标高	类型	朝向
标高 1	0915 x 1220mm	
标高 1	0915 x 1220mm	
标高 1	0915 x 1220mm	
标高 1	0915 x 1220mm	
标高 1	0915 x 1220mm	
标高 1	0915 x 1220mm	
标高 1	0915 x 1220mm	
标高 1	0915 x 1220mm	
标高 1	0915 x 1220mm	
标高 1	0915 x 1220mm	
标高 1	0915 x 1220mm	
标高 1	0915 x 1220mm	
标高 1	0915 x 1220mm	
总计: 13		

图 16-31

第 17 章　设计选项、阶段

Revit 软件提供了设计选项工具,使用户可以在同一个模型中进行多方案的对比,从而方便方案的汇报演示和方案的优选。而“阶段”概念的引入,则是把时间的概念引入模型创建过程。通过阶段的划分,使用户能实现四维的施工模拟和分阶段统计工程量。“工作集”的应用则为用户提供了统一的模型文件和工作环境,也就是说项目的各成员通过局域网在同一个工作模型(中心文件)中工作,项目进度随时更新,从而实现专业内部和多专业间的三维协同设计。

17.1　设计选项

在处理建筑模型的过程中,随着项目不断推进,一般希望探索多个设计方案。这些方案可能仅仅是概念性设计方案,也可能是详细的工程设计方案。使用设计选项,可以在一个项目文件中创建多个设计方案(图 17-1)。因为所有设计选项与主模型(主模型由没有专门指定给某个设计选项的图元组成)同存于项目之中,可研究和修改各个设计选项,并向客户展示这些选项。

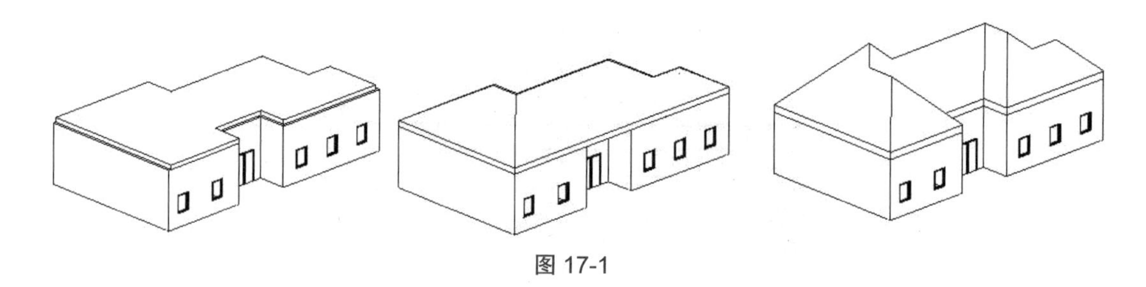

图 17-1

17.1.1　创建设计选项

创建设计选项的步骤如下。

(1)打开要创建设计选项的主模型,点击“管理”选项卡“设计选项”面板中的“设计选项”按钮,弹出“设计选项”对话框,如图 17-2 所示。

(2)点击“选项集”选项区域中的“新建”按钮,新建“选项集 1”(针对某个特定设计问题的几个备选方案的集合)。选择该选项集,点击“选项集”选项区域中的“重命名”按钮,重命名选项集,如“顶棚”。

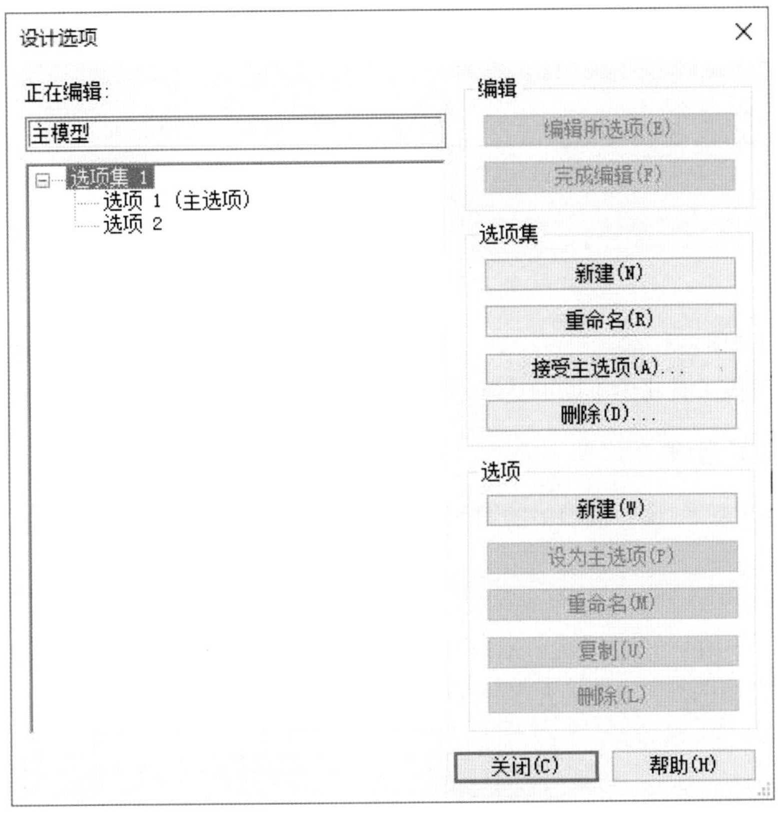

图 17-2

(3)在新建“选项集 1”的同时,会自动生成一个选项“选项 1(主选项)”。选择“选项 1(主选项)”,点击“选项”选项区域中的“重命名”按钮,重命名选项,如“方案 1”。

(4)点击“选项”选项区域中的“新建”按钮,新建其他“选项”作为次选项(备选方案),并重命名。可以“复制”“删除”选项,或将次选项“设为主选项”。选择主选项,点击“编辑”选项区域中的“编辑所选项”按钮对主选项进行编辑,然后点击“关闭”按钮。

这时便可以在项目中绘制本设计选项的各项内容。此后新建的所有图元都将自动添加至此选项中。

该设计方案完成后,点击“管理”选项卡“设计选项”面板中的“设计选项”按钮,然后点击“完成编辑”按钮。用同样的方法创建其他选项的设计内容,生成几种设计方案。

17.1.2　准备设计选项进行演示

打开三维视图,图形显示的是选项集中主选项的设计内容,要查看各个设计方案的三维建筑模型,需要复制三维视图,并设置每个视图的可见性。在“项目浏览器”中选择三维视图,单击鼠标右键,在弹出的快捷菜单中选择“复制视图”命令,然后“重命名”得到新的视图。

双击打开新的三维视图,点击“视图”选项卡“图形”面板中的“可见性图形”按钮,在打开的“三维视图:{三维}的可见性/图形替换”对话框中选择“设计选项”选项卡。单击设计选项名称,从下拉列表中选择要显示的选项,如图 17-3 所示。

三维视图:{三维}的可见性/图形替换

模型类别 注释类别 分析模型类别 导入的类别 过滤器 设计选项

设计选项集	设计选项
顶棚	<自动>
台阶	<自动>

图 17-3

如果设计选项名称都选择“自动”,则三维视图显示主选项的设计方案;如果有几个选项集,每个选项集又有几个不同的选项,则可以搭配出几种不同的设计方案。

17.1.3 编辑设计选项

在主模型状态下,设计选项中的图元是不能选择并编辑的,要编辑设计选项内的图元有如下两种方法。

方法之一是先选择要编辑的选项。在类型选择器为主模型状态下,点击“管理”选项卡“设计选项”面板中的“拾取以进行编辑”按钮,然后选择需要编辑的图元,进入编辑状态。也可直接在选择器中选择需编辑的方案的选项,如图 17-4 所示,进行方案的修改。

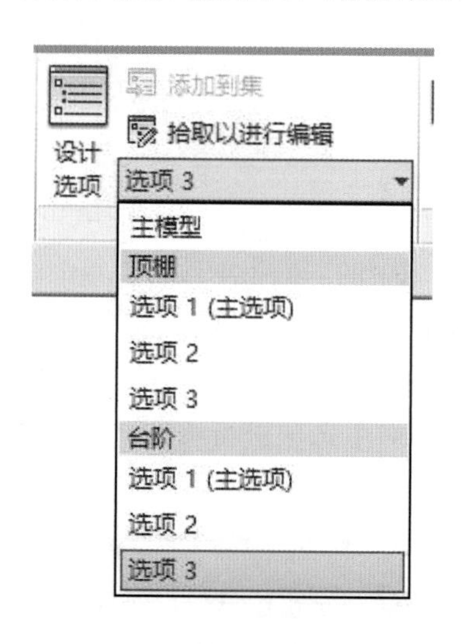

图 17-4

完成修改后,点击“设计选项”按钮,正在编辑的方案的名称会加粗显示,点击“完成编辑”按钮,退出此次编辑,如图 17-5 所示。

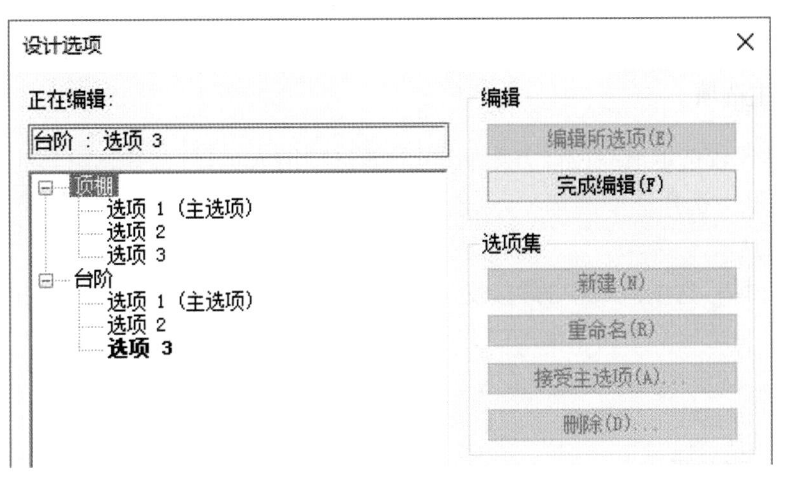

图 17-5

方法之二是在“设计选项”对话框中选择一个选项，点击“编辑所选项”按钮，如图 17-6 所示，然后点击“关闭”按钮，进入项目修改设计方案。完成修改后，点击“管理”选项卡“设计选项”面板中的“设计选项”按钮，在“设计选项”对话框中点击“完成编辑”按钮。

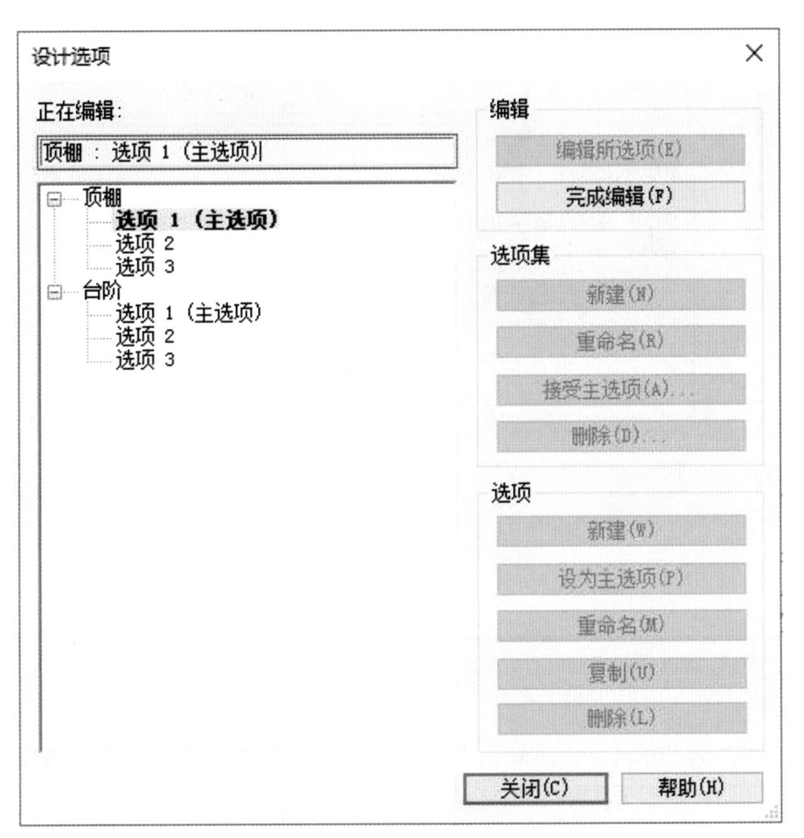

图 17-6

主模型不能与各选项发生联动关系，例如，主模型为墙体时不能与选项屋顶发生附着关系等，但是可以将已完成附着关系的墙体与屋顶作为选项屋顶，这样在演示方案时就能看到更完整的效果。

17.1.4 接受主选项

经过方案比较选定最终设计方案后,可将该选项纳入主模型,并删除其他选项。在“设计选项”对话框中选择选中的选项,点击“选项”选项区域中的“设为主选项”按钮,将其设置为主选项。

点击“选项集”选项区域中的“接受主选项”按钮,确认提示后点击“是”按钮, Revit Architecture 会将主选项添加到主模型中并删除所有其他选项和选项集,如图 17-7 所示。

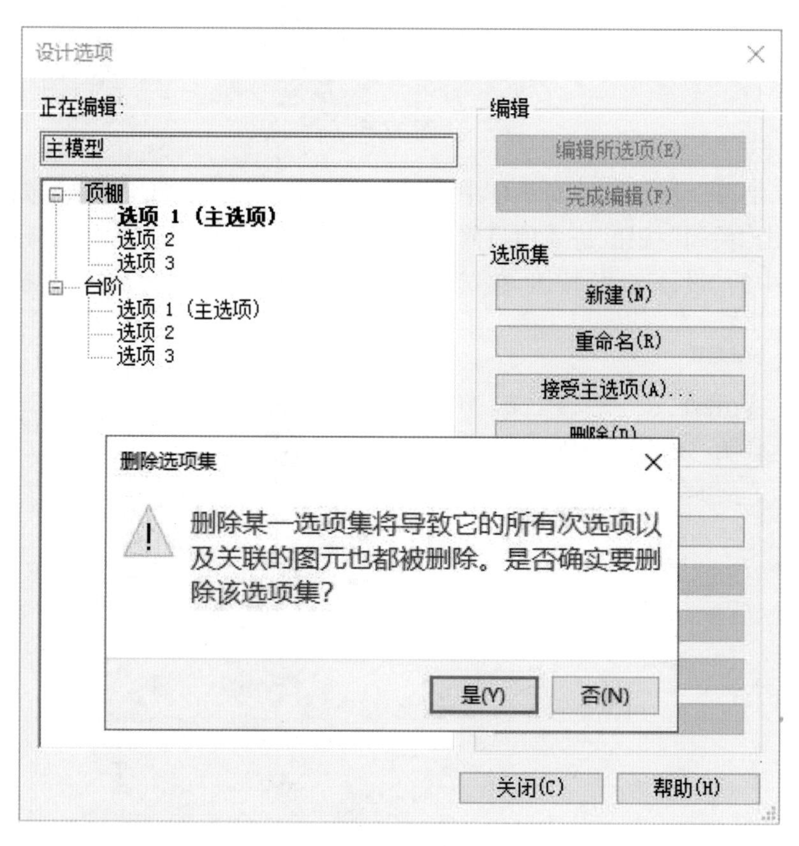

图 17-7

17.2 阶段

阶段表示项目周期的不同时间段, Revit Architecture 提供了视图和模型构件的阶段表示,当开始新项目时,在默认情况下它会定义两个阶段:现有阶段和构造阶段。每个模型构件都有两个阶段属性:创建阶段和拆除阶段。通过确定对象创建的阶段和可能拆除的阶段,可以定义项目如何出现于不同工作阶段中。

17.2.1　创建阶段

点击“管理”选项卡“阶段化”面板中的“阶段”按钮，在弹出的“阶段化”对话框中选择“工程阶段”选项卡，可以新建、合并阶段，单击阶段名称可以重命名阶段，如图 17-8 所示。

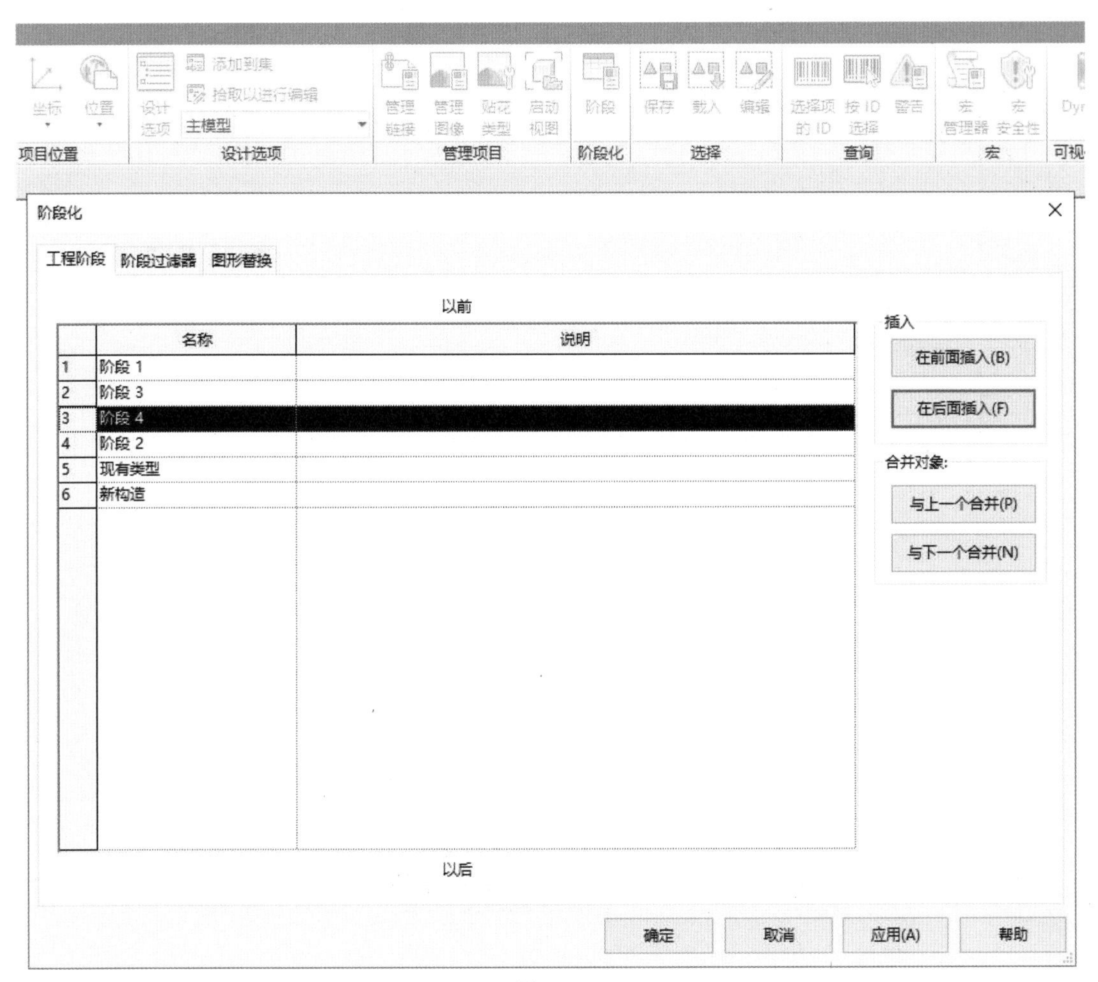

图 17-8

切换到“阶段过滤器”选项卡，设置新建、现有、已拆除、临时阶段的显示状况，如图 17-9 所示。

切换到“图形替换”选项卡，定义新建、现有、已拆除和临时阶段的图元的外观，如图 17-10 所示。在项目中，开始绘制前在“属性”选项板中对其进行阶段化设置，如图 17-11 所示。

阶段化
工程阶段
阶段过滤器
图形替换
过滤器名称
新建
现有
已拆除
临时
1 全部显示 按类别 已替代 已替代 已替代
2 完全显示 按类别 按类别 不显示 不显示
3 显示原有 + 拆除 不显示 已替代 已替代 不显示
4 显示原有 + 新建 按类别 已替代 不显示 不显示
5 显示原有阶段 不显示 已替代 不显示 不显示
6 显示拆除 + 新建 按类别 不显示 已替代 已替代
7 显示新建 按类别 不显示 不显示 不显示
新建(N)
删除(D)
确定
取消
应用(A)
帮助

图 17-9

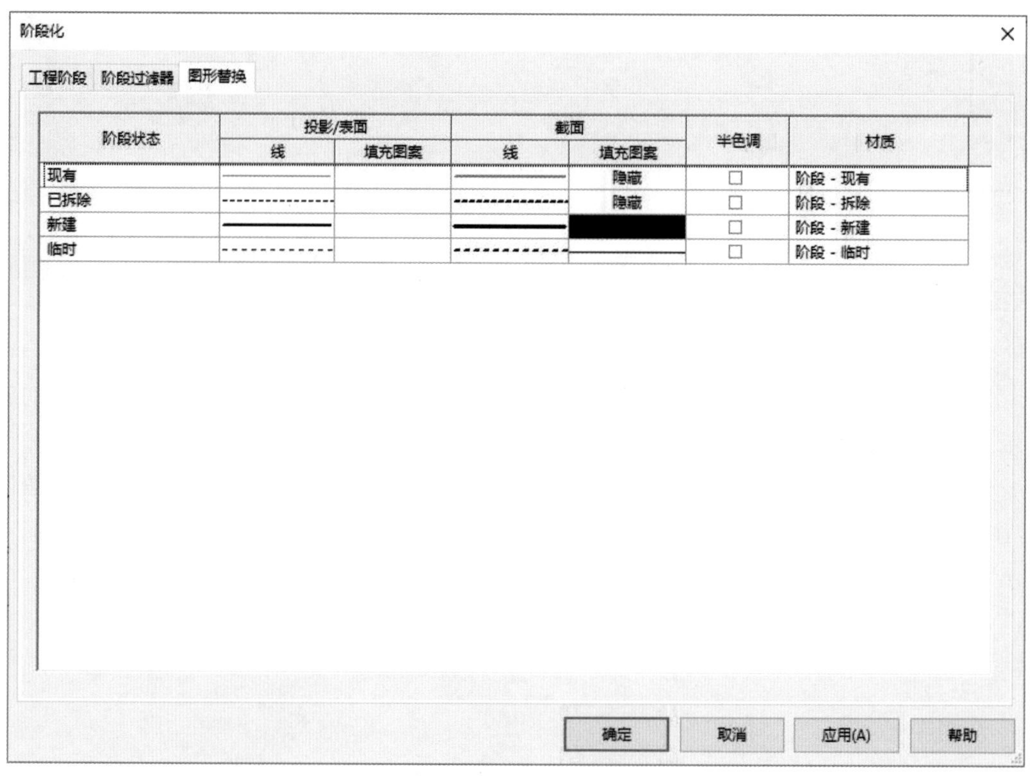
阶段化
工程阶段
阶段过滤器
图形替换
阶段状态
投影/表面
截面
线
填充图案
半色调
材质
现有
已拆除
新建
临时
隐藏
隐藏
阶段 - 现有
阶段 - 拆除
阶段 - 新建
阶段 - 临时
确定
取消
应用(A)
帮助

图 17-10

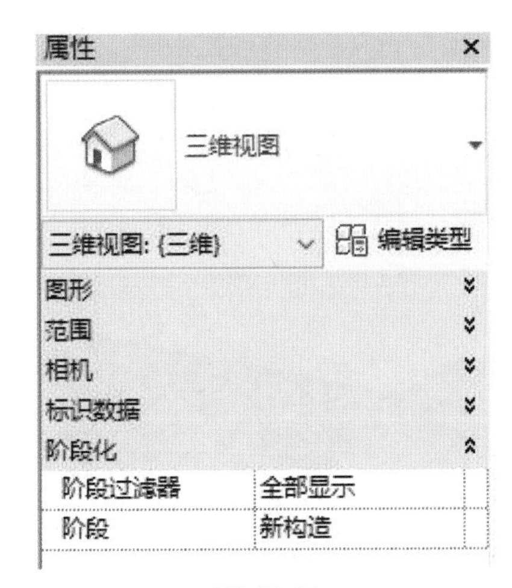

图 17-11

也可对独立图元进行阶段化设置，方法是选中图元，在其“属性”选项板中进行阶段化设置。

设置后项目的显示情况如图 17-12 所示。

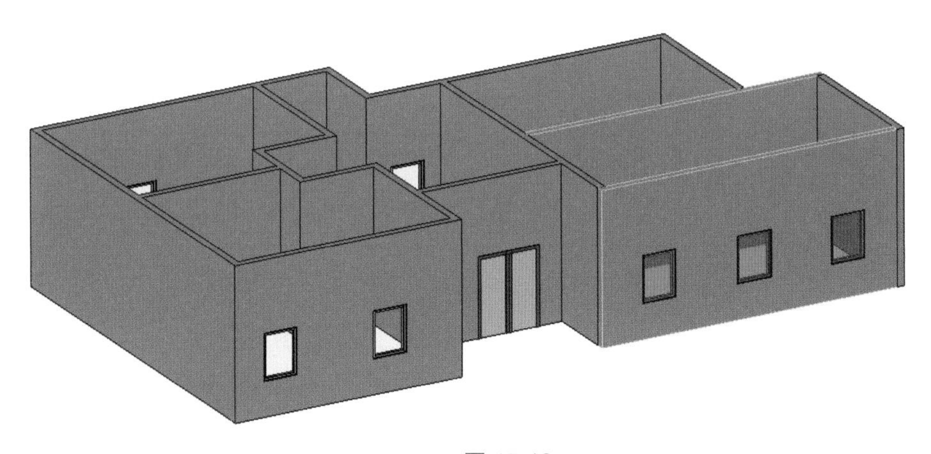

图 17-12

17.2.2　拆除阶段

当拆除一个构件后，其外观会根据阶段过滤器的设置改变。例如，如果在视图中应用了“显示拆除 + 新建”过滤器，则视图中已拆除的构件会以蓝色虚线显示。当使用拆除锤单击视图中的一个构件后，此构件会以蓝色虚线显示。如果在阶段过滤器中关闭了已拆除构件的显示，则单击构件时它们会消失。

点击“修改”选项卡“几何图形”面板中的“拆除”按钮，拆除工具被激活且光标变为一个锤子。单击视图中要拆除的图元，完成后按【 Esc 】键退出编辑器，如图 17-13 所示。

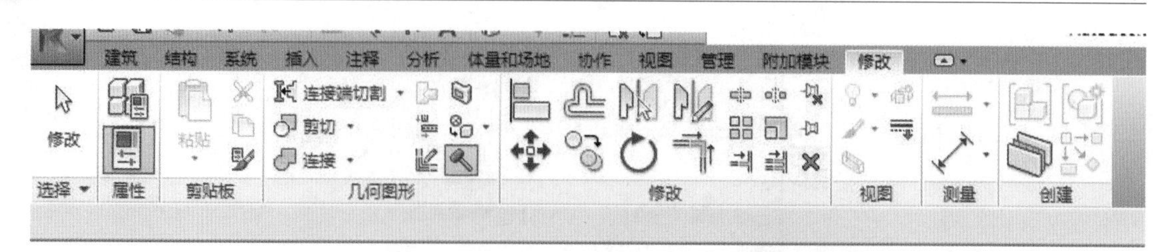
建筑
结构
系统
插入
注释
分析
体量和场地
协作
视图
管理
附加模块
修改
修改
粘贴
连接端切割
剪切
连接
选择
属性
剪贴板
几何图形
修改
视图
测量
创建

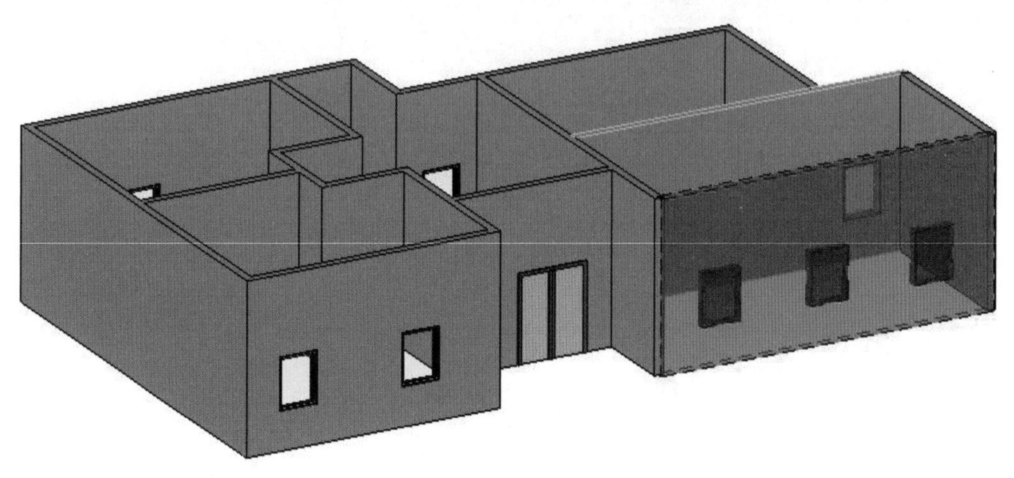

图 17-13

第 18 章　工作集和链接文件

18.1　使用工作集协同设计

对于许多建筑项目,建筑师都会进行团队协作,并且每个人都会被指定一个特定功能区。这就会出现在同一时间要处理和保存项目的不同部分的情况。Revit Architecture 项目可以细分为工作集。

工作集是每次可由一位项目成员编辑的建筑图元的集合,所有其他项目组成员可以查看此工作集中的图元,但禁止修改此工作集,这样就防止了在项目中可能发生的冲突。因此,工作集的功能类似于 AutoCAD 的外部参照(xref)功能,但具有附加的传播和协调设计者之间的修改的功能。

设置工作集时,应该考虑一些注意事项。

(1)项目大小:建筑物的大小会影响为工作组划分工作集的方式。

(2)工作组大小:应当每人至少有一个工作集。根据经验,每个工作组成员的最佳工作集数量是 4 个。

(3)工作组成员角色:设计者以工作组的形式协同工作,每个人被指定特定的功能任务。

(4)工作集的默认可见性:共享项目后,“视图可见性图形”对话框中会显示“工作集”选项卡,在此选项卡中可以控制每个视图中的工作集可见性。

18.1.1　启用工作集

当项目发展到一定程度后,即可由项目经理启用工作集。

启用工作集前应注意备份原始文件,一旦启用就不能回到没有启用时的状态了,具有“不可逆性”。

首先创建工作集。点击“协作”选项卡“工作集”面板中的“工作集”按钮,如图 18-1 所示,会弹出“工作共享”对话框,在对话框中输入默认工作集名称,点击“确定”按钮,启用工作集。

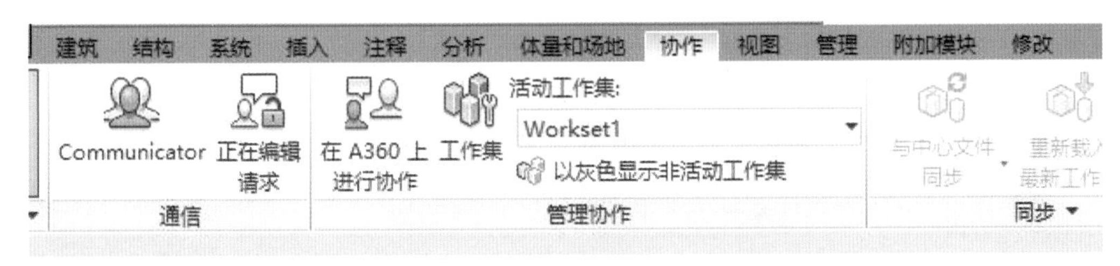

图 18-1

所有工作集都处于打开状态,且可由用户进行编辑。

点击“新建”按钮,输入新工作集名称,勾选或取消勾选“在所有视图中可见”复选框,设置工作集的默认可见性和打开/关闭链接模型。选择工作集,可“重命名”或“删除”。创建完所有工作集后,点击“确定”按钮,如图 18-2 所示。

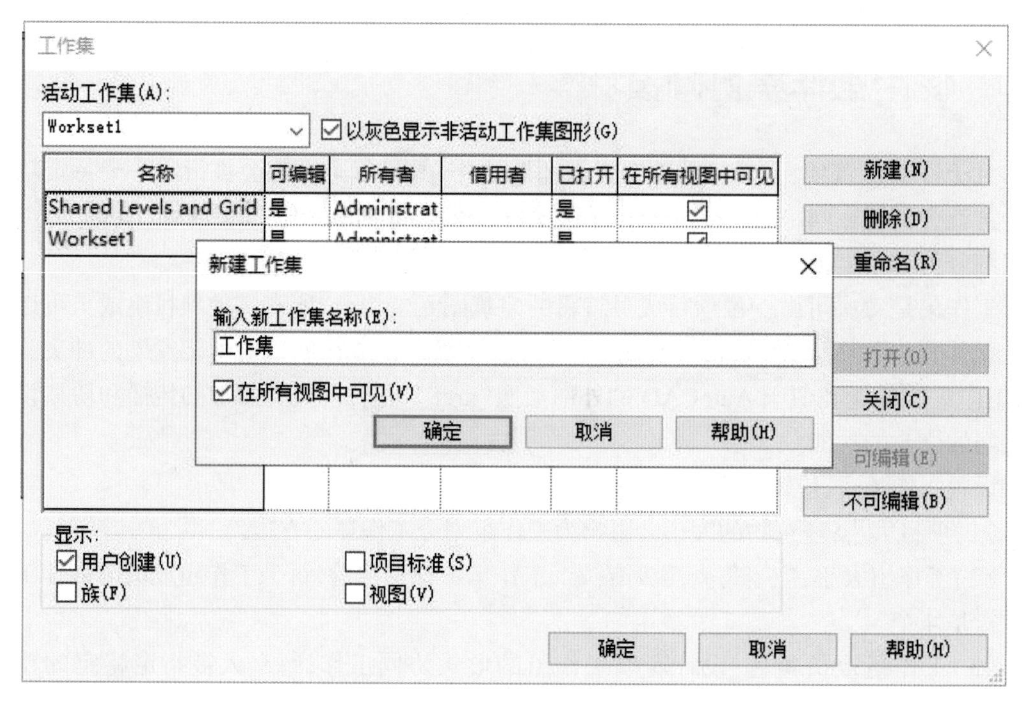

图 18-2

其次细分工作集。在视图中选择相应的图元,单击“属性”选项板中的“标识数据”一栏,在“工作集”对应参数的下拉列表中选择对应的工作集名称,将图元分配给该工作集,如图 18-3 所示。启用工作集后,在“三维视图:{三维}的可见性/图形替换”对话框中选择“工作集”选项卡,可以设置工作集可见与否,如图 18-4 所示。

图 18-3

三维视图: {三维}的可见性/图形替换

模型类别　注释类别　分析模型类别　导入的类别　过滤器　工作集　设计选项

这些可见性设置控制当前视图中工作集的显示。
选择"使用全局设置"可以使用在"工作集"对话框中定义的工作集的"在所有视图中可见"设置。
选择"显示"或"隐藏"可以显示或隐藏工作集，而与"在所有视图中可见"设置无关。

工作集	可见性设置
Shared Levels and Grids	使用全局设置(可见)
Workset1	使用全局设置(可见)

选择

全选(L)　全部不选(N)　反选(I)

选中工作集中的项目可见，而所有其他项目不可见。

* 工作集将不可见，因为它已关闭。要打开工作集，请转到"工作集"对话框并选择"打开"。

确定　取消　应用(A)　帮助

图 18-4

然后创建中心文件。在启用工作集后第一次保存项目时，将自动创建中心文件。在“应用程序”菜单中选择“文件”— “另存为”命令，设置保存路径和文件名称，点击“保存”按钮创建中心文件。

应确保将文件保存到所有工作组成员都可以访问的网络驱动器上。

最后签入工作集。创建了中心文件以后，项目经理必须放弃工作集的可编辑性，以使其他用户可以访问所需的工作集。点击“协作”选项卡“工作集”面板中的“工作集”按钮，按【Ctrl+A】组合键选择所有，勾选“显示”选项区域的“用户创建”复选框，在对话框的右侧点击“不可编辑”按钮，确定释放编辑权，如图 18-5 所示。

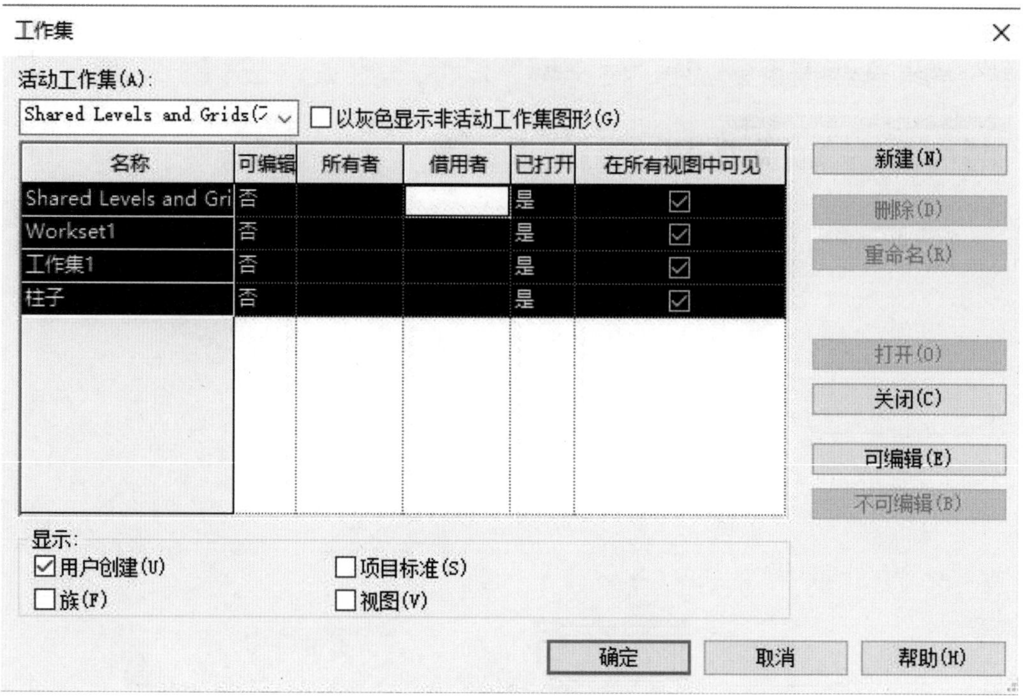

图 18-5

18.1.2　设置工作集

项目经理启用工作集后,项目小组成员即可复制本地文件,签出各自负责的工作集的编辑权限。

首先创建本地文件。在“应用程序”菜单中选择“文件”— “打开”命令,通过网络路径选择项目的中心文件并打开,如果“选项”对话框中的“用户名”与之前设置的不同,如图 18-6 所示,在“打开”对话框中勾选“新建本地文件”复选框,如图 18-7 所示。在“应用程序”菜单中选择“文件”— “另存为”命令,在弹出的“另存为”对话框中点击“选项”按钮,在弹出的“文件保存选项”对话框中取消勾选“保存后将此作为中心模型”复选框,点击“确定”按钮,如图 18-8 所示。设置本地文件名后点击“保存”按钮。

选项

常规
用户界面
图形
文件位置
渲染
检查拼写
SteeringWheels
ViewCube
宏

通知

保存提醒间隔(V): 30 分钟

"与中心文件同步"提醒间隔(N): 30 分钟

用户名(U)

Administrator

您当前未登录到 Autodesk A360。登录后，您的 Autodesk ID 将用作用户名。

登录到 Autodesk A360(S)

日志文件清理

如果日志数量超过(W): 10

则

删除存在时间超过以下天数的日志(D): 10

工作共享更新频率(F)

频率较低　频率较高

每 5 秒

视图选项

默认视图规程(E): 协调

确定　取消　帮助

图 18-6

图 18-7

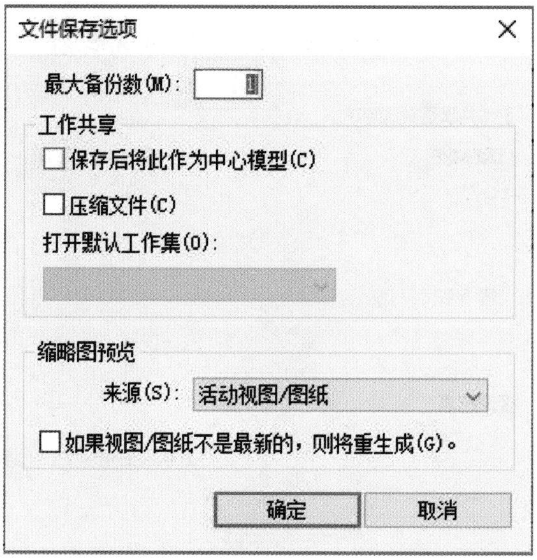

图 18-8

接下来签出工作集。点击“协作”选项卡“工作集”面板中的“工作集”按钮,选择要编辑的工作集名称,点击“可编辑”按钮获取编辑权,用户将显示在工作集的“所有者”一栏。选择不需要的工作集名称,点击“关闭”按钮,隐藏工作集的显示,提高系统的性能,如图 18-9 所示。在“协作”选项卡“工作集”面板中的“工作集”按钮后的“活动工作集”下拉列表中选择即将编辑的工作集,将其设为活动工作集,之后添加的所有图元都将自动指定给活动工作集,如图 18-10 所示。

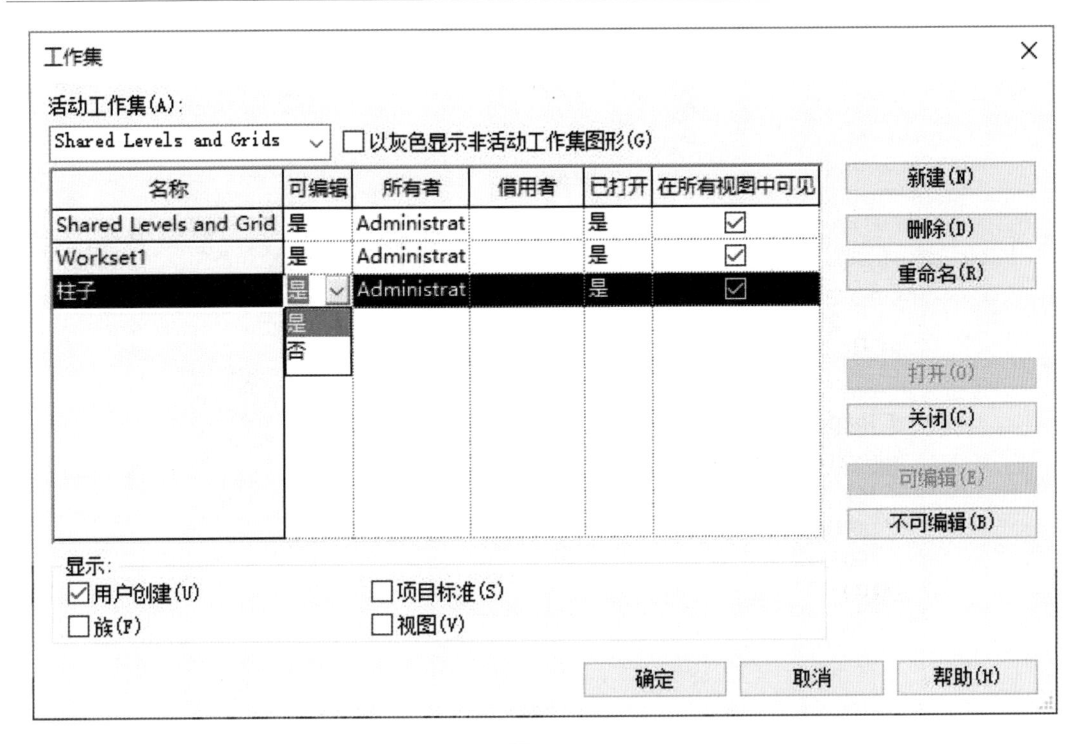

图 18-9

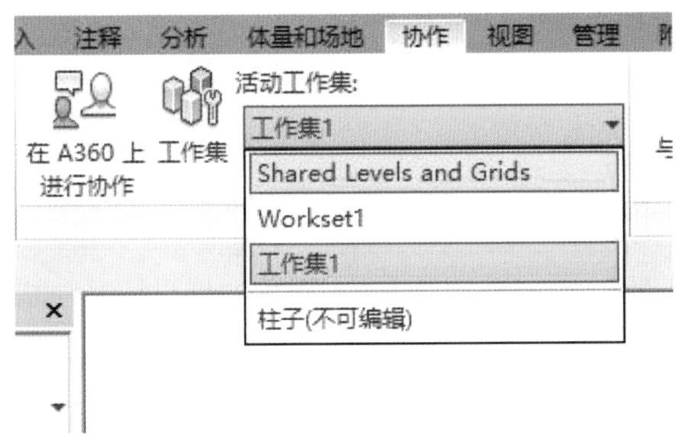

图 18-10

然后保存修改。点击“应用程序”按钮,在弹出的下拉菜单中选择“文件”— “保存”命令,或直接点击“保存”按钮将文件保存到本地硬盘。要与中心文件同步,可在“协作”选项卡“同步”面板中的“与中心文件同步”下拉列表中选择“立即同步”选项。如果要在与中心文件同步之前修改“与中心文件同步”的设置,可在“协作”选项卡“同步”面板中的“与中心文件同步”下拉列表中选择“同步并修改设置”选项。此时将弹出“与中心文件同步”对话框,如图 18-11 所示。

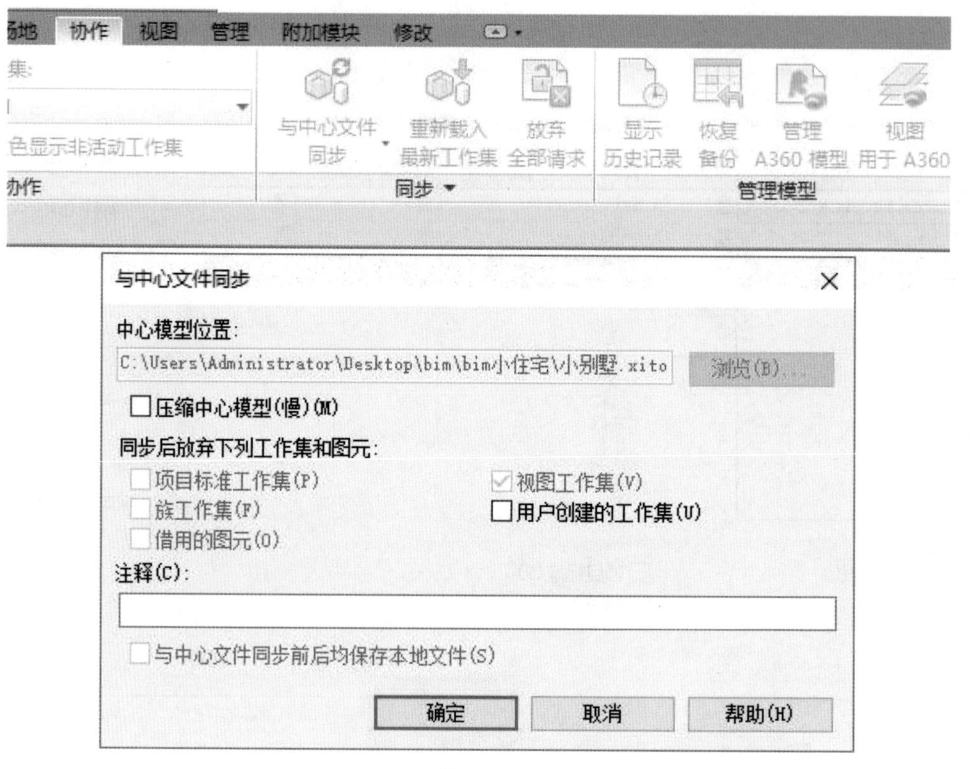

图 18-11

最后签入工作集。点击“协作”选项卡“工作集”面板中的“工作集”按钮,选择自己的工作集,在对话框的右侧点击“不可编辑”按钮,确定释放编辑权。

18.1.3 与多个用户协同设计

首先需要重新载入最新工作集,项目小组成员间协同设计时,如果要查看别人的设计修改,只需要点击“协作”选项卡“同步”面板中的“重新载入最新工作集”按钮即可。

建议项目小组成员每隔 1~2 h 将工作保存到中心文件一次,以便于项目小组成员及时交流设计内容。

其次是如需借用图元,按以下步骤操作。在默认情况下,没有签出编辑权的工作集的图元只能查看,不能选择和编辑。如果需要编辑这些图元,可在选项栏中取消勾选“仅可编辑项”复选框。选择图元时出现符号“使图元可编辑”,提示用户它属于用户不拥有的工作集。如果该图元没有被别的小组成员签出:单击鼠标右键,在弹出的快捷菜单中选择“使图元可编辑”命令,则 Revit Architecture 会批准请求,可以编辑该图元。如果该图元已经被别的小组成员签出:单击鼠标右键,在弹出的快捷菜单中选择“使图元可编辑”命令,将显示错误,通知用户必须从该图元的所有者处获得编辑权。点击“放置请求”按钮,向所有者请求编辑权,提交请求后,将弹出“编辑请求已放置”对话框。但是所有者不会收到用户请求的自动通知,用户必须联系所有者,所有者接到用户的通知后,点击弹出的“已收到编辑请求”对话框中的“批准”按钮,赋予用户编辑权。如所有者已经同意授权,软件将自动显示一条消息,提示用户的编辑请求已被授权,可以编辑该图元,借用前后图元的属性变化。

最后点击“同步”面板中的“与中心文件同步”按钮,在弹出的对话框中勾选“借用的图元”复选框,确定后保存到中心文件,并返还借用的图元。

18.1.4　管理工作集

当保存共享项目时, Revit Architecture 会创建文件备份目录。例如共享文件名为“Brickhouse.rvt”, Revit Architecture 将创建名为“brickhouse_backup”的目录。在此目录中可以保存每次创建的备份文件。如果需要,可以让项目返回以前的某个版本。点击“协作”选项卡“管理模型”面板中的“恢复备份”按钮,选择要恢复的版本,然后点击“打开”按钮,点击“返回到”按钮,即可返回以前的某个版本。

不能删除“工作集 1”“项目标准”“族”“视图”工作集。不能撤销返回,并且所选版本之后的所有备份版本都会丢失。在返回之前应确定是否想返回项目,并且在必要情况下保存较新的版本。

如想为工作集修改历史记录,可点击“协作”选项卡“管理模型”面板中的“显示历史记录”按钮,选择启用工作集的文件,点击“打开”按钮,列出共享文件中的全部工作集修改信息,包括修改时间、修改者和注释,点击“导出”按钮,将表格导出为分隔符文本,并读入电子表格程序。

18.2　项目文件的链接及管理

首先需要导入文件。点击“插入”选项卡“链接”面板中的“链接 Revit”按钮,选择需要链接的 RVT 文件,在“导入 / 链接 RVT”对话框中有如下关于“定位”的操作可以选择。

(1)在“定位”下拉列表中选择“自动 - 中心到中心”时,在当前视图中链接文件的中心与当前文件的中心对齐,如图 18-12 所示。

(2)在“定位”下拉列表中选择“自动 - 原点到原点”时,链接文件的原点与当前文件的原点对齐。

(3)在“定位”下拉列表中选择“自动 - 通过共享坐标”时,如果链接文件与当前文件没有进行坐标共享的设置,该选项无效,系统会以“自动—中心到中心”的方式自动放置链接文件。

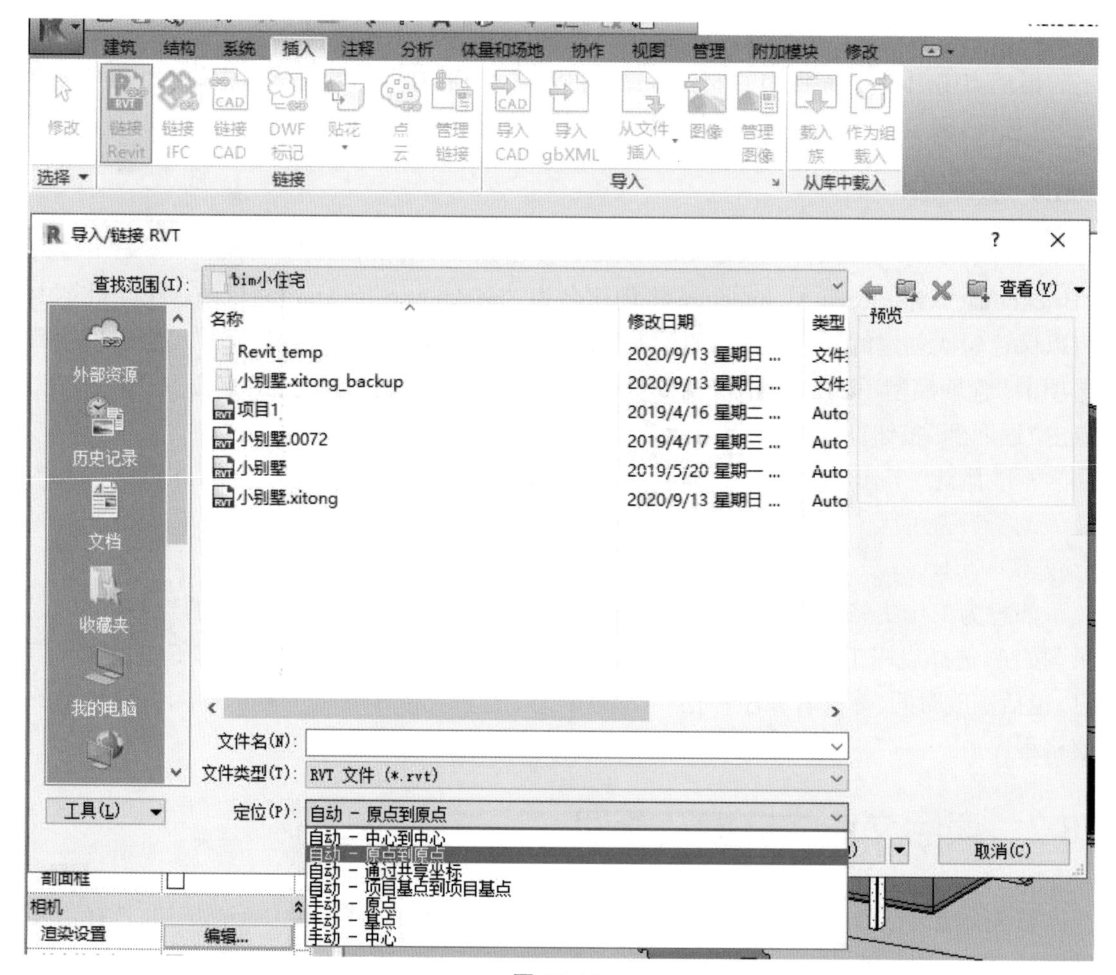

图 18-12

为了绘图方便,最好调整好链接文件中各视图的显示状态再插入。

导入链接文件之后,可以点击“插入”选项卡“链接”面板中的“管理链接”按钮,弹出“管理链接”对话框,选择“ Revit”选项卡进行设置,如图 18-13 所示。在链接可见性设置中可以按照主体模型控制链接模型的可见性,可以将视图过滤器应用于主体模型中的链接模型,可以标记链接文件中的图元,但是房间、空间和面积除外,可以通过链接模型中的墙自动生成天花板网格。

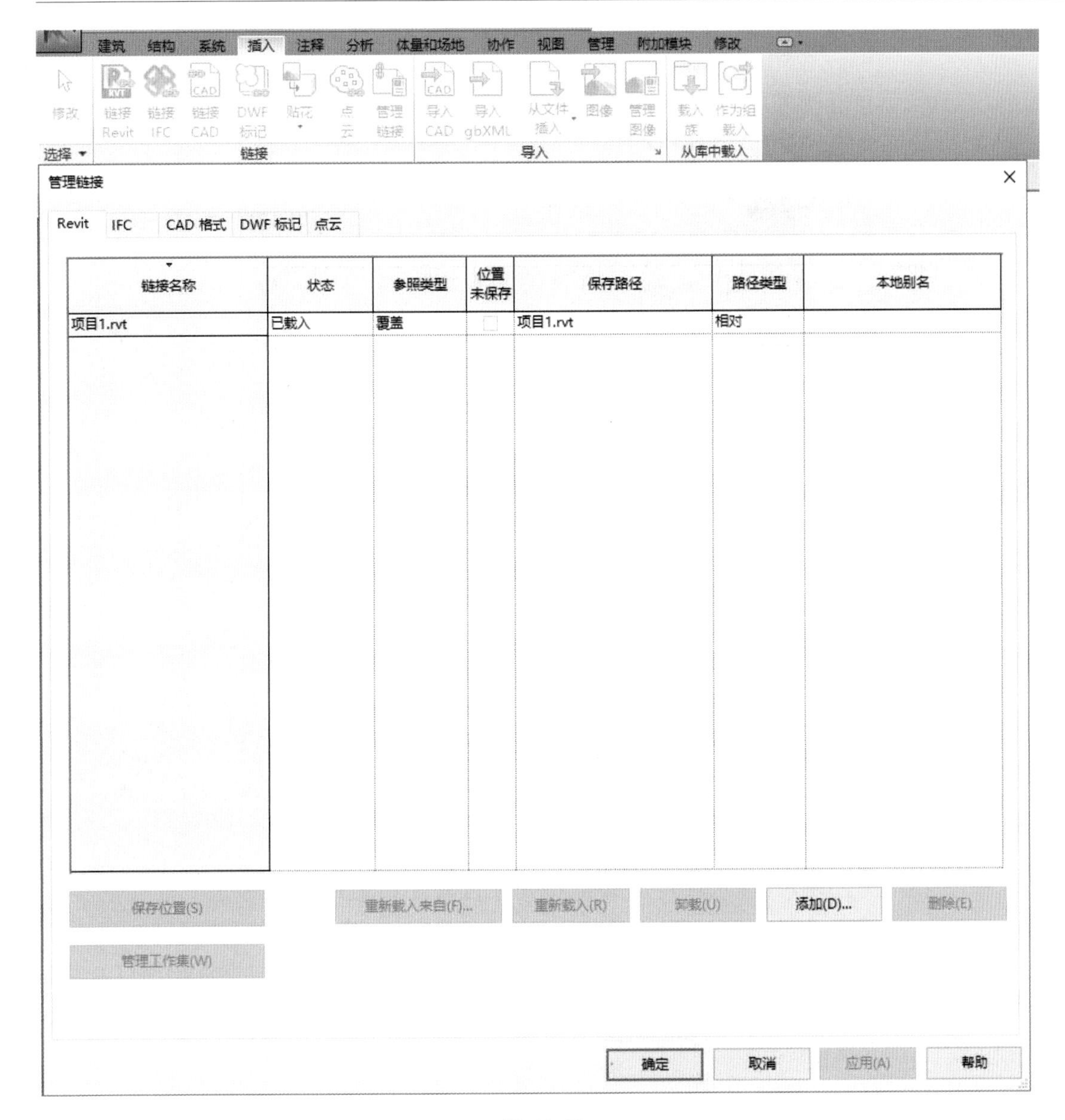

图 18-13

关于“参照类型”的设置：在该栏的下拉选项中有“覆盖”和“附着”两个选项。打开“参照类型”设置，还可以通过链接文件的“属性”面板，在“类型属性”对话框“其他”栏的“参照类型”中选择“覆盖”或“附着”选项，如图 18-14 所示。

选择“覆盖”不载入嵌套链接模型（因此项目中不显示这些模型）；选择“附着”则显示嵌套链接模型。

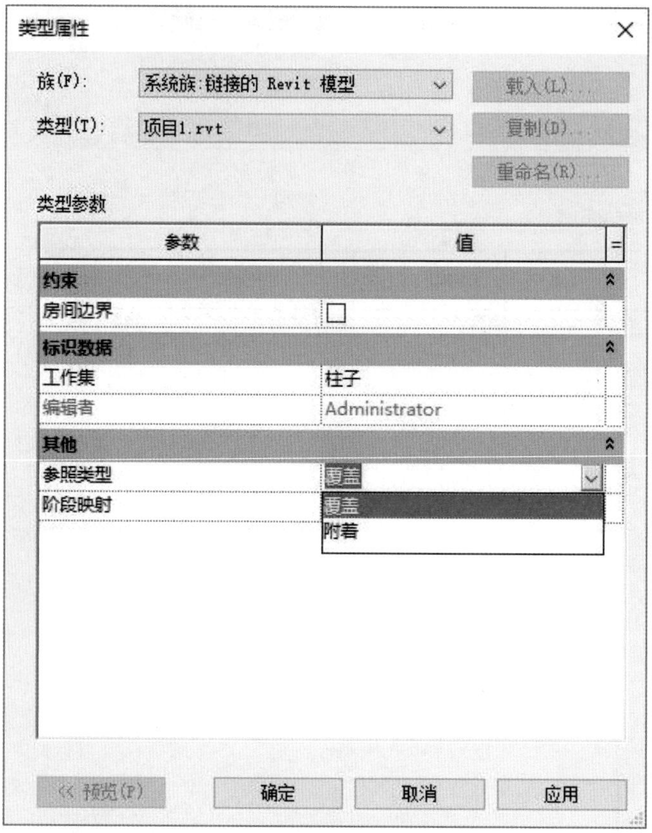

图 18-14

如图 18-15(a)所示,显示项目 A 被链接到项目 B 中(因此,项目 B 是项目 A 的父模型)。项目 A 的"参照类型"被设置为"在父模型(项目 B)中覆盖",因此将项目 B 导入项目 C 中时,将不显示项目 A。如图 18-15(b)所示,如果将项目 A(位于其父模型项目 B 中)的"参照类型"设置为"附着",则当用户将项目 B 导入项目 C 中时,嵌套链接(项目 A)将会显示。

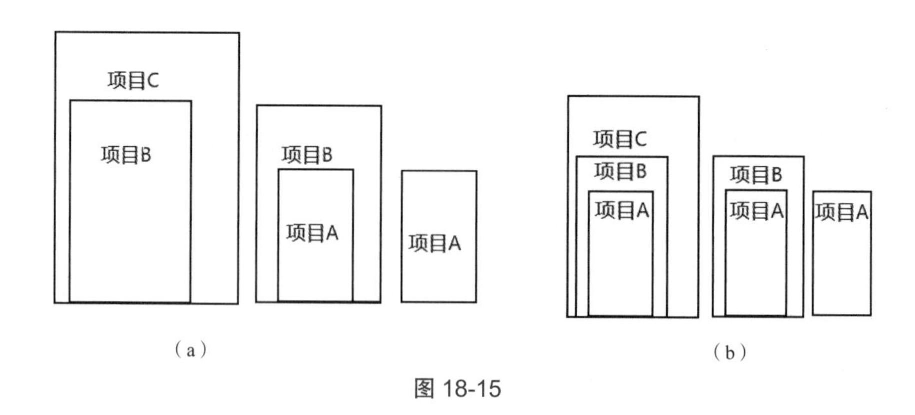

图 18-15

当链接文件被载入后,点击"插入"选项卡"链接"面板中的"管理链接"按钮,在弹出的对话框中选择“Revit”选项卡会发现载入的链接文件存在，选择载入的文件时会在窗口下方出现如下几种选项（图 18-16）。

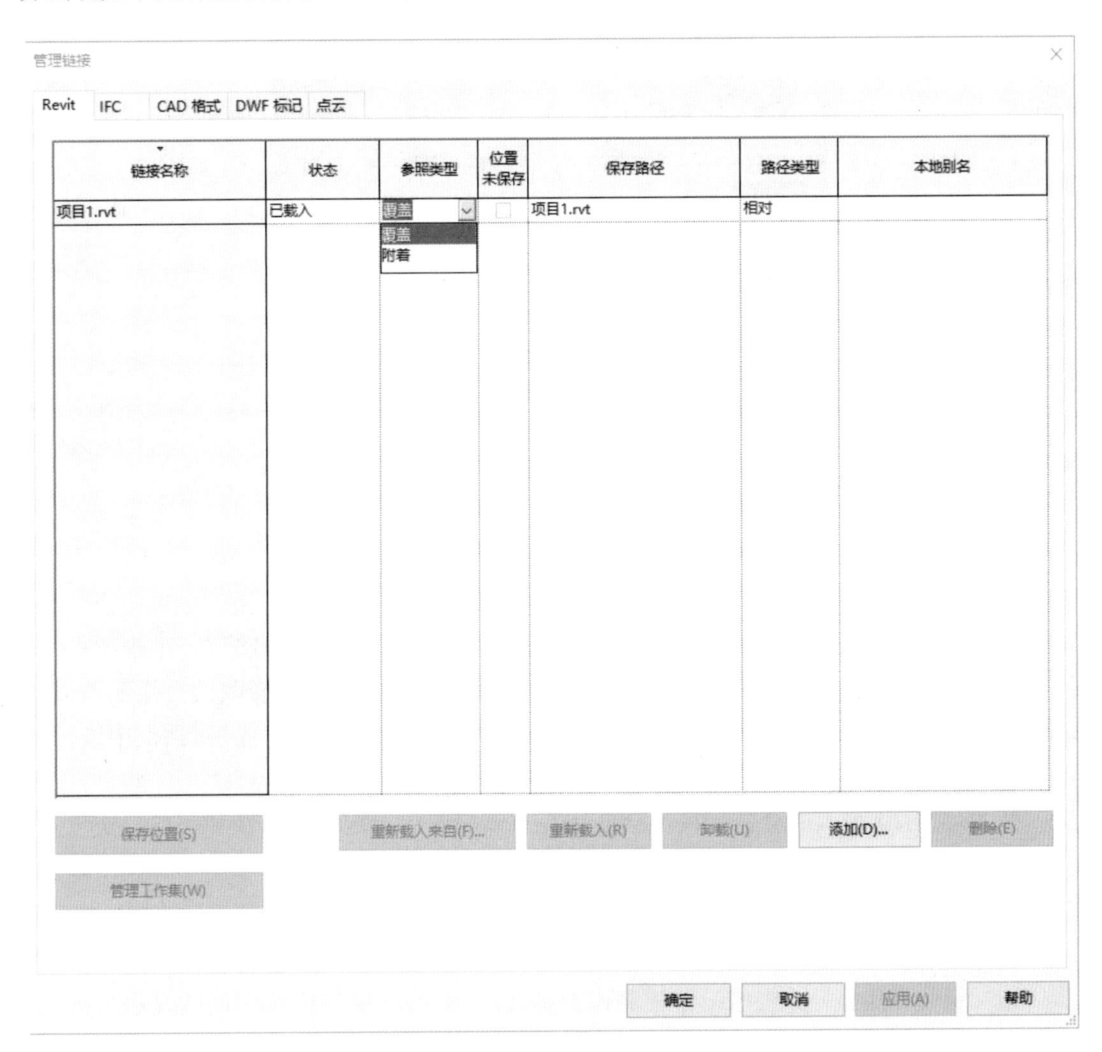

图 18-16

“重新载入来自”用来对选中的链接文件进行重新选择，以替换当前链接的文件。“重新载入”用来重新从当前文件位置载入选中的链接文件，以重新链接卸载了的文件。“卸载”用来删除所有链接文件在当前项目文件中的实例，但保存其位置信息。“添加”是 2015 版的新功能，可以在链接管理平台内直接进行文件的链接。点击“删除”，则在删除链接文件在当前项目文件中的实例的同时也从“链接管理”对话框的文件列表中删除选中的文件。“管理工作集”用于在链接模型中打开和关闭工作集。

在视图中选中链接文件的实例，并点击“链接”面板中的“绑定链接”按钮，可以将链接文件中的对象以“组”的形式放置到当前的项目文件中。在绑定时会出现“绑定链接选项”对话框，供用户选择需要绑定的除模型元素之外的元素，如图 18-17 所示。

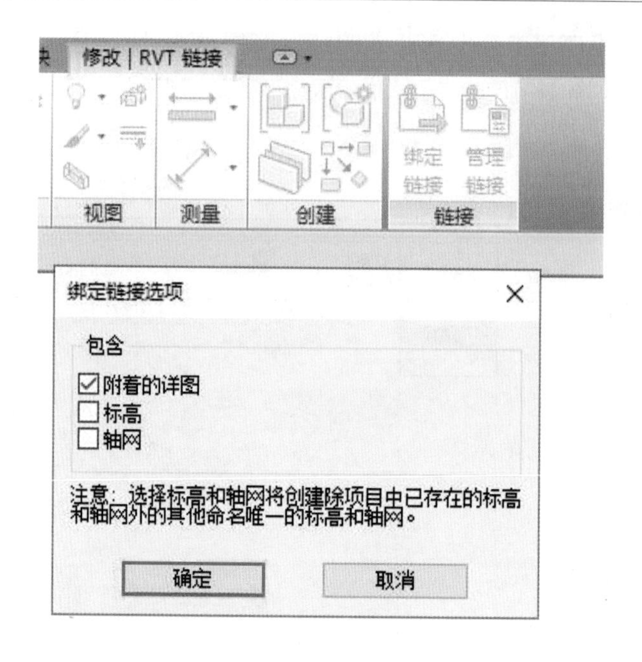

图 18-17

在“视图”选项卡“图形”面板中点击“可见性 / 图形”按钮,在弹出的“三维视图:{三维}的可见性 / 图形替换”对话框中选择“Revit 链接”选项卡,选择要修改的链接模型或链接模型实例,点击“显示设置”列中的按钮,在弹出的“RVT 链接显示设置”对话框中进行相应的设置,如图 18-18 所示。

“按主体视图”表示嵌套链接模型会使用在主体视图中指定的可见性和图形替换设置;“按链接视图”表示嵌套链接模型会使用在父链接模型中指定的可见性和图形替换设置,用户也可以选择要为链接模型显示的项目视图;“自定义”表示可在“嵌套链接”列表中进行更多的选择。

“按父链接”表示父链接的设置控制嵌套链接。例如,如果父链接中的墙显示为蓝色,则嵌套链接中的墙也显示为蓝色。其仅能控制既存在于嵌套链接中,也存在于父链接中的类别。选择“基本”选项卡,在“模型类别”后选择“自定义”即可激活视图中的模型类别,此时可以控制链接模型在主模型中的显示情况,关闭或打开链接文件中的模型。“注释类别”与“导入类别”也可以按如上方法进行处理,如图 18-19 所示。

立面、剖面等视图均用此方法来处理其显示情况,立面需要关闭链接文件的标高参照平面等构件的显示。

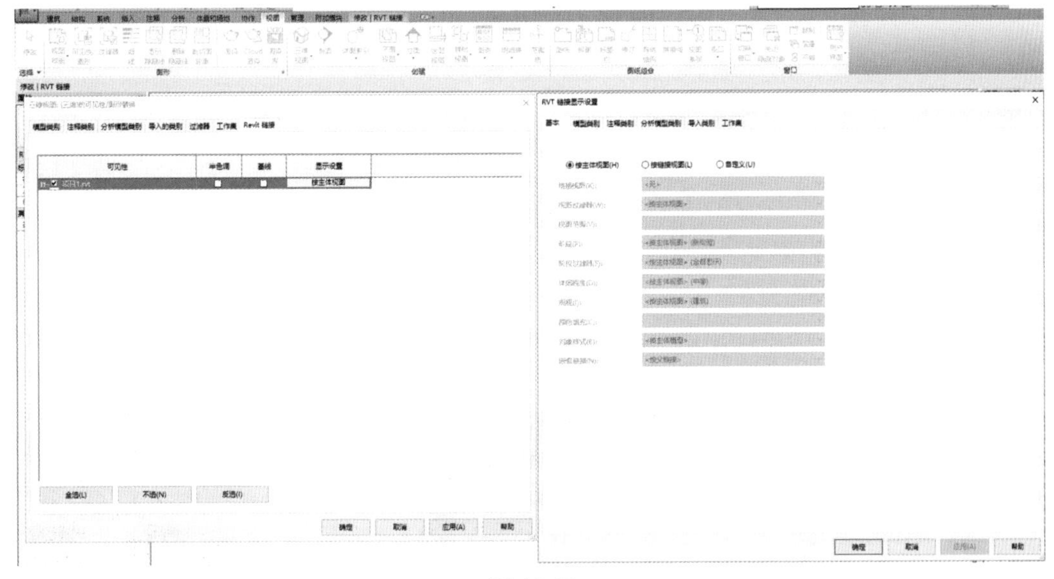

图 18-18

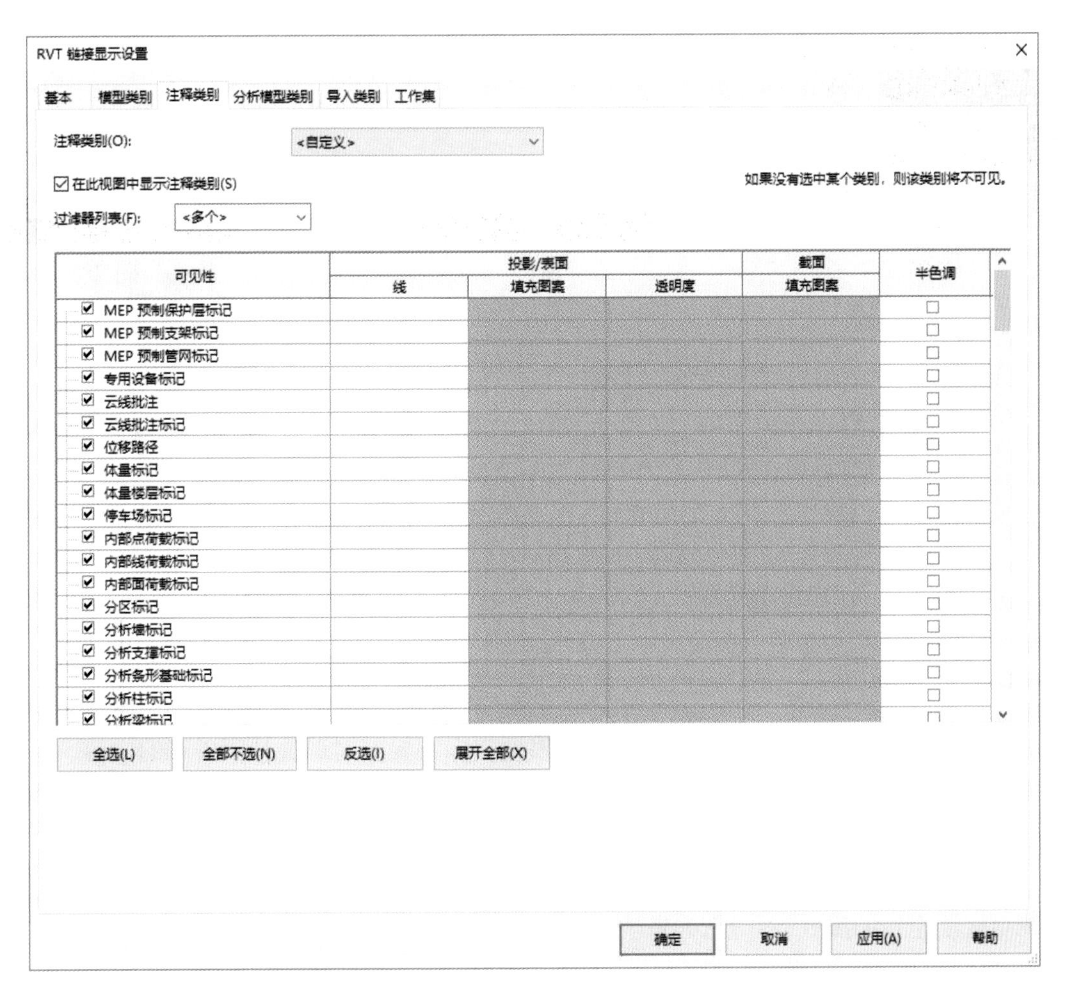
RVT 链接显示设置
基本
模型类别
注释类别
分析模型类别
导入类别
工作集
注释类别(O):
<自定义>
在此视图中显示注释类别(S)
如果没有选中某个类别，则该类别将不可见。
过滤器列表(F):
<多个>
可见性
投影/表面
线
填充图案
透明度
截面
填充图案
半色调
MEP 预制保护层标记
MEP 预制支架标记
MEP 预制管网标记
专用设备标记
云线批注
云线批注标记
位移路径
体量标记
体量楼层标记
停车场标记
内部点荷载标记
内部线荷载标记
内部面荷载标记
分区标记
分析墙标记
分析支撑标记
分析条形基础标记
分析柱标记
全选(L)
全部不选(N)
反选(I)
展开全部(X)
确定
取消
应用(A)
帮助

图 18-19

图书资源使用说明

如何防伪

在书的封底，刮开防伪二维码（图 1）涂层，打开微信中的“扫一扫”（图 2），进行扫描。如果您购买的是正版图书，关注官方微信，根据页面提示将自动进入图书的资源列表。

关注“天津大学出版社”官方微信，您可以在“服务”→“我的书库”（图 3）中管理您所购买的本社全部图书。

特别提示：本书防伪码采用一书一码制，一经扫描，该防伪码将与您的微信账号进行绑定，其他微信账号将无法使用您的资源。请您使用常用的微信账号进行扫描。

图 1

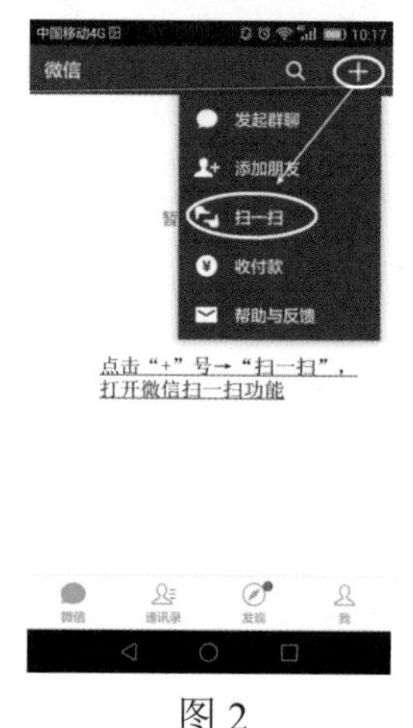

图 2

图 3

如何获取资源

完成第一步防伪认证后，您可以通过以下方式获取资源。

第一种方式：打开微信中的“扫一扫”，扫描书中各章节内不同的二维码，根据页面提示进行操作，获取相应资源。（每次观看完视频后请重新打开扫一扫进行新的扫描）

第二种方式：登录“天津大学出版社”官方微信，进入“服务”→“我的书库”，选择图书，您将看到本书的资源列表，可以选择相应的资源进行播放。

第三种方式：使用电脑登录“天津大学出版社”官网（http://www.tjupress.com.cn），使用微信登录，搜索图书，在图书详情页中点击“多媒体资源”即可查看相关资源。

其他

为了更好地服务读者，本套系列从书将根据实际需要实时调整视频讲解的内容。同时帮助读者进阶学习或参加职业技能证书的考试，作者将根据需要进行直播式在线答疑。具体请关注微博、QQ 群等信息。

我们也欢迎社会各界有出版意向的仁人志士与我处投稿或洽谈出版等。我们将为大家提供更优质全面的服务，期待您的来电。

通信地址：天津市南开区卫津路 92 号天津大学校内　天津大学出版社 315 室

联系人：崔成山　　电话：022-27893531　　邮箱：ccshan2008@sina.com